普通高等教育"十四五"系列教材

生产建设项目水土保持

主　编　唐丽霞　张习传
副主编　韩　珍　马思烈　郭　剑
主　审　高华端　戴全厚

中国水利水电出版社
www.waterpub.com.cn
·北京·

内 容 提 要

本教材共分为10章：第1章绪论，介绍生产建设项目的基本概念、内容和研究对象；第2章生产建设项目的基本规定；第3章生产建设项目及自然环境调查；第4章主体工程水土保持分析与评价；第5章水土流失的分析与预测；第6章生产建设项目水土流失防治措施；第7章生产建设项目水土保持监测；第8章生产建设项目水土保持工程概（估）算；第9章生产建设项目水土保持管理；第10章生产建设项目水土保持制图。教材中融入了大量的实践案例和思政建设内容，力求使学生"读懂"每个生产建设项目，以实际项目案例清晰地讲述如何进行防治措施的总体布局及措施设计，使学生能更好地将水土保持专业知识运用到实际应用中，同时建立"功在当代，利在千秋"的责任感和使命感。

本教材主要用于水土保持与荒漠化防治专业、环境生态类相关专业本科生的教学用书，同时也可作为水土保持与荒漠化防治管理、水土保持方案编制等从事水土保持科学研究、教学管理和生产实践人员的参考用书。

图书在版编目（CIP）数据

生产建设项目水土保持 / 唐丽霞，张习传主编.
北京 : 中国水利水电出版社，2024.11. -- （普通高等教育"十四五"系列教材）. -- ISBN 978-7-5226-2866-0

Ⅰ．S157

中国国家版本馆CIP数据核字第2024RK4309号

书　　名	普通高等教育"十四五"系列教材 **生产建设项目水土保持** SHENGCHAN JIANSHE XIANGMU SHUITU BAOCHI
作　　者	主　编　唐丽霞　张习传 副主编　韩　珍　马思烈　郭　剑 主　审　高华端　戴全厚
出版发行	中国水利水电出版社 （北京市海淀区玉渊潭南路1号D座　100038） 网址：www.waterpub.com.cn E-mail：sales@mwr.gov.cn 电话：（010）68545888（营销中心）
经　　售	北京科水图书销售有限公司 电话：（010）68545874、63202643 全国各地新华书店和相关出版物销售网点
排　　版	中国水利水电出版社微机排版中心
印　　刷	天津嘉恒印务有限公司
规　　格	184mm×260mm　16开本　14印张　341千字
版　　次	2024年11月第1版　2024年11月第1次印刷
印　　数	0001—2000册
定　　价	**56.00元**

凡购买我社图书，如有缺页、倒页、脱页的，本社营销中心负责调换

版权所有·侵权必究

本书编委会

主　编：唐丽霞　贵州大学
　　　　张习传　中国电建集团贵阳勘测设计研究院有限公司
副主编：韩　珍　贵州大学
　　　　马思烈　贵州省水利水电勘测设计研究院有限公司
　　　　郭　剑　清镇市水务管理局
主　审：高华端　贵州大学
　　　　戴全厚　贵州大学
编写人员：（按姓氏拼音排序）
　　　　　　曹小转　中国电建集团贵阳勘测设计研究院有限公司
　　　　　　江　涛　贵州省水利水电勘测设计研究院有限公司
　　　　　　黎　磊　中国电建集团贵阳勘测设计研究院有限公司
　　　　　　廖章志　贵州省水土保持科技示范推广中心
　　　　　　罗帮林　西南大学
　　　　　　毛天旭　贵州大学
　　　　　　彭旭东　贵州大学
　　　　　　苏石诚　贵州大学
　　　　　　孙泉忠　贵州省水土保持监测站
　　　　　　孙　荣　中国电建集团贵阳勘测设计研究院有限公司
　　　　　　王　清　贵州大学
　　　　　　王伦江　贵州大学
　　　　　　韦小丽　贵州大学
　　　　　　魏徐良　中国电建集团贵阳勘测设计研究院有限公司
　　　　　　文道祥　中国电建集团贵阳勘测设计研究院有限公司
　　　　　　杨　静　贵州大学
　　　　　　赵龙山　贵州大学

前言

生产建设项目水土保持是水土保持与荒漠化防治专业本科教学体系中重要的专业技术课。随着我国城市化进程的加快和生态文明建设的不断深入，生产建设项目水土保持工作在社会各行业的认同程度越来越高，国家对生产建设项目的管理也不断程序化与制度化，社会对水土保持方案编制专业技术人才的需求日趋增加。但是生产建设项目的种类繁多，加之现在大量新技术和新方法的应用，许多新的水土流失问题随之呈现，因此编写一本适合学生夯实理论基础，同时又能帮助其熟练掌握生产建设项目水土保持方案的编制程序和步骤，提高学生分析、解决实际问题能力的教材，成为当务之急。

针对本课程的特点，我们联合具有丰富的生产建设项目水土保持经验的单位中国电建集团贵阳勘测设计研究院有限公司、贵州省水利水电勘测设计研究院有限公司及一直从事生产建设项目水土保持监督和管理的单位贵州省水土保持监测站、贵阳市清镇水务局和贵州省水土保持科技示范推广中心的专家们针对教材的理论性、实用性和前沿性等方面反复磋商、认真分析，共同完成了《生产建设项目水土保持》一书的编写工作。

本教材共分为10章：第1章绪论，介绍生产建设项目的基本概念、内容和研究对象；第2章生产建设项目的基本规定；第3章生产建设项目及自然环境调查；第4章主体工程水土保持分析与评价；第5章水土流失的分析与预测；第6章生产建设项目水土流失防治措施；第7章生产建设项目水土保持监测；第8章生产建设项目水土保持工程概（估）算；第9章生产建设项目水土保持管理；第10章生产建设项目水土保持制图。教材中融入了大量的实践案例和思政建设内容，力求使学生"读懂"每个生产建设项目，以实际项目案例清晰地讲述如何进行防治措施的总体布局及措施设计，使学生能更好地将水土保持专业知识运用到实际应用中，同时建立"功在当代，利在千秋"的责任感和使命感。

本教材主要用于水土保持与荒漠化防治专业的本科生教学，同时也可作为环境生态类相关专业本科生的教学用书，同时可作为水土保持与荒漠化防治管理、水土保持方案编制从事水土保持科学研究、教学管理和生产实践人员的参考用书。

本教材编写分工如下：第1章唐丽霞、赵龙山、张习传；第2章韩珍、罗帮林、彭旭东；第3章郭剑、黎磊；第4章张习传、孙荣、马思烈；第5章唐丽霞、杨静、毛天旭、王清；第6章马思烈、江涛、韦小丽、苏石诚、张习传、孙荣；第7章孙泉忠、廖章志；第8章魏徐良、曹小转、文道祥；第9章张习传、孙荣；第10章张习传、孙荣。全书由韩珍、王伦江统稿。

值本教材完稿付印之际，特别感谢编写书稿的各位编委、主审书稿的高华端教授、戴全厚教授和参与本教材校验工作的各位同志。书中借鉴参考了大量的文献资料，因篇幅所限未能一一在参考文献中列出，谨向文献的作者们致以深切的谢意。

"生产建设项目水土保持"是一门较新的课程，会不断地涌现出新的理论、技术和思想。教材中引用的水土保持相关技术标准为编写时现行标准，读者使用时应采用其有效版本。限我们的知识水平和实践经验，疏漏之处在所难免，诚挚希望各位读者批评指正，以期本书内容的不断完善和提高。

编者

2024年10月

目 录

前言

第1章 绪论 ··· 1
  1.1 生产建设项目的概念与特点 ·· 1
  1.2 生产建设项目水土保持的研究对象和内容 ···································· 3
  1.3 生产建设项目水土保持的发展历程 ··· 6
  1.4 生产建设项目水土保持与其他课程关系 ······································· 8
  本章思考题 ·· 9

第2章 生产建设项目的基本规定 ·· 10
  2.1 生产建设活动对水土流失的影响及危害 ····································· 10
  2.2 水土保持法律法规对生产建设项目的规定 ································· 14
  本章思考题 ·· 23

第3章 生产建设项目及自然环境调查 ··· 24
  3.1 现场勘察的内容 ··· 24
  3.2 现场勘察的主要流程 ·· 27
  3.3 现场勘察方法 ··· 38
  本章思考题 ·· 38

第4章 主体工程水土保持分析与评价 ··· 40
  4.1 主体工程选址（线）的水土保持分析评价 ································· 40
  4.2 建设方案与布局水土保持评价 ·· 40
  4.3 主体工程设计中水土保持工程的分析评价 ································ 44
  本章思考题 ·· 58

第5章 水土流失的分析与预测 ··· 59
  5.1 生产建设项目水土流失术语及类型 ·· 59
  5.2 水土流失现状分析 ··· 61
  5.3 水土流失的预测 ·· 74
  本章思考题 ·· 87

第6章 生产建设项目水土流失防治措施 ·· 88
  6.1 水土流失防治责任范围 ·· 88

6.2　水土流失防治区划分 ··· 88
　　6.3　水土流失防治措施总体布局 ··· 90
　　6.4　分区措施布设 ·· 94
　　本章思考题 ··· 142

第 7 章　生产建设项目水土保持监测 ·· 143
　　7.1　监测目的与原则 ··· 143
　　7.2　监测范围与时段 ··· 145
　　7.3　监测内容和方法 ··· 147
　　7.4　监测点位布设 ·· 148
　　7.5　监测成果 ·· 151
　　本章思考题 ··· 153

第 8 章　生产建设项目水土保持工程概（估）算 ································ 154
　　8.1　概（估）算基本知识 ··· 154
　　8.2　水土保持工程概算定额 ·· 156
　　8.3　水土保持工程概（估）算编制 ··· 164
　　本章思考题 ··· 192

第 9 章　生产建设项目水土保持管理 ·· 193
　　9.1　组织管理 ·· 193
　　9.2　后续设计 ·· 193
　　9.3　水土保持监测 ·· 194
　　9.4　水土保持监理 ·· 194
　　9.5　水土保持施工 ·· 195
　　9.6　水土保持设施验收 ·· 196
　　本章思考题 ··· 196

第 10 章　生产建设项目水土保持制图 ··· 197
　　10.1　基本要求 ··· 197
　　10.2　基础图件 ··· 197
　　10.3　综合图件 ··· 198
　　10.4　其他图件 ··· 199
　　本章思考题 ··· 199

附录 ·· 200
　　附录 1　生产建设项目水土保持监测实施方案提纲（资料性附录） ······ 200
　　附录 2　生产建设项目水土保持监测季度报告表（资料性附录） ········· 202
　　附录 3　水土保持监测三色评价 ·· 204
　　附录 4　生产建设项目水土保持监测总结报告提纲（资料性附录） ······ 205
　　附录 5　生产建设项目水土保持监测总结报告提纲（资料性附录） ······ 207

参考文献 ·· 213

第 1 章 绪 论

"生产建设项目水土保持"是水土保持与荒漠化防治专业的本科教学体系中一门极其重要的专业技术课。通过本课程的学习，可以使学生掌握生产建设项目水土保持的基本概念和基本理论，理解生产建设项目水土保持的特点，掌握常见的生产建设项目水土保持方案的编制程序和步骤，提升分析解决实际问题的能力，为今后从事科学研究或专业技术工作、编制水保方案打下坚实的基础。

水土保持是生态文明建设的重要内容，是我国长期坚持的一项基本国策。《中华人民共和国水土保持法》规定生产建设项目应当依法编制水土保持方案，水土保持方案是践行水土保持生态文明建设的重要环节。一直以来，"预防水土流失，保护生态环境"理念贯穿于生产建设项目水土保持的课程教学过程中。2016 年，习近平总书记在全国高校思想政治工作会上强调"要用好课堂教学这个主渠道，各类课程都要与思想政治理论课同向同行，形成协同效应"，为"生产建设项目水土保持"课程理念和设计指明了方向。"生产建设项目水土保持"作为一门综合性和实践性的课程，完善德育、美育、工匠精神等方面的教育，将进一步提升学生的核心素养，为国家培养有用的接班人。

1.1 生产建设项目的概念与特点

1.1.1 生产建设项目的概念

生产建设项目是固定资产再生产的基本单位，一般是指经批准包括在一个总体设计或初步设计范围内进行建设、经济上实行统一核算、行政上有独立组织形式、实行统一管理的建设单位。通常以一个企业、事业行政单位或独立的工程作为一个建设项目。属于一个总体设计中的主体工程及相应的附属配套工程、综合利用工程、环境保护工程、供水供电工程等，只作为一个建设项目。凡是不属于一个总体设计，经济上分别核算、工艺流程上没有直接关联的几个独立工程，应分别作为几个建设项目，不能捆在一起作为一个建设项目。

1.1.2 生产建设项目的特点

生产建设项目除了具备一般项目特点外，还具有以下自身特点：

（1）建设项目投资额巨大，建设周期长。

（2）建设项目是按照一个总体设计建设的，是可以形成生产能力或使用价值的若干单项工程的总体。

（3）建设项目一般在行政上实行统一管理，在经济上实行统一核算，因此有权统一管理总体设计所规定的各项工程。

(4) 建设生产类项目的水土流失发生在建设期和生产运行期。

1.1.3 生产建设项目的基本分类

1.1.3.1 按建设性质分类

建设项目按其建设性质不同,可划分为基本建设项目和更新改造项目两大类。

(1) 基本建设项目。基本建设项目是投资建设用于进行以扩大生产能力或增加工程效益为主要目的的新建、扩建工程及有关工作。具体包括以下几方面:

1) 新建项目。指以技术、经济和社会发展为目的,从无到有的建设项目。现有企业、事业和行政单位一般不应有新建项目。但新增加的固定资产价值超过原有全部固定资产价值(原值)3倍以上时,可算作新建项目。

2) 扩建项目。指企业为扩大生产能力或新增效益而增建的生产车间或工程项目,以及事业和行政单位增建的业务用房等。

3) 迁建项目。指现有企业、事业单位为改变生产布局或出于环境保护等其他特殊要求,搬迁到其他地点的建设项目。

4) 恢复项目。指企业、事业单位因自然灾害、战争等原因,使原有固定资产全部或部分报废,以后又投资按原有规模重新恢复起来的项目。在恢复的同时进行扩建的,应作为扩建项目。

(2) 更新改造项目。更新改造项目是指建设资金用于对企业、事业单位原有设施进行技术改造或固定资产更新,以及相应配套的辅助性生产、生活福利等工程和有关工作。

更新改造项目包括挖潜工程、节能工程、安全工程、环境工程等。

1.1.3.2 按投资作用分类

基本建设项目按其投资在国民经济各部门中的作用,分为生产性建设项目和非生产性建设项目。

(1) 生产性建设项目。生产性建设项目是指直接用于物质生产或直接为物质生产服务的建设项目,主要包括4个方面:①工业建设,包括工业国防和能源建设;②农业建设,包括农、林、牧、渔、水利建设;③基础设施,包括交通、邮电、通信建设,地质普查、勘探建设、建筑业建设等;④商业建设,包括商业、饮食、营销、仓储、综合技术服务事业的建设。

(2) 非生产性建设项目。非生产性建设项目(消费性建设)包括用于满足人民物质和文化、福利需要的建设和非物质生产部门的建设,主要包括:①办公用房,包括各级党政机关、社会团体、企业管理机关的办公用房;②居住建筑,包括住宅、公寓、别墅;③公共建筑,包括科学、教育、文化艺术、广播电视、卫生、博览、体育、社会福利事业、公用事业、咨询服务、宗教、金融、保险等建设;④其他建设,主要为不属于上述3类建设的其他非生产性建设。

1.1.3.3 按《开发建设项目水土流失防治标准》(GB 50434—2018)的分类

生产建设项目按建设和生产运行情况划分为两类:

(1) 建设类项目。基本建设竣工后,在运营期基本没有开挖、取土(石、料)、弃土(石、渣)等生产活动的公路、铁路、机场、水工程、港口、码头、水电站、核电站、输变电工程、通信工程、管道工程、物探工程、城镇新区等生产建设项目。其水土流失主要发生在建设期。

（2）建设生产类项目。基本建设竣工后，在运营期仍存在开挖地表、取土（石、料）、弃土（石、渣）等生产活动的燃煤电站、建材、矿产和石油天然气开采及冶炼等生产建设项目。其水土流失发生在建设期和生产运行期。

1.1.4　生产建设项目相关术语

（1）水土流失治理度。项目水土流失防治责任范围内水土流失治理达标面积占水土流失总面积的百分比。

（2）土壤流失控制比。项目水土流失防治责任范围内容许土壤流失量与治理后每平方千米年平均土壤流失量之比。

（3）渣土防护率。项目水土流失防治责任范围内采取措施实际挡护的永久弃渣、临时堆土数量占永久弃渣和临时堆土总量的百分比。

（4）表土保护率。项目水土流失防治责任范围内保护的表土数量占可剥离表土总量的百分比。

（5）林草植被恢复率。项目水土流失防治责任范围内林草类植被面积占可恢复林草植被面积的百分比。

（6）林草覆盖率。项目水土流失防治责任范围内林草类植被面积占总面积的百分比。

1.2　生产建设项目水土保持的研究对象和内容

1.2.1　生产建设项目水土保持的研究对象

生产建设项目水土流失是人类在从事各种资源生产和生产建设过程中，扰动土壤表层或地下岩层、排放固体弃渣等造成水土资源的破坏和损失。生产建设项目水土流失与一般的水土流失有明显的区别，生产建设项目水土流失与人为活动有很大的关系。《中国农业百科全书·水利卷》对水土保持学的定义是：研究水土流失形式、发生的原因和规律，阐明水土保持的基本原理；据以制定规划和运用措施，防治水土流失，保护、改良和合理利用水土资源，维护和提高土地生产力；为发展农业生产、治理江河与风沙、建立良好的生态环境服务的一门应用技术科学。因此生产建设项目水土保持研究的对象为生产建设过程中造成水土资源的破坏和损失。

不同类型生产建设项目水土流失特征见表1.1。

表1.1　　　　　　　　不同类型生产建设项目水土流失特征

工程类型	工　程　特　点	主要流失时段	重点流失部位
公路铁路	线路长，穿越的地貌类型多，取土弃土和土石方流转的数量大	施工期、试运行期	路堑和路基边坡、取料场、弃土（渣）场
水利水电	位于河道峡谷，移民安置数量大，土石方移动强度大	施工准备期、施工期	弃渣场、取料场、主体工程区
管线	线路长，穿越河流及铁路、公路等工程多，作业带宽，临时堆土量大，施工期短	施工期	临时堆土区、管线穿越区

续表

工程类型	工程特点	主要流失时段	重点流失部位
城镇建设	位于人口密集区,扰动面积集中,砂石料用量大	施工准备期、施工期	砂石料场区、建筑工地
井采矿	地面扰动小,沉陷范围大,排矸多	施工期、生产运行期	排矸场、工业广场、沉陷区
露采矿	扰动强度大,排土量大	施工期、生产运行期	内外排土场、采掘坑边帮
农林开发	多位于丘陵山地,面积较大,多连片集中	施工准备期、施工期、生产运行期	林下和地表扰动破坏面
冶金化工	扰动面积集中,砂石料用量大	施工准备期、施工期、生产运行期	渣场、尾矿库
火电	工程占地集中,建设周期短	施工准备期、施工期、生产运行期	厂区、贮灰场区
风电	工程占地集中,建设周期短	施工准备期、施工期	风机区、施工道路区的上下边坡
光伏	工程占地集中,建设周期短	施工准备期、施工期	场站区、施工道路区

1.2.2 生产建设项目水土保持的内容

生产建设项目水土保持主要围绕着生产建设项目产生的水土流失问题,进行调查、分析及采取相应的措施,同时监测措施的实施效果,最终实现建立良好生态环境服务的目的。因此生产建设项目水土保持的主要研究内容可以归纳为八个方面。

1. 生产建设项目自然环境调查

自然环境调查的内容主要包括:项目基本情况、项目组成及工程布置、项目施工组织设计、项目工程占地(永久征地、临时占地、租地)、项目土石方平衡及弃土(石、渣、灰)的处置方案、拆迁(移民)安置与专项设施改(迁)建、工期安排、工程投资、自然概况和项目区的水土流失现状及敏感区调查等内容。

2. 主体工程水土保持分析与评价

主体工程水土保持分析与评价内容包括:主体工程选址(线)评价、建设方案与布局评价。

主体工程选址(线)评价应明确主体工程的建设位置、布线、范围等,涉及水土保持敏感区域的应提出避让的要求,无法避让的,从建设方案、施工工艺等方面优化设计以减少地表扰动和植被损坏范围,同时要求提高水土流失防治标准,有效控制可能造成的水土流失。

建设方案与布局评价应对建设方案、工程占地、土石方平衡、取土(石、砂)场设置、弃土(石、渣、灰、尾矿)场设置、施工方法与工艺和主体工程设计中具有水土保持功能的工程逐项进行评价。对主体工程设计中具有水土保持功能的工程进行分析评价,包括工程类型、数量及标准;需明确主体工程设计是否满足水土保持要求,不满足水土保持要求的应提出补充意见。

3. 水土流失预测

水土流失预测须以"在现有主体工程设计的基础上不新增水土流失防治措施"为条件。主要从地表扰动特点、施工方法、施工工序、弃渣堆弃方式、气象条件等方面进行水土流失影响分析,测算土壤流失量,分析可能造成的水土流失危害分析。水土流失预测的范围为生产建设项目的水土流失防治责任范围;预测单元应为工程建设扰动地表的时段、扰动形式总体相同、扰动强度和特点大体一致的区域;水土流失预测时段包括施工准备期、施工期和自然恢复期;预测结果包括扰动地表面积、弃渣量和损坏水土保持设施的数量等。

4. 水土流失防治措施

水土流失防治措施包括措施总体布局、分区措施布设和施工要求。措施总体布局应结合工程实际和项目区水土流失特点,因地制宜,因害设防,提出总体防治思路,明确综合防治措施体系,工程措施、植物措施以及临时措施有机结合。防治措施布设前需明确水土流失防治标准等级。

5. 水土保持监测

生产建设项目水土保持监测应确定监测的范围、时段、内容、方法、频次和监测点位,估算所需的人工和物耗。监测范围应为水土流失防治责任范围;监测时段应从施工准备期开始至设计水平年结束;监测内容包括扰动土地情况,取土(石、料)、弃土(石、渣)情况,水土流失情况和水土保持措施实施情况及效果。

6. 水土保持投资估算及效益分析

应确定适用的水土保持投资概(估)算编制规定及定额开展生产建设项目水土保持投资概(估)算工作。水土保持投资包括工程措施投资、植物措施投资、临时措施投资、独立费用(含水土保持监测费、水土保持监理费)、水土保持补偿费、总投资。

效益分析主要指生态效益分析,包括方案实施后水土流失影响的控制程度,水土资源保护、恢复和合理利用情况,生态环境保护、恢复和改善情况。根据水土保持措施设计分析计算水土流失治理度、土壤流失控制比、渣土防护率、表土保护率、林草植被恢复率、林草覆盖率六项防治指标达到情况。

7. 水土保持管理

根据项目特点设立水土保持管理机构、落实管理人员、制定管理制度、监理水土保持资料档案等,明确建设各阶段水土保持工作任务及落实各项任务的方式、途径。根据《中华人民共和国水土保持法》《生产建设项目水土保持方案管理办法》等提出水土保持方案后续设计(初步设计、施工图设计等)、水土保持监测、水土保持工程监理、水土保持施工、水土保持设施验收等工作要求。

8. 水土保持制图

项目的图件包括项目地理位置图(包含行政区划、主要城镇和交通路线)、项目区水系图(包含主要河流、排灌干渠、水库、湖泊等)、项目区土壤侵蚀强度分布图、项目总体布置图(应能展示项目组成的各项内容,以及项目竖向布置、场平标高、挖填方边坡、截排水等)、分区防治措施总体布局图、水土保持典型措施布设图。

第1章 绪　　论

1.3　生产建设项目水土保持的发展历程

1.3.1　水土保持方案报告制度的建立

我国水土保持工作历史悠久，新中国成立后，国家对水土保持工作十分重视，随着水土保持工作的开展，结合经济建设的步伐，不同时期制定了不同的水土保持法规和政策，对生产建设过程中可能产生的水土流失进行控制。

1957年，国务院发布的我国第一部水土保持法规《中华人民共和国水土保持暂行纲要》对预防保护工作做出了具体规定，要求工矿企业、铁路、交通等部门在生产建设中要采取水土保持措施，并接受水土保持机构的指导和检查。

20世纪60年代初期，国务院发布《关于开荒挖矿、修筑水利和交通工程应注意水土保持的通知》，进一步强调了水利和交通等建设项目要同步采取水土保持措施。

1982年，国务院发布实施《水土保持工作条例》，规定工矿交通等单位在开发建设中要制定水土保持实施方案，经水土保持部门提出意见，并由水土保持部门据此进行监督，对造成水土流失的单位和个人要限期整改。该条例提出的水土保持实施方案，就是水土保持方案报告（制度）的雏形。

改革开放以后，各地开发建设迅猛发展，特别是在山西、陕西、内蒙古接壤地区，采矿、挖煤、修路、开石、采砂等活动造成的水土流失已经十分严重。1988年，经国务院批准，国家计划委员会和水利部联合发布《开发建设晋陕蒙接壤地区水土保持规定》。这个规定着重解决了在该区域中大规模开发煤炭和其他生产建设活动中要做好水土保持工作的问题，规定明确了"谁开发谁保护""谁造成水土流失，谁负责治理"的原则，对大型建设项目、小型工矿和乡镇企业及个体户等不同情况分别制定了相应的监督管理办法。对大型国有工矿、交通等单位实行"水土保持方案报告"制度，规定有关单位根据其项目对水土保持影响情况，应制定方案报告，报水土保持部门审批，并按方案实施。对小型工矿和乡镇企业及个体户实行"水土保持审定书"制度，这些单位和个人根据其开发建设情况及时到水土保持部门登记，提出防治水土流失的方案，由水土保持部门核定后颁发"水土保持审定书"，并按审定书进行防治。水土保持部门根据审批的"水土保持方案报告"及"水土保持审定书"依法进行监督管理。这个区域性法规提出了分类管理的概念，进一步完善了水土保持方案报告制度。

1987年，全国人大法制工作委员会将制定《水土保持法》列入立法计划，要求水利部组织起草班子，着手调查研究，开始起草工作。1989年8月，形成送审稿呈报国务院。之后，国务院法制局两次以国务院名义征求了各地和各有关部门的意见，并组织力量进行修改，于1990年1月将草案提交全国人大常委会审议。全国人大法制工作委员会即着手进行调研和修改，前后十易其稿。最后于1991年6月29日第七届全国人大第20次常委会审议通过。相应制定的《中华人民共和国水土保持法实施条例》同步实施。国务院于1993年1月发出《国务院关于加强水土保持工作的通知》进一步强调了建立水土保持方案报告制度，并强调各级计划部门在审批项目时要严格把关。至此，水土保持方案报告制度正式在全国范围内建立，明确了分级审批、分类管理的要求，并确立了环境影响报告书

1.3 生产建设项目水土保持的发展历程

审批、计划部门立项审批的把关责任。自此，水土保持方案报告制度走上正轨。

1.3.2 水土保持方案报告制度的逐步完善

1994年11月22日，水利部、国家计划委员会、国家环境保护局联合发布了《开发建设项目水土保持方案管理办法》（水保〔1994〕513号），水土保持方案报告制度成为我国生产建设项目立项的一个重要程序和内容。1995年5月30日，水利部发布了《开发建设项目水土保持方案编报审批管理规定》（水利部令第5号），使得生产建设项目水土保持方案编报审批工作进一步程序化、规范化。1996年3月1日，水利部批复同意了全国首个生产建设项目水土保持方案，即《平朔煤炭工业公司安太堡露天煤矿水土保持方案报告书》，标志着生产建设项目水土保持方案审批工作走上正轨。

1998年2月5日，水利部批准发布了《开发建设项目水土保持方案技术规范》（SL 204—98），水土保持方案编制设计工作得到全面规范。1998年10月20日，水利部、国家电力公司率先联合印发了《电力建设项目水土保持工作暂行规定》（水保〔1998〕423号）。自此，加强了部门相互配合，推进了水土保持方案的落实，促进了生产建设项目的水土保持工作。

1999年6月，水利部在全国60个地（市）、1166个县（市、旗、区）开展了水土保持监督管理规范化建设工作，进一步规范了监督执法工作，加强了监督管理机构能力建设，提高了执法效率。

2000年1月31日，水利部发布《水土保持生态环境监测网络管理办法》（水利部令第12号），明确生产建设项目的水土保持专项监测点，依据批准的水土保持方案，对建设和生产过程中的水土流失进行监测，接受水土保持生态环境监测管理机构的业务指导和管理。2000年11月23日，水利部水土保持司、建设与管理司联合发布《关于加强水土保持生态建设工程监理管理工作的通知》，在水利工程监理系列设立水土保持专项监理资质。

2002年10月14日，水利部发布了《开发建设项目水土保持设施验收管理办法》（水利部令第16号），标志着生产建设项目水土保持设施验收工作开始全面展开。

2005年7月8日，为满足新形势下水土保持工作的要求，水利部颁布了《关于修改部分水利行政许可规章的决定》（水利部令第24号），对《开发建设项目水土保持方案编报审批管理规定》（水利部令第5号）和《开发建设项目水土保持设施验收管理办法》（水利部令第16号）进行了修订，使得生产建设项目水土保持方案编报审批管理和生产建设项目水土保持设施验收管理更加完善。与此同时，各地也相继出台了水土保持方案分类管理的规范性文件。

2008年，《开发建设项目水土保持技术规范》（GB 50433—2008）、《开发建设项目水土流失防治标准》（GB 50434—2008）、《开发建设项目水土保持设施验收技术规程》（GB/T 22490—2008）三部国家标准出台，标志着我国在生产建设项目水土保持方面理论与实践的全面提升。

1.3.3 水土保持方案报告制度的与时俱进

2011年，国家实施了修订后的《水土保持法》，针对生产建设项目水土流失防治问题，强化了水土保持方案报批制度、水土保持设施与主体工程建设"三同时"制度、项目开工的水土保持方案前置审批制度、项目建成投产的水土保持设施验收前置制度、建设项目水土保持监测报告制度、水土保持补偿费制度、水土保持方案跟踪检查制度、违法行为处罚及责任追究制度等。同时，对生产建设项目水土保持预防保护措施、水土流失治理措施、管理维护等提出了明确的法律规定。

为适应国家经济社会发展新需要及水土保持与生态文明建设新要求，落实修订后的水土保持相关法律法规，充分总结和吸收生产建设项目水土保持实践经验，2018年颁布了《生产建设项目水土流失防治标准》（GB 50434—2018）、《生产建设项目水土保持技术标准》（GB 50433—2018）、《生产建设项目水土保持监测与评价标准》（GB/T 51240—2018）、《水土保持工程调查与勘测标准》（GB/T 51297—2018）、《生产建设项目土壤流失测算导则》（SL 773—2018）等一系列新规范新标准。

随着优化行政审批、强化事中事后监管改革的深入，生产建设活动造成的人为水土流失监管已成为重中之重，以高分遥感、无人机、信息系统、移动端、互联网+等高新技术为核心手段，一年多次的"天地一体化"监管取得了巨大成效，高效、精准发现违规活动，仅2019年、2020年两年就查处了"未报批水土保持方案就开工建设""未批先弃"等违法违规项目9.1万个，全国水土保持方案的审批数量由前几年每年3万余件，上升到2019年的5.2万件，大大提升了监管成效。2023年年初，中央办公厅、国务院办公厅印发了《关于加强新时代水土保持工作的意见》，以健全监管制度和标准，依法落实生产建设项目水土保持方案制度，加强全链条全流程监管。2023年3月1日起施行的《生产建设项目水土保持方案管理办法》（水利部令第53号），以水土保持方案编报审批为重点，同时覆盖水土保持方案监督检查及设施验收各环节，系统集成现行有效的制度和要求，充分吸收有关部门和各地经验做法，对生产建设项目水土保持方案管理全过程进行系统规范，推动构建全链条全流程的监管体系。

1.4 生产建设项目水土保持与其他课程关系

生产建设项目水土保持是水土保持学科各门基础课和专业课的思路体现和综合运用，涉及环境保护、土地复垦、工程技术等多种学科，与一些基础性自然科学、应用科学和环境科学均有紧密的联系。具体如下。

（1）生产建设项目水土保持与地质地貌学的关系。很多生产建设项目破坏和重塑了下垫面的地形地貌，在实际的生产建设项目设计和施工过程中必须结合地质地貌的实际情况，在工程设计和准备阶段有效结合地质勘察提供具有参考性的实际数据，对于适合生产的地形进行有效地确认，保证生产建设的顺利开展；对于存在地质环境的隐患问题，就要结合有效的可行性论证，切实地评估工程的可操作性，对于可以改进的实际地况商议出有效的解决措施，从而有效提升实际的安全效能，有效排除隐患。

（2）生产建设项目水土保持与水文学、水力学的关系。生产建设项目在建设和实施的过程中，会影响地表径流过程水文基本断面、水文缆道，水文情势变化，影响水文监测准确性等，甚至项目区周围区域的水文循环和行洪安全。因此，掌握的水文和水力基础知识对项目的选择和措施布设具有重要意义。

（3）生产建设项目水土保持与应用力学的关系。为查明水土流失的原因，确定科学的防治对策和防治体系，除水力学、工程力学外，还需要土力学、结构力学和岩土力学等方面的知识。

学习本课程还应具备工程制图、AutoCAD、ArcGIS软件等方面的制图基础，本课程还与水土保持与荒漠化防治的专业课程，如水土保持规划、水土保持工程学、水土保持林学等关系密切。

本 章 思 考 题

1. 简述生产建设项目水土保持的特点。
2. 简述水土保持方案报告制度的建立与发展。
3. 思考新时期如何做好生产建设项目水土保持工作？
4. 简述生产建设项目水土保持和气象学、土壤学的关系。

第 2 章 生产建设项目的基本规定

2.1 生产建设活动对水土流失的影响及危害

水土资源是人类生存和发展的基本条件，是经济社会发展的基础。水土流失与生态安全密切相关，既是全世界共同关注的重大环境问题，也是全面建设小康社会的关键问题。当前我国水土流失的严峻局面主要是由复杂的自然环境变迁和历史上长期滥用自然资源造成的，其中，盲目开垦、陡坡开荒、乱砍滥伐、破坏森林、乱牧滥牧、破坏草原等传统生活生产活动是其主要的驱动因素。而除了传统生活生产活动的原因，当前的水土流失加剧趋势，更多的在于近年来的大规模经济建设，使人们放松了对自然生态的保护，各地加大了对自然资源的开发和利用，各类工矿企业、各项基础设施建设竞相上马，在建设和生产过程中占压、扰动和破坏了大量的土地及植被，造成大量水土流失，开挖和堆垫形成的高陡边坡更是造成水土流失灾害的严重隐患部位。

生产建设活动产生的水土流失不像原生侵蚀按自然规律发生发展，而是以人类生产建设活动为主要外营力形成的水土流失类型，具有突发性，是一种典型的人为加速侵蚀。由于生产企业类型不同，造成的水土流失形式和危害也各不相同，地面生产项目如房地产、公路、铁路等主要是通过对地形、地貌及地表的破坏加剧水土流失；而一些地下生产项目如天然气、煤矿等，除部分地面扰动外，更长期的是通过对地层、地下水等的影响，间接使地面植被退化、地面塌陷，从而加剧水土流失。

生产建设项目区根据其资源分布和建设需要，扰动区域一般都不是完整的流域或地域，水土流失常以"点""线""面"的单一或综合形式出现。以"点"为主的生产建设项目，造成的水土流失的特点是影响区域范围相对较小，但破坏强度大，水土流失防治和植被恢复难度大，如矿山生产建设项目；以"线"为主的生产建设项目造成的水土流失特点是类型多，流失严重，如交通工程；而规模大，综合性强的生产建设项目多以"面"的形式表现出来，所造成的水土流失在结构上以"点""线""面"组合或交织而成，错综复杂。

现代化的建设项目，采用高度机械化的挖掘施工工艺和高能量的爆破技术，不仅使表层土壤和植被荡然无存，还将浅表层和深层的岩土物质搬运到地表，这就导致生产建设项目侵蚀物质已不是传统意义上的土壤和岩石风化物，而是包括土壤、母岩、基岩、工业固体废弃物、垃圾等物质的混合物，造成了侵蚀搬运物质和水土流失物质成分的复杂性。这些搬运物质通常呈非自然固结状态，胶结和稳定性极差，加剧了水蚀、风蚀和重力侵蚀过程。

2.1 生产建设活动对水土流失的影响及危害

2.1.1 生产建设活动对水资源的影响

案例 2-1：2021 年 12 月，中央第三生态环境保护督察组督察陕西发现，位于黄河湿地省级自然保护区内的黄河韩城龙门段干流河道，2013 年至今有逾百万立方米固体废物长期违法堆积（图 2.1）。黄河干流河道生态环境遭受损害，威胁黄河安澜。问题所处河段位于黄河小北干流上游，地处三门峡库区范围内，属淤积性游荡型河道，河道宽浅，水流散乱，主流游荡不定。2013 年以来，陕西龙门煤化工有限责任公司在其东侧的黄河干流河道内修建导流拦水坝，其背水一侧的黄河河道内违法倾倒固体废物问题日益突出。

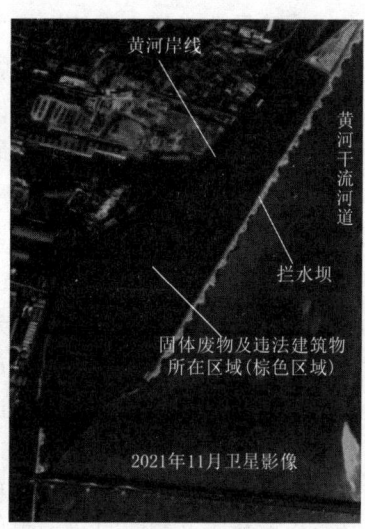

图 2.1 黄河韩城龙门段干流河道影像对比图

《水法》《防洪法》和《固体废物污染环境防治法》明确规定，禁止在河内弃置、堆放阻碍行洪的物体。督察发现，2013 年 8 月以来，阳山庄选矿厂、下峪口村等向黄河河道违法倾倒采矿废石、建筑垃圾、矿渣等固体废物，距黄河湿地省级自然保护区核心区边界最近处仅 300 余米，严重威胁该保护区作为国内最大的灰鹤越冬地，以及候鸟重要觅食地、栖息地、繁殖地的生态功能。2013—2018 年间，国家有关部门先后 10 次致函韩城市，要求查处相关违法行为，恢复河道原貌。但韩城市一直未依法履行属地责任，没有及时制止违法行为，相关问题始终未得到解决。经核查，堆放固体废物总量约 125.9 万 m³，违法侵占河道约 378.5 亩。违法倾倒在河道内的固体废物成分复杂、数量巨大，黄河河道沦为垃圾场，行洪通道阻塞，河道原貌改变，自然景观发生重大变化，湿地保护区功能受到严重影响。2013 年以来，龙门镇部分未经处理的污水流入该区域形成较大水面。卫星影像显示，2021 年 2 月污水面积仍达 78 亩，遗留大片灰黑色污泥。该区域属于黄河干流河道行洪区，如遇特大洪水，堆放的各类固体废物和污水将被冲向下游，对下游三门峡库区形成较大生态环境风险。经监测，污水氨氮浓度为 19.9mg/L，超地表水Ⅲ类标准 19 倍。8 份固体废物样品中，7 份浸出液 pH 值超标，其中 3 份为 3.25～3.68，呈酸性；4 份为 9.20～9.44，呈碱性，严重威胁黄河水质。（案例来源：澎湃网）

水既是人类赖以生存的珍贵资源，同时也是水土流失的主要动力，因此防止水的流失既是水土保持的一个重要目标，也是控制土壤侵蚀的主要手段。生产建设活动主要是影响内陆水循环,特别是河川流域水文情势的变化。它是通过对河川流域的地形、地貌、土壤、植被、地质构造及河道特征等方面扰动、破坏、重塑实现的,特别是大量生产建设项目给排水工程和不透水地面的建设,改变了原有水系的自然条件和水文特征,减少了地下径流的补给,地表径流量增大,汇流速度加快,使珍贵的降水资源常常以洪水的形式宣泄,造成大量地表水的渗漏损失和地下水位的下降。生产建设活动对水资源的影响主要体现在以下几个方面:

(1) 生产建设项目会造成严重的水环境破坏,不仅影响项目建设区和影响区的工农业及人民生活用水,而且导致区域内土地生产力下降和生态环境恶化。附属设施建设(如修筑房屋、道路、停车场、机场及其附属建筑物)使硬化不透水地面增加,从而增加地表径流,减少水分下渗和地下水补给,使工程建设区和影响区的河川径流量减少、洪峰峰值和频率增大、河川枯水期和洪水期流量的变幅增大。

(2) 水工程建设对水循环特别是河川径流直接进行时间和空间上的调配,人为改变了自然水循环。不合理的排水渠系或未设计排水渠系而随意排洪,可能加快坡面汇流,使河槽汇流历时缩短,洪峰出现时间提前,直接威胁工程建设区、影响区及附近居民的生命财产安全。

(3) 地下采煤工程对水资源的影响主要分为3个阶段:①采煤初期,矿井涌水主要来自煤层自身和疏干上层潜水,影响范围较小;②随着采空范围的增大,上覆山岩土破裂塌陷,煤层以上含水层地下水、坡面径流及河道水流沿着塌裂区下渗补给矿井的水量,也不断增加,矿井涌水量越来越多;③采空范围达到一定程度后,疏干补给、地表径流入渗补给以及其他补给显著增加,形成整个开采过程的涌水高峰,地表径流明显减少,地下水位大幅下降,导致泉水断流。此外,采煤工程周期长,人员多、配套建设规模大,引发区域用水紧张、超采情况严重,干扰了正常的水循环,破坏了地下水补给及供需的动态平衡。

(4) 生产建设项目对水资源产生的污染十分严重,主要包括:①固体废弃物对水的污染;②废水排放对水的污染;③项目建设区有害气体排入大气,形成酸雨落回地面产生污染。

2.1.2 生产建设活动引发的水力侵蚀

案例2-2:某防洪护岸综合治理工程在建设过程中,由于截排水设施布设不完善,产生了明显的侵蚀沟,引发了较为严重的水力侵蚀(图2.2)。

图2.2 建设过程中产生的侵蚀沟

2.1 生产建设活动对水土流失的影响及危害

水力侵蚀是在降水、地表径流、地下径流的作用下,土壤、土体或其他地面组成物质被破坏、剥蚀、搬运和沉积的全部过程,是土壤侵蚀的重要类型。生产建设活动产生的大量弃土弃渣,不可避免地加剧了水土流失。首先,生产建设活动剥离、搬运、堆弃的废弃岩石土壤,为水土流失提供了大量的松散堆积物。其次,这些堆积物往往随意倾倒堆积在山坡、沟渠和河道,改变了水势,影响了行洪能力,在强降雨下容易诱发泥石流和洪水灾害,造成严重的水土流失。再次,一些细颗粒的松散堆积物（如粉煤灰）,由于缺少植被覆盖,既可发生水蚀,也可有风蚀发生。若遇暴雨或长期连续降雨时,发生不均匀沉降,则会进一步加剧水土流失。

2.1.3 生产建设活动诱发的重力侵蚀

案例 2-3：2015 年 12 月 20 日,位于深圳市光明新区的红坳渣土受纳场发生滑坡事故,造成 73 人死亡,4 人下落不明,17 人受伤（重伤 3 人,轻伤 14 人）,33 栋建筑物（厂房 24 栋、宿舍楼 3 栋、私宅 6 栋）被损毁、掩埋,90 家企业生产受影响,涉及员工 4630 人。事故造成直接经济损失为 8.81 亿元。事故发生地深圳市光明新区红坳余泥渣土受纳场（以下简称"红坳受纳场"）规划库容 400 万 m^3,封场标高 95m,事故发生时实际堆填量已达 583 万 m^3,堆填体后缘实际标高已达 160m,严重超库容、超高堆填,增加了堆填体的下滑推力。加之受纳场地势南高北低,北侧基岩狭窄、凸起,导致体积庞大的高势能堆填体滑出后迅速转化为高速远程滑坡体。经调查认定,发生滑动的是受纳场渣土堆填体,不是山体,不属于自然地质灾害。事故调查组通过现场勘验、调查取证、模拟计算、专家论证,进一步排除了人为破坏、突发降雨及地震、天然气管道爆裂、地铁施工和生活垃圾腐化等因素,查明了事故发生经过、原因。最终认定事故的直接原因：红坳受纳场没有建设有效的导排水系统,受纳场内积水未能导出排泄,致使堆填的渣土含水过饱和,形成底部软弱滑动带；严重超量超高堆填加载,下滑推力逐渐增大、稳定性降低,导致渣土失稳滑出,体积庞大的高势能滑坡体形成了巨大的冲击力,加之事发前险情处置错误,造成重大人员伤亡和财产损失。

重力侵蚀是指在其他外营力特别是水力的共同作用下,以重力为直接原因引起的地表物质移动形式。生产建设活动由于开挖、堆垫、采掘等活动,形成大量的人工坡面、悬空面和采空区等,破坏了岩土层原有的平衡状态,引发泻溜、崩塌、滑坡等重力侵蚀,在水力等因素的共同作用下,造成严重的水土流失。

生产建设项目施工过程中易产生很多特殊形式的重力侵蚀,主要包括：

(1) 固体废弃物堆积体的非均匀沉降侵蚀,指的是由于人类工程-经济活动或者地质构造活动,导致地壳浅部松散覆盖不均匀压密而引起地面标高不均匀降低的一种工程地质现象,由此产生的地面破坏和土壤侵蚀现象。非均匀沉降导致地面变形,造成楼房、道路、渠道、水库大坝等各种建筑物的变形和破坏,甚至倾倒坍塌。山地丘陵区非均匀沉降还诱发崩塌、滑坡等重力侵蚀。

(2) 采空区塌陷侵蚀,指的是地下矿层大面积采空后,矿层上部的岩层失去支撑,平衡条件被破坏,随之产生弯曲、塌落,以致发展到地表下沉变形,由此引发一系列水土资源的损失和破坏现象。采空区塌陷侵蚀会对土地资源、水资源、植被资源产生严重的破坏,加剧水土流失；同时也会对地面建筑和社会环境造成很大的破坏。

（3）爆破和机械振动导致的重力侵蚀，指的是采矿和工程建设过程中，爆破和机械振动产生的崩塌、滑坡、地面沉陷、建筑物变形和破坏等多种灾害性现象。产生这些现象的原因：①当岩土体为断裂构造切割时，或岩土体垂直节理发育时，爆破和机械振动促使斜坡岩石体结构进一步破坏，抗剪强度降低，引发坠石、崩塌、滑坡等重力侵蚀；②质纯的砂层或粗砂层，当遇到震动时颗粒会重新排列，这种过程若发生在地面以上，就会引起地面沉降，如建筑地基下陷。

（4）流砂导致的重力侵蚀，指的是疏松的砂性土，经动荷载作用后，会趋于密实，孔隙水溢出，砂粒间凝聚力消失，抗剪强度几乎全部丧失，发生流砂溃散，土体结构破坏，引发重力侵蚀。

2.1.4　生产建设项目与土地荒漠化

荒漠化是由于干旱少雨、植被破坏、过度放牧、大风吹蚀、流水侵蚀、土壤盐渍化等因素造成的大片土地生产力下降或丧失的自然（非自然）现象。荒漠化包括石漠化、红漠化、盐渍化，还包括沙漠化。石漠化主要分布在喀斯特地貌区，我国石漠化严重区主要在广西西北部、北部，云南东部，贵州大部，其中贵州、广西最为严重。红漠化主要发生在我国江南丘陵以红色砂岩为主的地区，地表红壤因水土流失，露出光秃秃的红色石山，土地贫瘠，形成荒漠，所以被称为红漠化。生产建设项目会进一步加速土地荒漠化。

2.2　水土保持法律法规对生产建设项目的规定

2.2.1　法律法规的基本规定

2.2.1.1　生产建设项目水土保持技术工作

生产建设项目水土保持技术工作主要包括水土保持方案编制、水土保持措施设计、水土保持施工、水土保持监理、水土保持监测、水土保持设施验收等内容，涉及生产建设项目的各阶段，因此生产建设项目水土保持技术工作应与项目各阶段同步进行。

1. 水土保持方案编制

水土保持方案编制应贯彻落实国家水土保持方针，遵循"因地制宜，分区防治；统筹兼顾，注重生态；技术可行，经济合理；与主体工程相衔接，与周边环境相协调"的原则。主要内容应包括项目及项目区概况、项目水土保持评价、水土流失预测、水土保持措施布设、水土保持投资估算等，同时应明确项目水土流失防治责任范围和防治目标。设计水平年应为主体工程完工后的当年或后一年，具体根据主体工程完工时间和水土保持措施实施进度安排等综合确定。具体内容应符合《生产建设项目水土保持技术标准》（GB 50433—2018）中附录B的规定。

（1）水土保持方案编报。

案例 2-4：2016年4月18日，某市水政监察支队接到了某地产公司在某房地产项目中未依法办理水土保持行政许可手续的情况下擅自开工建设的举报。市水政监察支队执法人员到施工现场进行执法检查。经查，项目位于《某省水土保持规划（2015—2030）》划定的某省省级水土流失易发区内，依法应当在开工建设前到相关机关办理水土保持方案行政许可手续。市水政监察支队确认项目没有办理水土保持方案行政许可手续。市水政监察

2.2 水土保持法律法规对生产建设项目的规定

支队在现场检查时发现：销售中心（含绿化及临时停车场）已建成；一期楼盘场地已平整、场地北侧有施工机械正在打桩，四周围墙正在建，场地上南北走向的飞机河已部分被填埋，举报情况属实。

根据《水土保持法》第二十五条规定："在山区、丘陵区、风沙区以及水土保持规划确定的容易发生水土流失的其他区域开办可能造成水土流失的生产建设项目，生产建设单位应当编制水土保持方案，报县级以上人民政府水行政主管部门审批，并按照经批准的水土保持方案，采取水土流失预防和治理措施。没有能力编制水土保持方案的，应当委托具备相应技术条件的机构编制。"

依法应当编制水土保持方案的生产建设项目，生产建设单位未编制水土保持方案或者水土保持方案未经水行政主管部门批准的，生产建设项目不得开工建设。

（2）水土保持方案变更。

案例2-5：贺巴高速公路项目是广西区"县县通"高速公路建设的重点工程，是广西通往粤港澳、连通东西向省际间的重要通道，2016年11月该项目正式开工建设。广西壮族自治区水利厅和贺州市水利局在履行建设项目行政许可事中事后监督检查的过程中，发现项目业主和施工单位未按照批复的水土保持方案予以落实，擅自更改弃渣堆放点，沿新建公路两边随意倾倒弃渣，口头警告、书面通知要求整改均无明显效果。2021年9月9日，贺州市水利局对贺巴高速公路项目（钟山至昭平段）水土保持违法行为正式立案查处，调查发现该项目实际弃渣堆放点34处，均不在批复的水土保持方案弃渣场中，也未认真落实批复的水土保持措施，项目业主和施工单位均承认了其水土保持违法行为。贺州市水利局经过行政处罚自由裁量合议依法依规对项目业主做出了30万元的行政处罚。

水土保持方案经批准后，生产建设项目的地点、规模发生重大变化，有下列情形之一的，生产建设单位应当补充或者修改水土保持方案，报原审批机关批准。

1）涉及国家级和省级水土流失重点预防区或者重点治理区的。
2）水土流失防治责任范围增加30%以上的。
3）开挖填筑土石方总量增加30%以上的。
4）线型工程山区、丘陵区部分横向位移超过300m的长度累计达到该部分线路长度的20%以上的。
5）施工道路或伴行道路等长度增加20%以上的。
6）桥梁改路堤或隧道改路堑累计长度20km以上的。

水土保持方案实施过程中，水土保持措施发生下列重大变更之一的，生产建设单位应当补充或者修改水土保持方案，报原审批机关批准。

1）表土剥离量减少30%以上的。
2）植物措施总面积减少30%以上的。
3）水土保持重要单位工程措施体系发生变化，可能导致水土保持功能显著降低或丧失的。

在水土保持方案确定的废弃砂、石、土、矸石、尾矿、废渣等专门存放地外新设弃渣场的，或者需要提高弃渣场堆渣量达到20%以上的，生产建设单位应当在弃渣前编制水土保持方案（弃渣场补充）报告书，报原审批机关批准。其中，新设弃渣场占地面积不足

1hm² 且最大堆渣高度不高于 10m 的,生产建设单位可先征得所在地县级人民政府水行政主管部门同意,并纳入验收管理。渣场上述变化涉及稳定安全问题的,生产建设单位应组织开展相应的技术论证工作,按规定程序审查审批。

(3) 水土保持补偿费缴纳。

案例 2-6:永宁采油厂和西区采油厂于 2016 年 11 月合并成志丹采油厂,主要经营原油勘探、开采、运输、销售等业务。志丹采油厂在 2015 年 5 月 1 日至 2018 年 12 月 31 日生产期间,应按季度缴纳水土保持补偿费 5646.94 万元,实际缴纳 3610.07 万元,欠缴 2036.87 万元。2019 年 3 月,陕西省志丹县人民检察院(以下简称"志丹县院")通过走访摸排发现线索并立案,通过调取志丹县水土保持补偿费资料传递单、水土保持方案在册登记汇总表、延安市境内石油天然气生产井场核查确认表等证据材料查明了案件事实。2019 年 3 月 14 日,志丹县院向志丹县水务局发出检察建议并公开宣告送达,建议其依法征收志丹采油厂欠缴的水土保持补偿费,维护国家和社会公共利益。志丹县水务局收到检察建议后高度重视,召开专题会议,成立专门工作小组,下发了《催缴水土保持补偿费通知书》。之后,志丹采油厂制定了还款计划,分 6 期缴清了所欠 2036.87 万元水土保持补偿费。

在山区、丘陵区、风沙区以及水土保持规划确定的容易发生水土流失的其他区域开办生产建设项目或者从事其他生产建设活动,损坏水土保持设施、地貌植被,不能恢复原有水土保持功能的,应当缴纳水土保持补偿费,专项用于水土流失预防和治理。水土保持补偿费收费标准以项目所在地水行政主管部门、财政部门等下发的通知为准。

(4) 法律责任。

1) 水土保持方案编报与变更的法律责任。有下列行为之一的,由县级以上人民政府水行政主管部门责令停止违法行为,限期补办手续;逾期不补办手续的,处 5 万元以上 50 万元以下的罚款;对生产建设单位直接负责的主管人员和其他直接责任人员依法给予处分。

a. 依法应当编制水土保持方案的生产建设项目,未编制水土保持方案或者编制的水土保持方案未经批准而开工建设的。

b. 生产建设项目的地点、规模发生重大变化,未补充、修改水土保持方案或者补充、修改的水土保持方案未经原审批机关批准的。

c. 水土保持方案实施过程中,未经原审批机关批准,对水土保持措施作出重大变更的。

2) 水土保持补偿费缴纳的法律责任。违反《水土保持法》的规定,拒不缴纳水土保持补偿费的,由县级以上人民政府水行政主管部门责令限期缴纳;逾期不缴纳的,自滞纳之日起按日加收滞纳部分万分之五的滞纳金,可以处应缴水土保持补偿费 3 倍以下的罚款。

2. 水土保持措施设计

生产建设项目水土保持措施设计包括初步设计和施工图设计。

(1) 初步设计。

1) 生产建设项目水土保持措施初步设计。

2.2 水土保持法律法规对生产建设项目的规定

水土保持初步设计专篇或专章应根据水土保持方案及批复要求、工程有关资料编制，并符合《生产建设项目水土保持技术标准》（GB 50433—2018）附录C的规定。

水土保持初步设计的内容如下：

a. 明确水土保持方案及批复文件要求的落实情况。

b. 复核水土流失防治责任范围。

c. 复核取土（石、砂）和弃土（石、渣）数量、取土（石、砂）场和弃土（石、渣）场位置。

d. 对各项水土保持工程措施、植物措施、临时措施进行设计。

e. 主体工程设计的水土保持措施应纳入水土保持初步设计专篇或专章，明确设计图号和工程量。

f. 水土保持施工组织设计应结合主体工程施工组织设计进行。

g. 编制水土保持概算。

h. 水土流失防治目标不低于水土保持方案提出的目标。

2）初步设计阶段水土保持措施设计。

a. 应按防治分区以分部工程为单元进行水土保持措施设计。

b. 措施设计应符合现行国家标准《水土保持工程设计规范》（GB 51018—2014）的规定。

c. 有景观要求的区域，植物措施应按园林绿化标准设计。

d. 植物措施设计应有抚育管理内容，并应根据实际需要进行灌溉措施设计。

e. 临时措施设计应明确施工结束后的拆除要求。

f. 各项措施的防护功能不应低于水土保持方案典型措施布设中提出的防护功能。

g. 水土保持措施设计图应符合相关制图标准。

（2）施工图设计。水土保持施工图设计应包括图纸封面、图纸目录、设计说明、水土保持措施平面布置图、水土保持措施剖面图、结构图、细部构造图、钢筋图及植物措施施工图等。

图纸封面应写明项目名称、设计单位、设计时间、专业等内容；图纸目录应包括图名、图号、图幅等内容；设计说明主要包括项目概况、设计依据、设计标准、设计范围、水土保持措施布局、水土保持措施设计、工程量表、施工技术要求、验收标准等；水土保持措施平面布置图主要包括各类型水土保持措施的总体布局、防治责任范围线、主要特征点坐标、主要水土保持措施的长度（数量）、尺寸、型号、坡降、控制点坐标信息、重要节点控制标高等内容；水土保持措施剖面图应准确反映各施工阶段重点部位、关键时段水土保持措施竖向布置管线、剖切位置等；结构图及细部构造图等详图应标明措施的工程结构做法、尺寸、材质，并附各材质工程量表，图纸说明中应表达出构造做法、尺寸、建筑材料和施工要求等；植物措施施工图需明确植物措施的种类、种植方法、植物配置型式、植物规格、种植要求及种植时间等。

3. 水土保持施工

水土保持施工组织设计应结合实际、因地制宜，充分利用主体工程水、电、交通等条件及临建设施，确需增设水土保持临时施工道路、施工场地等临时设施的，宜利用荒地，避开植被良好区，不占或少占农田，施工结束后应及时清理、平整、恢复植被。水土保持施工总布置应统筹兼顾主体工程与水土保持工程间、分项水土保持工程间的关系，控制施工场地占地，综合平衡、协调各分项工程的施工，减少土石方倒运。

绿化所需覆土宜优先选用相应区域前期剥离的表层土，用量不足时应进行统筹调配、自采或外购。

施工进度安排应与主体工程施工进度相协调，明确与主体单项工程施工相对应的进度安排；临时措施应与主体工程施工同步实施，最大限度地减少施工过程中的水土流失；施工裸露场地应及时采取防护措施，减少裸露时间；弃土（石、渣）场应按"先拦后弃"的原则实施拦挡措施；植物措施应根据具体植物的生物学特性和气候条件合理安排施工时间。

4. 水土保持监理

水土保持监理对于规范水土保持工程施工、提高水土保持工程建设质量具有重要意义。凡主体工程开展监理工作的生产建设项目，应按照现行《水土保持工程施工监理规范》（SL/T 523—2024）、《水土保持工程质量评定规程》（SL 336—2006）等相关标准和规范开展水土保持施工监理。其中，征占地面积在 20hm² 以上或者挖填土石方总量在 20 万 m³ 以上的项目，应当配备具有水土保持专业监理资格的工程师；征占地面积在 200hm² 以上或者挖填土石方总量在 200 万 m³ 以上的项目，应当由具有水土保持工程施工监理专业资质的单位承担监理任务。

开展水体保持工程监理的监理机构、监理人员，监理规划、监理实施细则、监理月报、监理工作报告等均应符合《水土保持工程施工监理规范》（SL/T 523—2024）的规定。

水土保持工程监理开展应遵循下列工作程序：签订监理合同，明确监理范围、内容和责权；依据监理合同组建监理机构，选派总监理工程师、监理工程师、监理员和辅助人员，根据工作需要可设副总监理工程师或总监理工程师代表；熟悉工程建设有关法律、法规、规章以及技术标准，熟悉已批复的水土保持方案及其相应的后续设计文件、施工合同文件和监理合同文件；编制项目水土保持监理规划；进行水土保持监理工作交底；编制水土保持监理实施细则；开展水土保持监理工作，包括准备工作、事前监理、过程监理和验收监理；整理水土保持监理档案资料；参加工程竣工水土保持设施验收；结清监理费用；提交水土保持监理工作报告，移交水土保持监理档案资料；向建设单位移交其所提供的文件资料和设施设备。

水土保持工程施工监理方法主要巡视检查、现场记录、发布文件、协调解决等。

水土保持工程监理工作制度主要包括技术文件审核制度、会议制度、报告制度、工程验收制度、信息管理制度、巡视检查制度、建设单位授权的考核、约谈等其他制度。

水土保持工程监理在具体实施阶段，主要包括施工质量控制、进度控制、投资控制、安全与文明施工管理，以及相应的信息管理、合同管理等内容。

5. 水土保持监测

案例 2-7：密云水库流域总面积近 1.6 万 km²，横跨北京、河北两地。近日，为期

2.2 水土保持法律法规对生产建设项目的规定

2个月的密云水库上游潮白河流域生产建设项目水土保持强监管专项行动正式收官,京冀两地已对8起涉嫌违反水土保持法的案件进行立案。"在监管的过程中我们发现,有些项目存在'水保盲区'。"北京市水务局水保生态处一级调研员胡鹤参与了本次专项行动,这是他的最大感触。在密云区一处住宅项目的专项检查中,检查组工作人员发现这个项目水保方面的问题很多,该项目的当事人不仅未按时报送水土保持监测情况,还存在不苫盖施工工地的建筑渣土、排水沟存在泥沙流失情况等多重问题。

编制水土保持方案报告书的生产建设项目,生产建设单位应当自行或者委托具备水土保持监测资质的机构,对生产建设活动造成的水土流失进行监测,并将监测情况定期上报当地水行政主管部门。

生产建设项目水土保持监测工作应与主体工程同步开展。建设类项目在整个建设期(含施工准备期)内应全程开展监测,建设生产类项目生产运行期应不间断监测。

监测范围应以批复的水土流失防治责任范围为基础,结合实际征占地情况确定。监测分区应以批复的水土流失防治分区为基础,结合项目布局情况确定。监测点应具有代表性,能够充分反映所在区域的水土流失特征及防治措施类型,并宜设置对照监测点。监测所用的仪器、设备和设施应符合国家现行有关标准的规定,鼓励采用新技术、新方法和新设备。监测数据应真实可靠,成果的形式和内容应符合《生产建设项目水土保持监测与评价标准》(GB/T 51240—2018)的规定。

水土保持监测实行"绿黄红"三色评价,水土保持监测单位根据监测情况,在监测季报和总结报告等监测成果中提出"绿黄红"三色评价结论。三色评价以水土保持方案确定的防治目标为基础,以监测获取的实际数据为依据,针对不同的监测内容,采取定量评价和定性分析相结合的方式进行量化打分。三色评价采用评分法,满分为100分,得分80分及以上的为"绿"色,60分及以上不足80分的为"黄"色,不足60分的为"红"色。监测季报三色评价得分为本季度实际得分,监测总结报告三色评价得分为全部监测季报得分的平均值。

生产建设单位应当在工程建设期间将水土保持监测季报在其官方网站公开,同时在业主项目部和施工项目部公开。水行政主管部门对监测评价结论为"红"色的生产建设项目,纳入重点监管对象。

6. 水土保持设施验收

案例2-8:近日,仁怀市综合执法局接到市水务局移来一宗水土保持设施未按"三同时"(与主体工程同时设计、同时施工、同时投产)实施的案件线索。仁怀市综合执法局按案件线索,立即对涉嫌违法的某某建材公司进行立案查处。经查,该建材公司在水土保持设施未按"三同时"实施的情况下于2020年3月投入使用。2021年12月14日,仁怀市水务局对当事人下达督促开展水土保持设施竣工验收通知书,要求当事人于2022年1月20日前验收后将资料交到仁怀市水务局备案。经仁怀市综合执法局调查,当事人已于2022年3月3日完成水土保持设施竣工验收备案。当事人积极改正违法行为,可以考虑从轻处罚。仁怀市综合执法局依据《水土保持法》第五十四条之规定和《中华人民共和国行政处罚法》第三十二条之规定,对当事人作出罚款5万元的行政处罚。目前,当事人已主动履行了处罚决定,该案已结案。

第 2 章　生产建设项目的基本规定

依法应当编制水土保持方案的生产建设项目中的水土保持设施，应当与主体工程同时设计、同时施工、同时投产使用；生产建设项目竣工验收，应当验收水土保持设施；水土保持设施未经验收或者验收不合格的，生产建设项目不得投产使用。

生产建设项目水土保持设施自主验收包括水土保持设施验收报告编制和水土保持设施竣工验收两个阶段。

（1）水土保持设施验收报告编制。依法编制水土保持方案报告书的生产建设项目投产使用前，生产建设单位应当根据水土保持方案及其审批决定等，组织第三方机构编制水土保持设施验收报告。第三方机构是指具有独立承担民事责任能力且具有相应水土保持技术条件的企业法人、事业单位法人或其他组织。第三方机构编制的水土保持设施验收报告，应符合现行水土保持设施验收报告示范文本的格式和装订要求，全面对项目法人的法定义务履行情况、水土流失防治任务完成情况、防治效果情况和组织管理情况等进行评价，做出水土保持设施是否符合验收合格条件的结论，并对结论负责。

（2）水土保持设施竣工验收。水土保持设施竣工验收应在第三方机构提交水土保持设施验收报告后，生产建设项目投产运行前完成。

水土保持设施验收报告编制完成后，生产建设单位应当按照水土保持相关法律法规、标准规范、水土保持方案及其审批决定、水土保持后续设计等，组织水土保持设施验收工作，一般包括现场查看、资料查阅、验收会议等环节，最终形成水土保持设施验收鉴定书，明确水土保持设施验收合格的结论。水土保持设施验收合格后，生产建设项目方可通过竣工验收和投产使用。

除按照国家规定需要保密的情形外，生产建设单位应当在水土保持设施验收合格后，通过其官方网站或者其他便于公众知悉的方式向社会公开水土保持设施验收鉴定书、水土保持设施验收报告和水土保持监测总结报告。对于公众反映的主要问题和意见，生产建设单位应当及时给予处理或者回应。

生产建设单位应在向社会公开水土保持设施验收材料后、生产建设项目投产使用前，向水土保持方案审批机关报备水土保持设施验收材料。报备材料包括水土保持设施验收鉴定书、水土保持设施验收报告和水土保持监测总结报告。生产建设单位、第三方机构和水土保持监测机构分别对水土保持设施验收鉴定书、水土保持设施验收报告和水土保持监测总结报告等材料的真实性负责。

对编制水土保持方案报告表的生产建设项目，其水土保持设施验收及报备的程序和要求，按照各省（自治区、直辖市）级水行政主管部门的规定执行。

水土保持设施未经验收或者验收不合格将生产建设项目投产使用的，由县级以上人民政府水行政主管部门责令停止生产或者使用，直至验收合格，并处 5 万元以上 50 万元以下的罚款。

2.2.1.2　生产建设项目水土流失防治

1. 基本要求

（1）生产建设项目建设全过程应控制和减少对原地貌、地表植被、水系的扰动和损毁，保护原地表植被、表土等，减少占用水资源、土资源，提高利用效率。

（2）对生产建设活动所占用土地的地表土应当进行分层剥离、保存和利用，做到土石

2.2 水土保持法律法规对生产建设项目的规定

方挖填平衡，减少地表扰动范围。

（3）土建施工全过程应有临时防护措施，开挖、填筑的场地应采取拦挡、护坡、截（排）水等防治措施。

（4）对废弃的砂、石、土、矸石、尾矿、废渣等存放地，应当采取拦挡、坡面防护、防洪排导等措施。

（5）生产建设活动结束后，施工迹地应及时进行土地整治，恢复其利用功能。取土场、开挖面和存放地的裸露土地上应植树种草、恢复植被，对闭库的尾矿库进行复垦。

（6）生产建设活动中排弃的砂、石、土、矸石、尾矿、废渣等应当最大程度综合利用；不能综合利用确需废弃的，应当堆放在水土保持方案确定的专门存放地，并采取措施以保证不产生新的危害。

2. 防治目标

（1）项目建设范围内的新增水土流失应得到有效控制，原有水土流失得到治理。原有水土流失得到治理是指部分生产建设项目征占地范围大于扰动范围，对于未扰动地表的水土流失也应进行治理，使其土壤流失强度达到土壤容许流失量以下。

（2）水土保持设施应安全有效。

（3）水土资源、林草植被应得到最大限度的保护与恢复。

（4）水土流失治理度、土壤流失控制比、渣土防护率、表土保护率、林草植被恢复率、林草覆盖率六项指标应符合《生产建设项目水土流失防治标准》（GB 50434—2018）的规定。

2.2.2 项目约束性规定

2.2.2.1 选址、选线

（1）生产建设项目选址（线）应避让水土流失重点预防区和重点治理区，无法避让的，应当提高防治标准，优化施工工艺，减少地表扰动和植被损坏范围，有效控制可能造成的水土流失。

（2）生产建设项目选址（线）应避让河流两岸、湖泊和水库周边的植物保护带。植物保护带是指在河流的两岸、湖泊与水库周边人工营造或自然形成的林带、具有专用防护功能的草地，一般宽度为50m。无法避让的，应最大限度减少植被破坏和地面扰动；施工过程中采取临时防护措施减少对河流、湖泊和水库的影响；施工后期应最大程度恢复植被，恢复植物保护带的水土保持功能。

（3）生产建设项目选址（线）应避让全国水土保持监测网络中的水土保持监测站点、重点试验区及国家确定的水土保持长期定位观测站。水土保持重点试验区是指国家和地方设立的水土保持试验、研究基地所属范围。

2.2.2.2 建设方案布局

（1）公路、铁路工程在高填深挖路段，应采用加大桥隧比例的方案，减少大填大挖；填高大于20m，挖深大于30m的，应进行桥隧替代方案论证；路堤、路堑在保证边坡稳定的基础上，应采用植物防护或工程与植物防护相结合的设计方案。

（2）城镇区的建设项目应提高植被建设标准，注重景观效果，配套建设灌溉、排水和雨水利用设施。

第 2 章 生产建设项目的基本规定

(3) 山丘区输电工程塔基应采用不等高基础，经过林区的应采用加高杆塔跨越方式。

(4) 对无法避让水土流失重点预防区和重点治理区的生产建设项目，应优化建设方案，减少工程占地和土石方量；公路、铁路等项目填高大于8m宜采用桥梁方案；管道工程穿越宜采用隧道、定向钻、顶管等方式；山丘区工业场地宜优先采取阶梯式布置；截排水工程、拦挡工程的工程等级和防洪标准应提高一级；宜布设雨洪集蓄、沉沙设施；提高植物措施标准，林草覆盖率应提高1~2个百分点。

2.2.2.3 取土（石、砂）场设置

(1) 严禁在崩塌和滑坡危险区、泥石流易发区内设置取土（石、砂）场。崩塌和滑坡危险区、泥石流易发区系指县级以上人民政府依法划定并公告的相应区域、在此区域内取土（石、砂），可能造成崩塌、滑坡体失稳或加大泥石流危害，危及人民生命财产安全。

(2) 取土（石、砂）场设置应符合城镇、景区等规划要求，并与周边景观相互协调。取土（石、砂）使用结束后，应综合考虑其土地利用方向。

(3) 在河道取土（石、砂）的应符合河道管理的有关规定。

(4) 在崩塌、滑坡危险区或者泥石流易发区从事取土、挖砂、采石等可能造成水土流失的活动的，由县级以上地方人民政府水行政主管部门责令停止违法行为，没收违法所得，对个人处1000元以上1万元以下的罚款，对单位处2万元以上20万元以下的罚款。

2.2.2.4 弃土（石、渣、灰、矸石、尾矿）场设置

(1) 严禁在对公共设施、基础设施、工业企业、居民点等有重大影响的区域设置弃土（石、渣、灰、矸石、尾矿）场。

(2) 弃土（石、渣、灰、矸石、尾矿）场涉及河道的应符合河流防洪规划和治导线的规定，不得设置在河道、湖泊和建成水库管理范围内。

(3) 在山丘区宜选择荒沟、凹地、支毛沟，平原区宜选择凹地、荒地，同时应充分利用取土（石、砂）场、废弃采坑沉陷区等场地。

(4) 应综合考虑弃土（石、渣、灰、矸石、尾矿）结束后的土地利用方向。

(5) 在水土保持方案确定的专门存放地以外的区域倾倒砂、石、土、矸石、尾矿、废渣等的，由县级以上地方人民政府水行政主管部门责令停止违法行为，限期清理，按照倾倒数量处每立方米10元以上20元以下的罚款；逾期仍不清理的，县级以上地方人民政府水行政主管部门可以指定有清理能力的单位代为清理，所需费用由违法行为人承担。

2.2.2.5 施工组织设计

(1) 应控制施工场地占地，避开植被相对良好的区域和基本农田区。

(2) 应合理安排施工，防止重复开挖和多次倒运，减少裸露时间和范围。

(3) 在河岸陡坡开挖土石方，以及开挖边坡下方有河渠、公路、铁路、居民点和其他重要基础设施时，宜设计渣石渡槽、溜渣洞等专门设施，将开挖的土石导出。

(4) 弃土、弃石、弃渣应分类堆放。

(5) 外借土石方应优先考虑利用其他工程废弃的土（石、渣），外购土（石、料）应

选择合规的料场。

（6）大型料场宜分台阶开采，控制开挖深度。爆破开挖应控制装药量和爆破范围。

（7）工程标段划分应考虑合理调配土石方，减少取土（石）方、弃土（石、渣）方和临时占地数量。

2.2.2.6 工程施工

（1）施工活动应控制在设计的施工道路、施工场地内。

（2）施工开始时应首先对表土进行剥离或保护，剥离的表土应集中堆放，并采取防护措施。

（3）裸露地表应及时防护，减少裸露时间。

（4）填筑土方时应随挖、随运、随填、随压。

（5）临时堆土（石、渣）应集中堆放，并采取临时拦挡、苫盖、排水、沉沙等措施。

（6）施工产生的泥浆应先通过泥浆沉淀池沉淀，再采取其他处置措施。

（7）围堰填筑、拆除应采取减少流失的有效措施。

（8）弃土（石、渣）场地应事先设置拦挡措施，弃土（石、渣）应有序堆放。

（9）取土（石、砂）场开挖前应设置截（排）水、沉沙等措施。

（10）土（石、料、渣、矸石）方在运输过程中应采取保护措施，防止沿途散溢。

本 章 思 考 题

1. 我国的法律法规对生产建设项目水土保持技术工作的哪些方面做了规定？
2. 为什么要做项目约束性规定？
3. 对于其他水土流失类型区需要做哪些特殊规定？

第3章 生产建设项目及自然环境调查

生产建设项目造成的水土流失，是以人类生产建设活动为主要外营力形成的水土流失类型，是人类生产建设活动过程中扰动地表和地下岩土层、堆置废弃物、构筑人工边坡以及排放各种有毒有害物质而造成的水土资源和土地生产力的破坏和损失，是一种典型的人为加速侵蚀。

通俗来讲，生产建设项目在建设和运行过程中，因人为活动的影响，必然改变建设区域内原有水土流失的自然状态，往往会加速水土流失的产生。编制水土保持方案的目的，就是要弄懂生产建设项目要做什么、怎么做、其产生水土流失的环节和产生的危害、项目是否存在漏项等问题，并有针对性地进行水土保持措施设计，对主体提出优化建议，明确项目防治责任范围和防治标准。

以风电场项目为例，风机及箱变、升压站、集电线路等是风电场建设的主体内容，即项目要"做什么"。那么，风机是建在平地还是坡地，风机属于大件构筑物，是否需另设吊装平台、其机位及吊装平台是否涉及开挖或回填，以及是否考虑了放坡，运输道路是否需改扩建，集电线路是架设还是地埋，各回填区域的压实情况是什么，建筑的结构形式是什么，总体建设时序是什么，施工营地安置在何处等问题，则属于项目"怎么做"的范畴。

"读懂"每个生产建设项目，分析主体设计、勘察成果等数据的合理性、科学性，带着问题开展现场勘察，才能做到有的放矢，少走弯路，才能对项目产生的水土流失全面把控，进而编制出符合项目实际且具可操作性的水土保持方案。

现阶段生产建设项目及自然环境的调查要素应按《生产建设项目水土保持技术标准》（GB 50433—2018）的有关规定执行，可参照《水土保持工程调查与勘测标准》（GB/T 51297—2018）的指导开展，其内容及成果应满足生产建设项目水土保持相关标准和技术规范的要求。本章节将运用一些实际案例，针对编制中可能遇到的问题进行分析和讲解。

3.1 现场勘察的内容

现场勘察的内容主要包括：项目基本情况、项目组成及工程布置、项目施工组织设计、项目工程占地、项目土石方平衡及弃土（石、渣、灰）的处置方案、工程投资概况及工期安排、拆迁（移民）安置与专项设施改（迁）建、自然概况和项目区的水土流失现状及敏感区调查等内容。

3.1.1 项目基本情况

项目基本情况应包括项目名称、地理位置、建设性质、建设任务、工程等级与规模、

总投资及土建投资、建设工程等内容,是生产建设项目"做什么"和"怎么做"的提炼和浓缩,其编制的要点包括:

(1) 对项目应做全面的介绍,不能存在缺漏项情况。项目组成和工程布置的叙述有条理且不存在逻辑错误。

(2) 涉及的取土、弃渣场位置应明确,要素信息应完整,介绍应清楚且能满足选址的需要,弃渣堆置应符合水土保持相关要求。

(3) 工程占地的性质、类型和数量应明确且不存在明显错误。

(4) 土石方挖、填、借、余(弃)数量和表土平衡介绍应清楚,且数量准确。

(5) 自然概况介绍应清楚、全面,能满足分析、预测与水土保持措施设计的需要。

一般而言,如果项目主体设计较为全面,勘察成果准确可靠,则直接摘录主体设计和勘察成果即可。否则,应结合调查和现场勘察情况进行介绍。此外,如果项目涉及水土保持未批先建情形或主体设计完成后动工前,其原始地貌被其他项目扰动改变的情况,应增加项目建设现状章节,从已损坏水土保持设施面积、地表组成物、已产生的土石方挖填量、造成的水土流失情况、已采取的水土流失防治措施等对现状进行介绍。

3.1.2 项目组成及工程布置

项目组成及工程布置是描述项目"做什么",主要包括两个方面:一是项目建设基本内容,单项工程的名称、建设规模、平面布置、竖向布置等,存在依托关系的项目,应调查依托工程相关情况;二是项目建设供电系统、给排水系统、通信系统、内外交通系统等情况。具体要求包括:

(1) 要明确项目组成内容,一般情况下按项目永久性建筑的布设情况划分为若干个工程区域。

(2) 按工程区域介绍单项工程的名称、建设规模、平面布置、竖向布置,可根据工程区域划分情况,分小节介绍。

(3) 项目有依托工程时,应介绍依托工程相关情况及水土保持方案编报情况;未编报水土保持方案的,应提出编报要求。

(4) 项目的供电系统、给排水系统、通信系统、内外交通系统应作为项目组成进行介绍,不应漏项。

(5) 对建设生产类项目,还应介绍生产过程中产生弃渣数量和处置方式。

(6) 项目组成应附主要技术指标表、项目总体布置图、工程平面布置图,点式项目应有竖向布置图,公路、铁路工程应有平、纵断面缩图和典型断面图,管道工程应有管沟开挖断面图。文、表、图须一致。

3.1.3 项目施工组织设计

项目施工组织设计是描述项目建设要"怎么做",主要包括以下内容:

(1) 明确施工生产区和生活区布设位置、数量、占地面积等。

(2) 明确施工道路布设位置、长度、宽度、占地面积等。

(3) 明确施工用水(电)源、供水(电)工程布置、占地面积等。涉及施工导流的,应明确导流方式、结构型式、挖填土石方量等。

(4) 明确取土(石、砂)场布设位置、地形条件、取土(石、砂)量、占地面积、最大取土（石、砂）深度等。依托其他项目取土（石、砂）或外购的，应说明依托项目情况并附相关支撑文件。

（5）明确弃渣场的布设位置、地形条件、容量、已弃渣量、占地面积、汇水面积、最大堆高、堆置方案，以及下游重要设施、居民点等情况。依托其他项目弃渣的，应说明情况并附相关支撑文件。

（6）介绍与水土保持相关的场地平整、基础开挖、路基修筑、管沟挖填等土石方工程施工方法与工艺。

施工组织设计的内容涵盖项目主体设计、其他专项设计（如景观园林设计、地质灾害治理设计、复垦设计）、施工场地布置（如平场施工场地布置、建筑施工场地布置）等内容。在实际编制中，也是编制人员最容易出错的环节，尤其是在一些中小型生产建设项目的方案编制中更易体现。因此，应加强对主体资料的研究，重视现场调查和勘察资料的收集，尽可能减少错误。

3.1.4 项目工程占地

按项目组成、施工组织及县级行政区分别明确占地性质、类型、面积，并列出工程总占地表。占地性质一般分为永久占地和临时占地，应按现行国家标准《土地利用现状分类》（GB/T 21010—2017）的相关规定和水土保持要求分类统计。水土保持方案对工程占地有调整的应说明。项目工程占地应进行现场复核。

3.1.5 项目土石方平衡及弃土（石、渣、灰）的处置方案

按项目组成明确挖方、填方、借方（说明来源）、余方（说明去向）和调运情况，列出需方平衡表，绘制流向框图，挖方中用作骨料等建筑材料的利用方（包括加工成砂石料、砌石材料等利用的土石方）应单独说明并纳入需方平衡。表土的剥离、回覆应单独平衡，并分别计入挖方量、填方量。水土保持方案对工程土石方量有调整的应说明。

土石方情况是生产建设项目应当编制水土保持方案报告书或报告表的依据之一，土石方基础数据存在重大错误的，技术评审将不予通过。因此，土石方基础数据及其平衡分析是水土保持方案编制中一个极为重要的内容。

常见的土石方计算方法有三角网法、方格网法、断面法等；常用的软件有南方Cass、飞时达、HTCAD、Excel等。当主体设计提供了土石方的计算资料时，可从主体设计选用的方法是否合理、计算数据和参数的准确性等方面进行检查和抽查；否则，建议方案重新进行计算。

项目多余土石方应考虑综合利用，开展弃渣综合利用调查，制定综合利用方案，经分析和平衡后确需弃方的，应考虑设置弃渣场。

3.1.6 工程投资概况及工期安排

工程投资应包括总投资、土建投资、资本金构成及来源等。工期安排应包括工程总工期（含施工准备期）、开工时间、完工时间及分区或分段工程进度安排，并以进度图表述。已开工项目应介绍施工进展情况。

3.1.7 拆迁（移民）安置与专项设施改（迁）建

拆迁（移民）安置与专项设施改（迁）建应包括拆迁（移民）安置的规模、安置方

式，专项设施改（迁）建的内容、规模及方案等。

3.1.8 自然概况

项目自然概况调查应包含项目地质、地貌、气象、水文土壤及植被等情况，点型项目以乡（镇）或县（市、区）为单元表述，线型项目以县（市、区）或市（地、州）为单元表述。主要包含以下内容：

（1）地形地貌调查包括项目所在区域地形特征、地貌类型，项目占地范围内的地面坡度、高程范围、最高最低高程点的位置和地表物质组成等。

（2）地质调查主要应包括大地构造单元、地层岩性、项目占地范围内的地下水埋深，滑坡、崩塌及泥石流等不良地质情况。

（3）气象调查应包括项目所在区域所处的气候类型、多年平均气温、不小于10℃积温、年蒸发量、年降水量、无霜期、平均风速与主导风向、大风日数、雨季时段、风季时段及最大冻土深度等，并说明资料来源和系列长度（系列长度宜在30年以上）。

（4）水文调查应包括项目所在区域所处的流域、河流和湖泊的名称及等级、水功能区划、潮汐情况等，并附对应项目区水系图。涉及河（沟）道的弃渣场应调查相应河（沟）道的水位、流量及防洪规划等相关情况，水位包括常年水位、历史高水位或规划设计水位等。

（5）土壤调查应包括项目所在区域土壤类型、项目占地范围内表层土壤厚度、可剥离范围及面积等，应附表土厚度分布表或图、附土壤剖面调查现场照片。

（6）植被调查应包括项目所在区域植被类型、当地主要乡土树草种及生长情况以及林草覆盖率等。

3.1.9 项目区的水土流失现状及敏感区调查

项目区水土流失现状调查应包括水土流失和类型、强度、土壤侵蚀模数和容许土壤流失量。

水土保持敏感区调查内容应包括项目所在区域是否涉及水土流失重点预防区和重点治理区、饮用水水源保护区、水功能一级区的保护区和保留区、自然保护区、世界文化和自然遗产地、风景名胜区、地质公园、森林公园以及重要湿地等，涉及的应说明与本工程的位置关系。

3.2 现场勘察的主要流程

生产建设项目及自然环境现场勘察主要有以下流程：项目主体勘察、设计等基础资料的收集及判读→制作现场勘察矢量文件并初步了解项目区大体情况→制定现场勘察计划→现场调查、航拍、勘察或设计资料补充收集→调查成果整理及建模。

3.2.1 项目主体勘察、设计等基础资料的收集及判读

一般而言，生产建设项目主要经历项目建议书、可行性研究、初步设计、施工图设计、建设实施、竣工验收和后评价等阶段，每个环节都有各自的内容和任务。然而实际中并不是每个建设项目都会遵循这样的步骤，尤其是一些中小型项目，可能会遇到下列情况：

第3章 生产建设项目及自然环境调查

(1) 项目勘察或主体设计深度不够，不足以支撑水土保持方案设计。
(2) 没有开展勘察或主体设计即进行建设的情况。
(3) 因某些原因主体设计刻意增加工程量的情况。
(4) 只针对主体建设内容进行了设计，未对施工组织进行安排。

如果不开展现场勘察，仅凭收集到的主体资料进行水土保持方案的编制，上述情况均可能导致方案的设计成果与实际不符或不能满足防治要求、防治责任范围漏项、措施无法落实等情况出现。现场勘察内容的翔实程度，决定着水土保持方案编制的质量。因此，在收集到项目主体勘察、设计等基础资料后，应仔细研读，初步判断设计深度到哪个阶段、是否存在漏项目等情况，并初步规划现场勘察重点。

3.2.2 制作现场勘察矢量文件并初步了解项目区大体情况

为了提高现场勘察的效率和准确性，减少方案漏项情况的产生，在完成主体设计资料的收集和初步整理后，建议制作现场勘察矢量文件用于外业勘察。

通常情况下，多数主体设计是通过 AutoCAD 及其后期开发软件完成的，在获取电子版资料后，检查项目坐标信息和比例，无误后通过 GIS 类软件校正和转换，将项目红线、主要建设内容制作成 SHP 或 KML 等文件，可导入卫星地图软件用于初步了解项目区域情况，还可导入移动设备用于后期进行现场勘察。

此阶段制作的地理信息矢量数据与方案编制完成后要求上报的矢量文件略有不同，此时方案尚未编制，防治责任范围、分区等信息尚不可知，只需将主要建设内容、地物信息等提取制作即可。

现阶段常用的 GIS 类软件有 ArcGIS、MapGIS、Global Mapper、91卫图助手、图新地球、Bigemap 软件等。因该内容涉及部分地理信息知识和不同软件应用，本章节不做具体阐述。

案例 3-1：图 3.1 所示为某技改煤矿工业场地建设总平面图，其设计深度为初步设计，经提取主要建设内容、检查比例，并根据提供的地理坐标信息转换和校正，制作完成了现场勘察矢量文件，通过与卫星影像叠加，其建设内容与建设区域的关系如图 3.2 所示。

经叠加后初步分析，建设区域北部有一公路横穿并与东北侧村寨相连，在此区域，主体设计有绞车房修建在道路对面，从设计图上看，绞车缆道将穿越这条道路（图 3.3）。那么绞车缆道是否会对道路安全产生影响，如产生是否会改建道路，改建道路是否纳入本次设计的范畴？从功能上看该道路连接村寨，应属于重要基础设施，若不先建成改建道路，该项目绞车缆道的建设将受到影响。如若需改建道路，又将建在何处，存在哪些制约性因素等问题应在现场勘察中予以重点关注。另外，项目北侧将修建高位水池，但未考虑施工道路和临时占地，在现场勘察中也应重视现场情况。

经后期现场勘察和沟通，项目建设单位认为若改建道路，将大幅增加建设成本，不利于项目总体推进，表示将与主体设计单位再沟通，更改或调整绞车缆道的建设内容；对于高位水池存在的遗漏，建设单位现场指认，确定了施工道路和临时占地的布置，将水土保持方案纳入防治责任范围并完善后续设计。此案例也从侧面反映了项目在一定程度上存在

3.2 现场勘察的主要流程

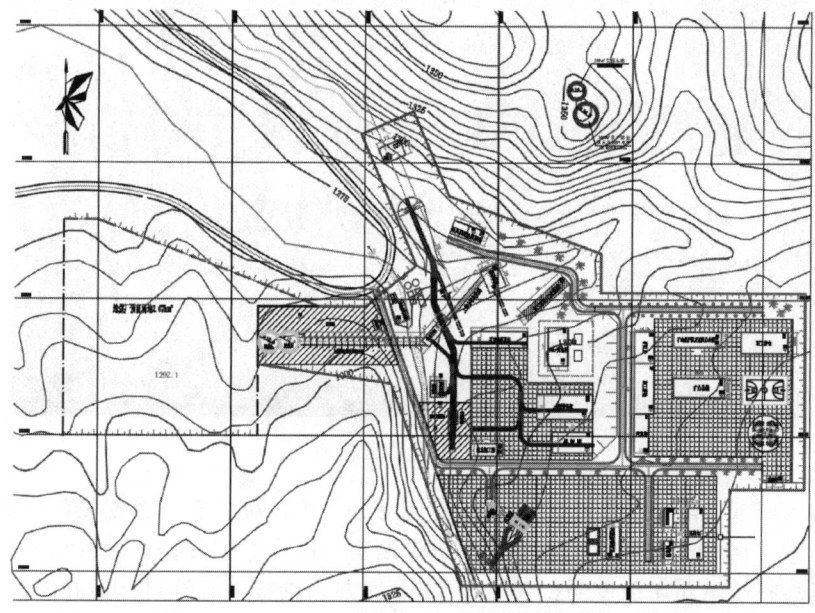

图 3.1 某技改煤矿工业场地建设总平面图

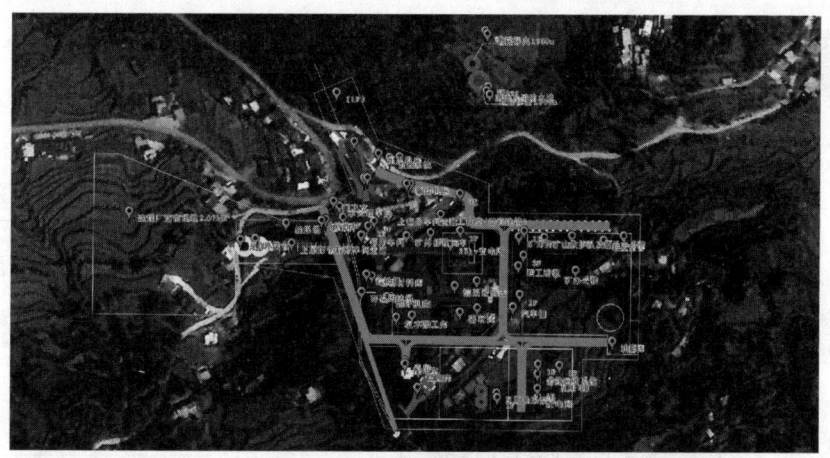

图 3.2 建设内容与建设区域的关系图

勘察或主体设计深度不够的问题。

制作勘察矢量文件,通过导入卫星地图、区域地质图、区域植被覆盖图、区域水文地质图、区域土壤类型图等各类专题图查看,可大体获取项目建设区域地质、土壤类型、植被覆盖等情况,在实地勘察中进一步核实。

3.2.3 制定现场勘察计划

现场勘察计划主要分为重点勘察区域和航拍计划两个部分。

3.2.3.1 重点勘察区域

通过制作现场勘察矢量文件和对主体资料的判读,结合项目区水土流失特点,初步拟

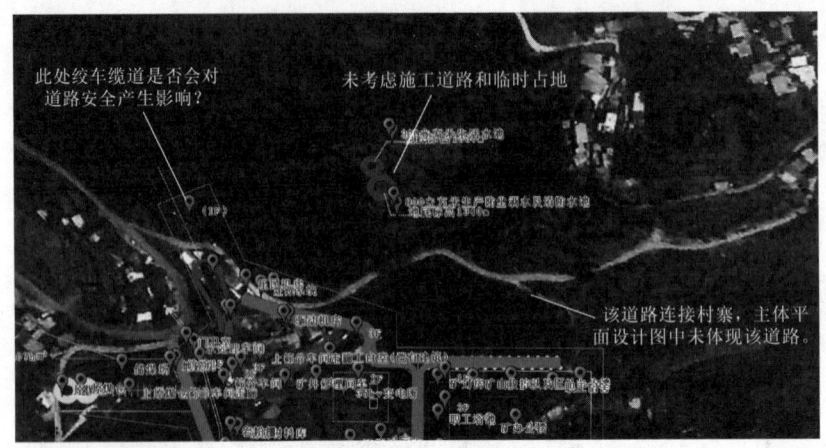

图 3.3 初步分析图

定重点勘察区域(如取土场的布设位置、弃渣场上下游情况、有较大挖填的区域、涉水临河区域、可能存在设计漏项的区域等)和重点勘察的内容(如开挖区域的地质岩性、弃渣场下游重要基础设施和居民点的位置关系等),在现场勘察中有针对性地开展调查。

案例 3-2:某城市棚户区改造项目,规划总用地面积约 44hm^2,设计居住户数约 10000 户,共分为 8 个组团。其规划总平面图如图 3.4 所示。

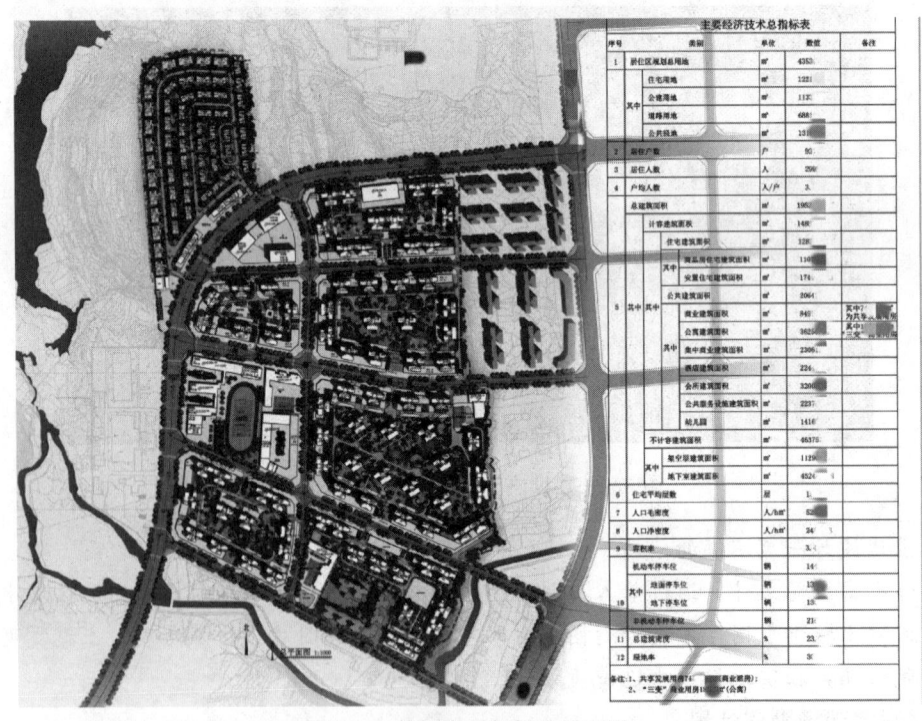

图 3.4 某棚户区规划总平面图

该项目已通过县级规划许可,其主管部门已批准其动工建设。项目水土保持方案编制时,能收集到的方案主体资料包括项目建筑方案设计、排水总图以及地形图成果,其余行

3.2 现场勘察的主要流程

政许可办理和专项设计正在开展中。

通过了规划许可意味着该项目可着手"五通一平",后续的施工图设计、专项设计等将在场平过程中完善地质详勘成果后随之开展。但按照水土保持法律法规的规定,项目需在动工前获得水土保持行政许可,即在"五通一平"前就应完成水土保持方案的审批,此时收集到的主体资料是较为粗略的。就案例 3-2 而言,分析其主体资料,存在以下情况:

(1) 部分区域存在漏项。如图 3.5 所示,图中两个区域均位于项目红线边界,①号区域为较大挖深区域,从地形数据分析,该区域最大挖高约 14m,现收集到的主体资料只对该区域楼房建设进行设计。那么该区域的地质情况如何、是否存在超挖、是否存在安全隐患、如何处理边坡等应作为现场勘察的重点。②号区域为较大填深区域,从地形数据分析,该区域最大填高约 20m,主体资料也只是对楼房建设进行了设计,那么该区域是用挡墙还是用放坡的形式处理、周边地块规划用途是否会与之衔接、场平的压实要求等应作为现场勘察的重点。

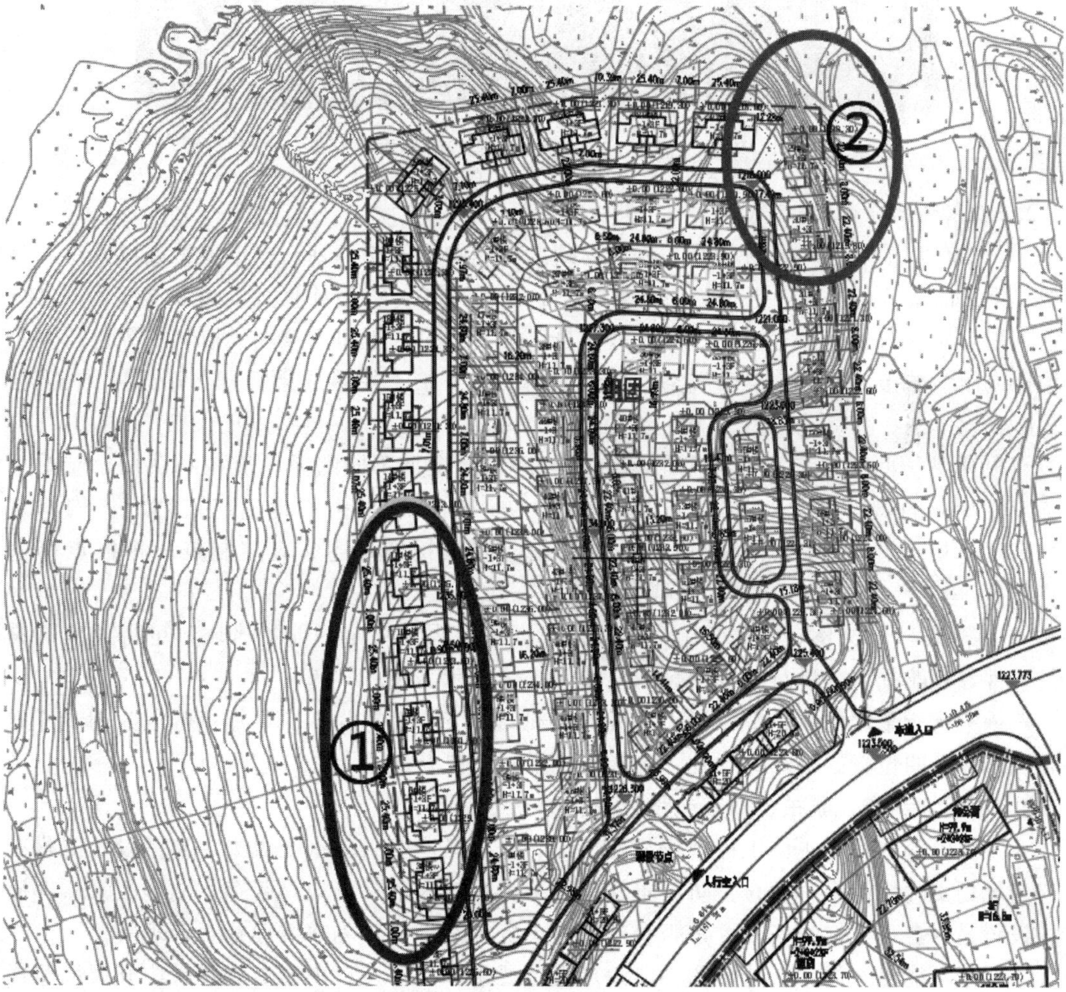

图 3.5 某项目地形分析图

(2) 拆迁安置对项目建设存在影响。如图3.6所示，经制作勘察矢量文件并套叠卫星影像，发现该项目2、5等组团有大量民房、厂房，那么征地拆迁工作由其他部门还是由该项目组实施、是否能按时完成、建筑垃圾的处置方式、其对该项目的施工时序是否产生影响、是否会改变一些施工营地或临时占地的布置等应作为现场勘察的重点。

图3.6　某项目卫星影像图

3.2.3.2　航拍计划

对于有航拍条件的编制单位，在现场踏勘前应制定航拍计划。根据项目区域大小、类型、重点部位等的不同，选择相应的航拍平台进行航拍。点型项目宜全防治责任范围进行垂直拍摄或倾斜拍摄，对于较长的线型项目，可有针对性地对弃渣场、取料场等进行垂直拍摄或倾斜拍摄。航拍宜参照航空摄影测量的要求开展。拍摄成果后期可用于三维模型、数字高程模型、数字地形模型等的制作。

根据现场勘察矢量文件，可拟定航拍的区域，根据不同的无人机控制系统、航拍系统规划相应的飞行架次，并通过卫星地图，初步判断区域内的地形起伏情况、构建筑物高度，初步选定起降点。航拍若需达到相应测量精度，还应对控制点、相控点等进行布置。

以案例3-2为例，图3.7中，范围是根据项目占地拟定的航拍区域，可将此范围矢量文件导入航拍系统进行航线的规划，如图3.8所示。

该案例所采用的航拍平台为无人机，所规划的飞行架次为3次，加点区域为初步考虑布置相控点的位置。根据此规划，选择天气适宜时进行航拍。

3.2.4　现场调查、航拍、勘察或设计资料补充收集

主要内容为调查主体工程现场是否动工、是否已产生人为水土流失、方案设计工程布置与现场实际情况是否吻合、防治责任范围是否存在漏项、场地是否存在制约因素、弃渣场设置是否合理、取料场设置是否合理、表土资源及堆存、剥离情况是否合理等。

对于可能存在漏项、地形图不能满足设计要求、主体建设内容有调整等应开展勘察或设计资料的补充收集。

3.2 现场勘察的主要流程

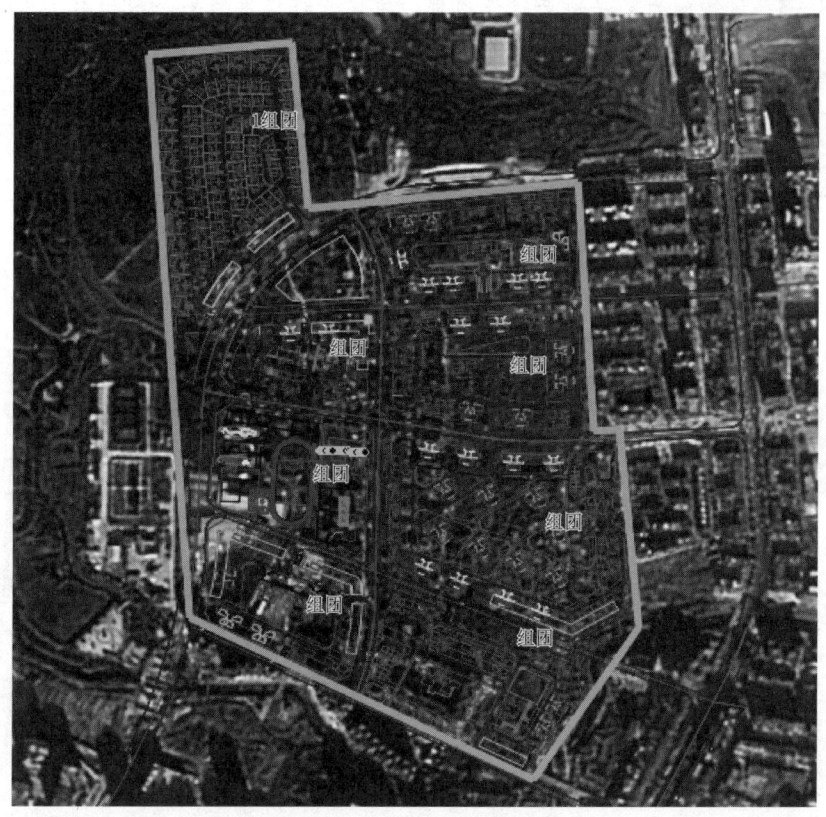

图 3.7　某项目航拍俯视图

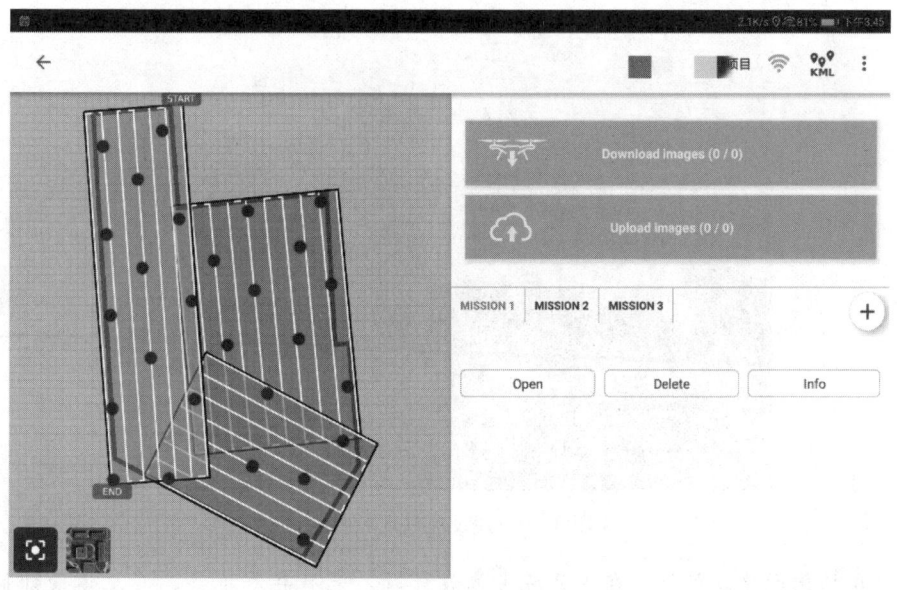

图 3.8　某项目航拍系统航线规划

案例3-3：该案例为某房地产建设项目，主体资料提供的平面图如图3.9所示。

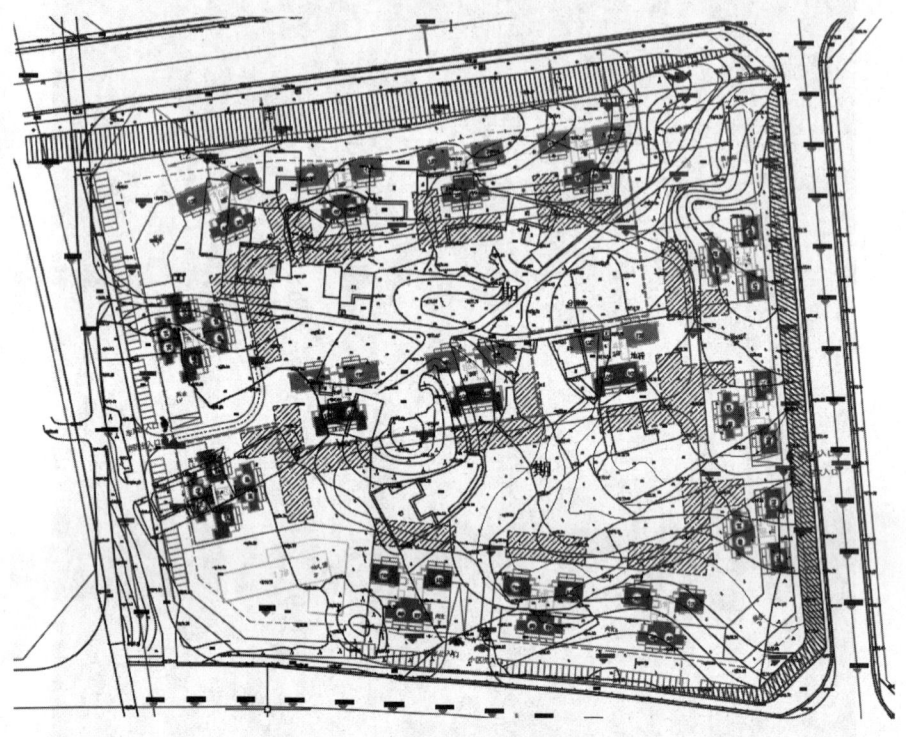

图3.9 某房地产建设项目平面图

在现场勘察中，发现项目原始地形被改变，建设区域内有大量弃渣堆弃。现场照片如图3.10所示。

图3.10 建设项目现场照片

通过现场询问建设单位，在其开展主体设计时，未有弃渣堆存，其主体设计批复后，周边项目将弃渣堆存在此处，但因无法确定是周边哪一个或几个项目堆存，本项目在建设时，将会对此弃渣一并清运。

3.2 现场勘察的主要流程

该案例属于主体设计完成后,现状地形被改变的情况。原设计所附地形图已不适用,土石方数据也不再准确,因此应重新勘测。实测地形与原始地形对比如图 3.11 所示。

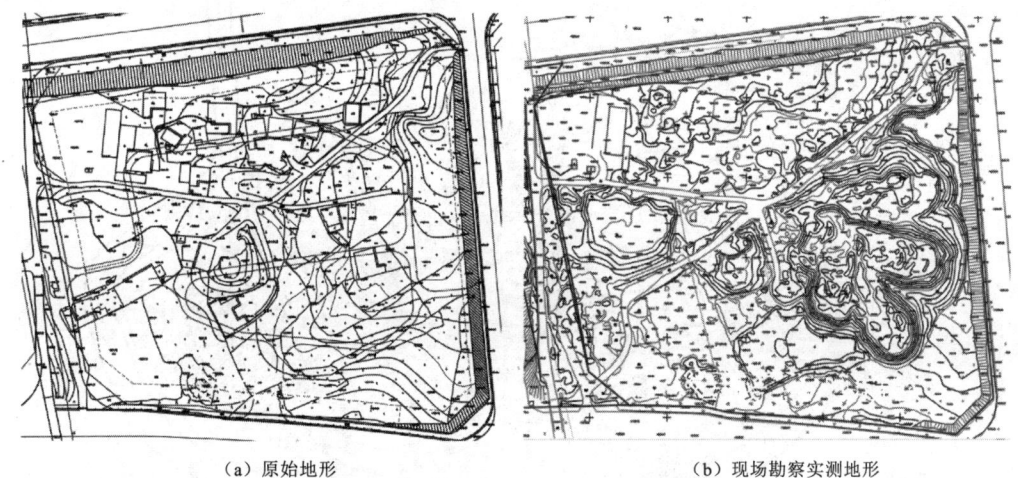

(a) 原始地形　　　　　　　　　　(b) 现场勘察实测地形

图 3.11　实测地形与原始地形对比

后期通过采用两期地形计算土石方,该案例其他项目堆存在此的渣土约 10 万 m³,应纳入该项目土石方平衡。同时,对弃渣占压的表土收集,方案应提出相关建议和要求。

3.2.5　调查成果整理及建模

现场勘察结束后,将所收集到的资料逐一整理,提取与水土保持方案编制相关的内容。有条件的情况下,通过航拍照片制作模型。

航拍建模虽不是现阶段方案编制、审查的要求,但其对方案编制具有以下优点:

(1) 可直观地展现项目全貌,节约现场勘察的时间和人力。

(2) 可提交 DEM、DTM、DOM 等矢量数据用于后续设计和水土保持监测。

(3) 可将 DEM、DTM、DOM 等矢量数据与设计图套叠,进而对项目土地类型、防治责任范围、土石方情况等有更准确的把握。

(4) 能让其他编制人员、评审人员直观地了解项目建设区域情况。可减少编制或评审修改需增加设计内容时,重复跑现场的情况。

现阶段常见的建模软件有 ContextCapture、Pix4D mapper、PhotoScan、大疆智图等。不同软件建模流程各不相同,本章节不做具体阐述。

案例 3-4:该案例为某旅游接待中心项目。现场勘察时已动工建设,属未批先建补报手续的项目。项目主要的建设内容有:接待大厅、办公用房、改建道路、广场、停车场以及配套设施等,无地下构筑物,根据主体设计,项目占地面积 0.93hm²。主体资料提供的平面布置图为 1∶500 实测高程点位图,无地物特征。具体详见图 3.12。

通过无人机航拍并建模,制作了项目建设区域 DOM、DTM 等矢量数据,并与平面布置图进行叠加,详见图 3.13、图 3.14。

现场勘察时了解到,项目建设广场时,采用分层碾压的方式进行了回填,回填工作尚未完成。同时,改建道路部分未做细化设计。

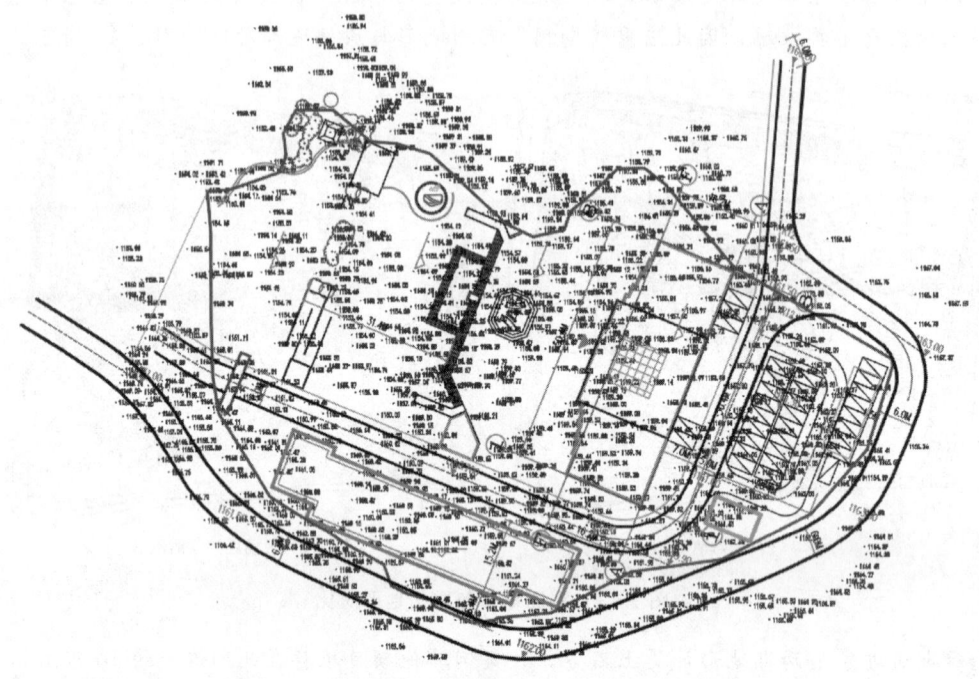

图 3.12 某项目实测高程点位图（1∶500）

图 3.13 某项目航拍建模图（一）

3.2 现场勘察的主要流程

图 3.14 某项目航拍建模图（二）

通过 DOM 叠加平面布置图可以发现，项目建设已远超红线范围，方案编制时，应以现场勘察为基础，将已扰动的区域纳入防治责任范围，并结合现场调查，对改建道路边坡处置提出建议和确定防治责任范围。

对于已完成的回填工程，应以平面布置图构建 DTM，结合航拍成果生成的 DTM 进行分析，初步确定现场勘察时已产生的土石方量情况，与收集到的土石方收方情况进行对比，详见图 3.15。

图 3.15（一） DTM 示意图

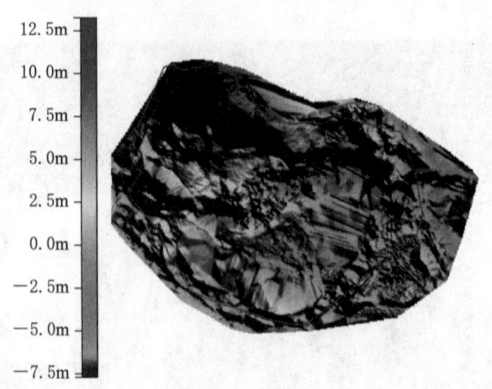

图 3.15（二） DTM 示意图

通过对比分析，截至现场勘察时，项目建设回填区域最高填约 13m，按照压实情况进一步计算回填量，此时已回填量约 2.69 万 m^3。此时最终的场平工程尚未结束，改建道路及其边坡尚未进行。因此，该案例需进一步收集后续设计和复核土石方情况，有可能会因土石方挖填量超过标准而编制水土保持方案报告书。

3.3 现场勘察方法

3.3.1 地质、地貌、土壤情况调查方法

全面收集项目区地质调查报告，查阅区域的地质构造和地质发展史。现场调查时，一是检查区域地质构造是否与收集到的资料吻合；二是主要通过岩层露头，初步判断是否有不良地质构造会对主体措施、水保措施产生影响，在方案编制时提出解决办法或建议；三是结合现场勘察矢量文件，将开挖回填边坡区域作为重点进行调查，对其地质是否存在顺向坡、岩层风化情况、土层厚度、岩性等逐一记录。

3.3.2 水土流失和水土保持的调查方法

通过收集项目区卫星遥感影像，结合地形图，大致了解项目区水土流失现状，初步拟定调查重点区域。现场调查时，对调查区域内水土流失相关因子（如坡度、植被、地表组成物、盖度等）和水土保持措施（如措施类型、分布、面积、防治效果、监督管理等）逐一记录、勾绘。

3.3.3 主体工程情况调查方法

对主体工程情况的调查包括主体工程规模、工程布置、施工布置、施工方法及工艺、土石方、工程征（占）地、施工工期、工程投资、移民（拆迁安置、专项设施复改建区）及防护工程区等。针对一些未批先建项目，现场调查时，主要检查是否有超设计红线的情况、已形成的场地位置和标高与设计是否相符、已建成建筑的结构形式、是否存在主体设计漏项等情况，并逐一勾绘记录。

本章思考题

1. 现场勘察主要包括哪些内容？

本章思考题

2. 现场勘察流程包括哪些?
3. 列举土石方计算方法并分析优缺点。
4. 航拍建模用于水土保持方案编制主要有哪些优点?
5. 生产建设项目主体设计资料可能出现哪些问题及其对水土保持方案编制产生影响?

第4章 主体工程水土保持分析与评价

4.1 主体工程选址（线）的水土保持分析评价

基于防治水土流失、保护生态环境的目的，水土保持相关法律法规技术标准等对工程选址（线）提出了避让一些水土保持敏感区域的要求。这些敏感区域主要有水土流失重点预防区和重点治理区；河流两岸、湖泊和水库周边的植物保护带；全国水土保持监测网络中的水土保持监测站点、重点实验区及国家确定的水土保持长期定位观测站。

主体工程选址（线）水土保持评价，应明确主体工程的建设位置、布线、范围等，并将其与水土保持敏感区域叠图、核对后得出是否涉及的结论。涉及水土保持敏感区域的，应提出避让的要求。无法避让的，应要求主体工程从建设方案、施工工艺等方面优化设计以减少地表扰动和植被损坏范围；同时要求提高水土流失防治标准，有效控制可能造成的水土流失。

4.2 建设方案与布局水土保持评价

建设方案与布局水土保持评价的内容主要有主体工程建设方案、工程占地、土石方平衡、取土（石、砂）场设置、弃土（石、渣、灰、矸石、尾矿）场设置、施工方法与工艺，以及主体设计的水土保持工程。

4.2.1 建设方案评价

应在充分了解、研究主体工程在布局、土石方挖填、与项目周边环境相适应等方面的考虑及设计的基础上开展建设方案的评价，并从水土保持角度提出优化建议。一般来说，需要关注以下情形。

（1）线型工程高填深挖。线型工程在高差较大的区段，按常规明挖、填筑的建设方法，将产生大量的土石方开挖、回填量，造成大范围的地表扰动和破坏，还会形成较高的开挖边坡、填筑边坡，增加边坡治理难度和治理工程量。若采用桥梁、隧洞的方式通过相应区段，将会减少大填大挖的情况。

开展建设方案评价时，对这类情况首先需要了解主体工程所经区段是否存在高差较大的情形（一般考虑为线路设计高程高于原始地表20m、低于原始地表30m）；若存在上述情形，主体工程是否采用了桥梁方案（线路设计高程高于原始地表）、隧洞方案（线路设计高程低于原始地表）；若未考虑桥梁方案或隧洞方案，是否经过了充分的多方案论证而最终采用高填深挖方案的。

4.2 建设方案与布局水土保持评价

此外，工程挖填形成的边坡还应考虑建设方案是否已采取措施使其稳定，采取了哪些护坡措施，对稳定的边坡是否采用了植物措施或工程与植物措施相结合护坡设计。

(2) 位于（途经）城镇区域。位于城镇区域的建设项目，或建设项目经过城镇的区段，建设方案中应结合城镇绿化美化考虑植物措施的标准，实施后的景观应与城镇环境相协调；建设方案应结合城镇市政沟渠管网配套建设相应的灌溉、排水、雨水利用等设施。

(3) 山丘区输电线路塔基。输电线路塔基基础一般要求设计为同一标高，施工时将会对整个塔基的基部进行场平，塔基的塔腿均立于同一水平面。而在山丘区应采用不等高基础，使得塔腿基础沿坡面布设，减少扰动破坏范围和开挖量。

当输电线路跨越林区时，须保留一定的安全距离，传统的处理方式是砍伐线路下方的林木。为减少对植被和生态环境的破坏，应加高塔高，使得线路高度抬升、林木顶端与线路之间的距离达到安全距离。

(4) 无法避让水土流失重点预防区、重点治理区。对无法避让水土流失重点预防区、重点治理区的项目，在建设方案评价时应提出优化方案、提高防治标准等要求。

1) 提出优化建设方案的要求，以减少工程建设扰动、破坏地表范围，降低土石方挖填量。经研究后仍不能优化方案的，应有充分的理由。

例如，公路、铁路等线型项目填高大于8m的，研究采用桥梁的方案；管道敷设须压缩施工作业带宽度；管道穿越工程采用隧道、定向钻、顶管等型式；山丘区工业场地采用阶梯（台阶）型式布置；风力发电项目、光伏发电项目集电线路采用架空、桥架方式敷设（图4.1）。

选择沿现有道路路基之下敷设的方式，减少原始地表的扰动和破坏（图4.2）。

2) 提高防治标准，将截排水工程、拦挡工程、排洪工程的工程级别提高1级。提高植物措施设计标准。水土流失防治目标中的林草覆盖率提高1~2个百分点。

3) 布设雨洪集蓄、沉沙设施，以进一步减少水和土（沙）的流失。

(5) 其他环境敏感目标。某些项目可能还会涉及饮用水源保护区、自然保护区、世界文化和自然遗产地、风景名胜区、地质公园、森林公园、重要湿地、生态保护红线等。首先须说明环境敏感目标与项目的位置关系，然后从水土保持角度分析工程建设水土流失对环境敏感目标的影响，必要时用区位关系图加以说明。

4.2.2 工程占地评价

工程占地评价须遵循两个原则：符合节约用地、减少扰动的要求以及满足施工要求。重点关注以下三个方面：

(1) 采用用地预审数据或行业用地指标要求，分析永久占地是否合理。

(2) 结合项目建设内容（项目组成）及施工、运行条件，分析工程征占地是否有漏项。即分析项目施工和运行过程中场地平整、供水、排水、供电、对外交通、场内道路、施工便道、材料运输、土石料场设置、弃渣场设置、渣料临时堆存、表土临时堆存、施工生产生活设施等所需征占地是否已计列，若有漏项，应合理补充。

(3) 根据项目施工方法、施工工艺分析各项施工临时占地是否合理。不能为正常施工活动提供足够空间的，应合理补充；不符合节约用地、减少植被破坏、减少地表扰动要求的，应提出优化的建议；临时占地应避免占用耕地、林地、草地等。

(a) 集电线路电缆沟直埋方式敷设

(b) 集电线路桥架+架空方式敷设

(c) 集电线路桥架敷设

图 4.1　集电线路不同敷设方式对地表扰动破坏、土石方挖填的影响

4.2.3　土石方平衡评价

土石方平衡的分析评价，重点关注以下几方面：

（1）应结合项目建设内容分析是否有漏项。若有漏项，应补充计列。

（2）应研究土石方开挖料的充分利用，最大限度地减少弃方量，提高土石方利用率。对同时存在弃方和借方的，应论证弃方、借方的合理性。借方来源和弃方去向应合法、合规、可行。对不能利用的弃渣，应明确集中堆存位置。

图 4.2　某工程管道敷设

（3）需要弃渣时，应开展弃渣综合利用（该项目利用、周边项目利用）调查，制定综合利用方案，明确综合利用途径、利用方向。

（4）应分析土石方开挖量、填筑量是否符合最优化原则。分析项目各区域、各标段土石方开挖量、填筑量，以及利用开挖料作为项目砂石料、骨料的利用量、借方量、剩余量是否合理。

(5) 须分析项目各区域、各标段、各部位相互间的土石方调运时序是否可行、运距是否合理、节点是否适宜。

(6) 应注意建设过程中是否存在渣料临时堆存、临时转运的情况。若有此情况，应明确渣料临时堆存位置、数量。

4.2.4 取土（石、砂）场设置评价

(1) 取土（石、砂）场的选址，应避开崩塌和滑坡危险区、泥石流易发区。

(2) 需要在河湖管理范围内取土、取砂的，应符合河湖管理的有关规定，并取得河湖管理范围主管部门同意的意见。

(3) 在城镇、景区及其附近设置取土（石、砂）场的，应符合城镇、景区的规划要求，并与周边环境的景观相协调。一般不宜在高速公路、高速铁路等交通干线视线范围设置取土（石、砂）场。

4.2.5 弃土（石、渣、灰、矸石、尾矿）场设置评价

(1) 严禁在对公共设施、基础设施、工业企业、居民点等有重大影响的区域设置弃土（石、渣、灰、矸石、尾矿）场。根据这一要求，首先对弃土（石、渣、灰、矸石、尾矿）场周边开展调查，是否存在公共设施、基础设施、工业企业、居民点等；对存在敏感因素的，应根据弃土（石、渣、灰、矸石、尾矿）场地质、地形、地貌、汇水面积、堆渣形态等条件，分析论证判断弃土（石、渣、灰、矸石、尾矿）场对周边的公共设施、基础设施、工业企业、居民点等的影响，得出明确结论以确定弃渣场选址是否合规（图 4.3）。

(2) 弃土（石、渣、灰、矸石、尾矿）场的选址，不得涉及河湖管理范围（图 4.4）；可充分利用取土场、废弃采坑、沉陷区等场地；可考虑山丘区的荒沟、凹地、支沟，平原地区的荒地、凹地。

图 4.3 某高速公路弃渣场下游方向有居民点、公路

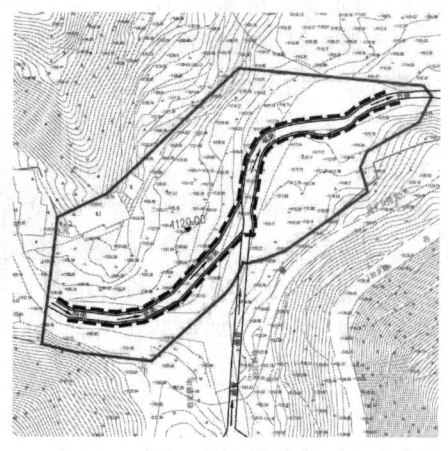
图 4.4 某煤矿矸石临时周转场占用河道管理范围

(3) 分析评价时，应以文字、图纸说明弃土（石、渣、灰、矸石、尾矿）场的位置、占地面积、设计容量、设计堆存量、最大堆高、汇水面积、周边安全防护目标等，并给出

明确的评价结论。4级及以上级别的弃渣场应进行工程地质详勘，5级弃渣场应进行地质调查。

（4）弃渣场选址应有相关管理部门和土地权属单位（或个人）的意见。

4.2.6 施工方法与工艺评价

在研读主体工程设计采取的施工方法、施工工艺的基础上研判以下几方面是否到位：

（1）施工占地是否避开了植被相对较好的区域，以及基本农田。

（2）施工过程是否存在重复开挖地表、多次倒运渣料。

（3）施工过程地表裸露时间和裸露范围是否可以进一步减小。

（4）施工场地、工作面下方有居民点和公路、铁路、河渠等重要基础设施时，是否考虑了渣石渡槽、溜渣洞等特殊设施运输渣料。

（5）土、石是否分类堆放。

（6）开挖边坡是否分台阶。

（7）是否采取了控制施工活动范围的措施。

（8）是否采取了表土（草皮、草甸）剥离并集中堆存、保护的措施。

（9）渣料临时堆存时是否集中，是否采取了临时防护措施。

（10）施工产生的泥浆是否得到妥善处置。

（11）弃渣过程是否做到先拦后弃、拦排结合。

（12）弃渣是否自下而上的有序堆放。

（13）渣料运输过程中是否采取了防止沿途洒落的保护措施。

4.3 主体工程设计中水土保持工程的分析评价

4.3.1 表土保护措施

表土保护是指对有利用价值的表土进行保存与维护的过程，包括表土资源调查、剥离、堆存及利用过程，每一过程均采取了相应的方法、手段和措施对表土资源予以保护。根据《生产建设项目水土保持技术标准》（GB 50433—2018），表土保护措施界定为水土保持措施。

依据《水土保持法》，对生产建设活动所占用土地的地表土应当进行分层剥离、保存和利用，从而在法律层面对土壤资源保护进行了规定。

工程实践中，主体工程设计的项目土石方工程一般包含有表土开挖，但由于所关注的侧重点不同，大多未明确分离出表土开挖量，即便是分离出了表土剥离量，也往往在项目实施过程中忽略对表土资源的系统保护。为此，针对主体设计的表土保护措施，具体分析评价内容如下。

4.3.1.1 主体设计进行了表土剥离

1. 表土资源调查

在项目占地范围内进行表土资源调查的内容主要为土壤类型、土壤厚度、可剥离范围及面积，还包括项目区地界分布、地形坡度、土地利用方式、植物长势、道路状况、地表水、地下水位、土层深度、可视杂物及周边环境等内容。

4.3 主体工程设计中水土保持工程的分析评价

对主体设计的土石方工程中考虑了表土剥离的,应核实主体设计是否开展了表土资源调查工作,评价调查方法和措施是否合理可靠,评价调查内容是否完整。

2. 表土剥离

表土剥离是指对有效表土层进行剥离收集的过程,剥离前应进行地表植被、可视杂物的清表工作,对临时占地范围内扰动深度小于20cm的表土可不剥离(宜采取铺垫、苫盖等适宜保护措施)。表土剥离过程如图4.5所示。

进一步核实主体设计的表土剥离的范围和厚度是否符合表土资源调查实际,评价主体设计是否按"可剥、应剥、尽剥"的原则确定了表土剥离量,并应结合项目施工组织设计评价表土剥离施工方法的合理性。

3. 表土堆存

表土堆存是指将剥离的表土进行堆置并采取一定有效措施防止表土流失或退化的过程,对不能及时利用的已剥离表土,需设置专门堆放场,并视堆存期限布设相应防护措施(如堆放时间超过半年的要考虑绿化措施)。表土堆存过程如图4.6所示。

图4.5 某工程实施表土剥离

图4.6 某工程实施表土堆存

进一步核实对主体设计剥离的表土是否考虑了临时存放方式,根据不同项目类型评价其堆存方式的合理性(线状工程适宜沿线分散堆放,点状工程适宜集中堆放)。对主体设计的表土堆存位置应根据《生产建设项目水土保持技术标准》(GB 50433—2018)中有关弃土(石、渣、灰、矸石、废石、尾矿)场设置的约束性规定,开展选址合理性评价。结合项目实施计划,明确表土临时堆放期,根据所选表土堆放场地形地貌条件、水文气象和工程地质条件,评价所采取的临时拦挡、苫盖、排水等防护措施的合理性和可靠性。

4. 表土利用

剥离的表土应回覆到绿化、复耕或土地整治区域,用于植被恢复和植树造林,以改善生活、生产、人居等生态环境。表土利用过程如图4.7所示。

图4.7 某工程利用表土进行绿化

进一步核实主体设计的项目土石方平衡中是否单独进行了表土-回覆平衡，评价需扰动区域主体设计的可剥离表土量是否满足后期需绿化、复耕或土地整治区域的表土回覆需求，对剩余表土则不能作为工程弃方，应明确利用方向；对不足表土需明确就地土壤改良、绿化分包或关联工程表土外借、外调、外购等处置方式，补充评价表土来源和依据的合理性、可靠性、充分性。

5. 综合评价

对主体设计考虑了表土剥离，但不符合上述四项中任一条要求的，应提出补充完善意见，纳入新增或补充水土保持措施，经评价符合要求的，应明确各项表土保护措施的布设位置、数量和投资。

4.3.1.2 主体设计未进行表土剥离

对主体设计根本未考虑表土保护措施的，应纳入新增水土保持措施，全面开展表土资源调查、剥离、堆存及利用等方面的系统分析、评价与措施设计。

4.3.2 拦挡工程

4.3.2.1 拦挡工程分类

拦挡工程是指为拦截和挡护工程弃土（石、渣、灰、矸石、废石、尾矿）以及工程场区平整、开挖回填边坡护脚、场地围护等而修建的具有水土保持功能的设施。

拦挡工程类型较多，从水土保持的角度，由于主导服务功能和布置区域的不同，可分为：以水土保持功能为主的弃土（石、渣、矸石、废石）场拦挡工程（以下简称"弃渣拦挡工程"）和以主体设计功能正常发挥为主的场区拦挡工程（以下简称"场区拦挡工程"）。

1. 弃渣拦挡工程

弃渣拦挡工程主要有挡土墙、挡渣墙、拦渣堤（坝）、挡矸墙等型式。挡渣墙如图4.8所示。

2. 场区拦挡工程

主体工程场区拦挡工程主要包括：厂坝区、办公生活区、工业场地、变电站（所）、站场、服务区的场平拦挡；灰场、尾矿（赤泥）库、储煤场等有害固体废弃物的堆填拦挡；路基回填、开挖边坡等的护脚拦挡；

图4.8 某工程弃渣场挡渣墙

江、河、湖（库）、海、码头等的围护拦挡。主要建筑物类型有挡土墙、围墙、护脚（贴坡）挡墙、灰坝、尾矿坝、防洪堤（墙）、拦洪坝、拦渣堤（坝）、围堰、抛石护脚等。

4.3.2.2 拦挡工程水土保持措施界定

根据《生产建设项目水土保持技术标准》（GB 50433—2018），弃渣拦挡工程以水土保持功能为主，如假定没有这些工程，主体设计功能仍然可以发挥作用，但会产生较大的水土流失，应界定为水土保持措施；主体工程场区的场平、堆填、护脚、围护等拦挡工程虽然有一定的水土保持功能，但主要服务于主体工程，假定没有这些工程，主体设计功能将不能正常发挥，故对此类以主体设计功能为主的拦挡工程不界定为水土保持措施，见表4.1。

4.3 主体工程设计中水土保持工程的分析评价

表 4.1　　　　　　　　　生产建设项目拦挡措施水土保持界定表

项目类型	界定为水土保持措施	不界定为水土保持措施
火电厂	弃土（石、渣）场挡渣墙、拦渣坝、拦渣堤	厂区挡土墙、围墙，储煤场防风抑尘网，灰场灰坝、拦洪坝、隔离堤
水利水电（含航电枢纽）	弃土（石、渣）场挡渣墙、拦渣坝、拦渣堤	厂坝区、办公生活区挡土墙，围堰修筑和拆除
输变电、风电	弃土（石、渣）场（点）挡渣墙	变电站（所）、塔基、风机挡土墙
冶金、有色、化工	废石场和排土场挡渣墙、拦渣坝、拦渣堤	厂区和工业场地挡土墙、围墙，尾矿库（赤泥库）的尾矿坝、拦渣堤、上游挡水坝，冶炼渣场拦渣坝
井采矿	矸石场的挡矸墙、拦矸坝	工业场地挡土墙、围墙
露采矿	排土场、废石场挡渣墙、拦渣坝、拦渣堤	工业场地挡土墙、围墙
公路、铁路	弃土（石、渣）场挡渣墙、拦渣坝、拦渣堤	服务区、养护工区、路基挡土墙
机场	弃土（石、渣）场挡渣墙	飞行区、航站区、办公区挡土墙
港口码头	弃土（石、渣）场挡渣墙、拦渣坝、拦渣堤	海堤、堆场、码头挡土墙
输气、输油、输水管道	弃土（石、渣）场挡渣墙、挡渣墙	站场挡土墙、围墙，支墩、截水墙，管道穿跨越的挡土墙
油气田开采	弃土（石、渣）场挡渣墙	站场、井场挡土墙
工业建筑与民用建筑	弃土（石、渣）场挡渣墙	房屋建筑物区、公共绿化设施区挡土墙
水泥厂	弃土（石、渣）场挡渣墙	办公生活区、厂区、矿山区挡土墙
生物质能源项目	弃土（石、渣）场挡渣墙	办公生活区、厂区、矿山区挡土墙

4.3.2.3 拦挡工程评价

1. 弃渣拦挡工程

对主体设计的弃渣拦挡工程应进行系统评价，不能仅解决"有措施"，还应进行必要的分析复核，确保符合水保相关技术标准要求，且应充分考虑技术经济性。主要评价内容有拦挡工程布置、结构型式、工程等级和标准、设计基础资料、设计计算等，对不满足要求的纳入新增或补充水土保持措施，经评价符合要求的，应明确各项拦挡工程的布设位置、数量和投资。

（1）工程布置。拦挡工程布置在弃土（石、渣）场下游或周边，应与防洪排导、土地整治工程统筹规划，轴线平面走向宜顺直，为堆体坡脚线起点设计的标志性建筑，与重要基础设施、工业及民用建筑之间应留有安全防护距离，以防止滚石危害。布置在河（沟）道岸边的，还应满足防洪治导规定。

（2）结构型式。弃土（石、渣、矸石、废石）场的拦挡工程型式应综合考虑堆场类型、堆置方案、地形地质、水文气象、建筑材料、施工机械等因素合理选择，并根据结构布置设计要求确定结构砌筑或衬砌材料。单一拦挡土（石、渣）的有挡土（渣）墙，既挡土（石、渣）又挡水拦洪的有拦渣堤（坝）。

（3）工程等级和标准。拦挡工程等级和标准包括工程级别、稳定安全标准、防洪标准等，应符合《生产建设项目水土保持技术标准》（GB 50433—2018）、《水土保持工程设计规范》（GB 51018—2014）、《水利水电工程水土保持技术规范》（SL 575—2012）规定。

（4）设计基础资料。是否考虑了项目所属敏感区情况，水文气象资料是否齐全，地形图是否实测，拦挡工程设计所需岩（土）体物理力学参数如基底承载力、摩擦系数、岩层抗剪或抗剪断系数、黏聚力等取值依据的充分性。

（5）设计计算。拦挡工程设计计算内容主要有抗滑稳定、抗倾覆稳定和基底应力计算，拦渣堤（坝）还应进行堤顶高程计算，必要时开展抗渗稳定、结构应力、渗流稳定、堤坡稳定、堤身沉降等计算。对采用的计算方法、计算工况、计算公式应评价其是否符合水土保持相关技术标准要求，如采用计算机软件进行计算的，还应说明计算软件名称、编号、版本号和适用技术标准情况，确保合规、适宜。

2. 主体工程场区拦挡工程

对主体工程场区拦挡工程一般只需解决"有措施"，仅介绍其布设位置、结构型式、规格、数量等，不做深入评价，但对可能因拦挡工程布设不当或未布设将造成水土流失的，需提出改进措施与建议。

4.3.3 边坡防护工程

水土保持边坡防护工程是指对工程开挖、填筑、弃渣、取料等各类生产建设活动形成的土石方开挖或回填斜坡，根据所处位置的地形地貌、水文气象、地质条件，在主体设计边坡稳定的基础上，而采取的坡脚及坡面防护措施，其功能主要是防治表面土壤侵蚀，包括植物护坡、工程护坡、工程与植物措施相结合的综合护坡。某工程植物护坡如图4.9所示。

4.3.3.1 边坡防护工程水土保持措施界定

根据《生产建设项目水土保持技术标准》（GB 50433—2018），边坡防护措施须在主体设计边坡稳定的基础上，贯彻生态理念，措施布设应尽可能利于植物生长且与周围环境相协调。因此，对所采取的植物护坡（如植草、种树）、工程与植物措施相结合的综合护坡（如格构梁、框格梁护坡、植

图4.9 某工程植物护坡

草）、工程护坡（如混凝土、块石或预制块砌护）等，界定为水土保持措施；对处理不良地质条件，以满足边坡稳定为主而采取的护坡措施，如锚杆护坡、抗滑桩、抗滑墙、护脚挡墙、贴坡挡墙、挂网喷混凝土等，不界定为水土保持措施。

4.3.3.2 边坡防护工程评价

对主体设计的边坡防护工程进行评价的主要内容有护坡范围评价和护坡措施适宜性评价，对不满足要求的纳入新增或补充水土保持措施，经评价符合要求的，应明确边坡防护措施的布设位置、结构型式（植物配置）、断面型式、措施面积和投资。

1. 护坡范围评价

对主体工程设计的边坡防护措施，应复核其防护范围是否全面覆盖了工程开挖、填筑、弃渣、取料等活动所形成的斜坡。弃渣、填筑边坡均应采取边坡防护措施。开挖、取料活动形成的斜坡视边坡岩土工程特性，分为岩质边坡、土质边坡，对岩体完整、新鲜且不易风化剥蚀的岩质边坡可不专门布设防护措施，但需考虑与周边环境的协调性，否则也应布设相应防护措施；对易风化剥蚀的岩质边坡和土质边坡，均应采取防护措施。

2. 护坡措施适宜性评价

（1）环境适宜性。边坡防护措施应与周边环境相协调，尽可能利于植物生长，即护坡结构的环境适宜性及植物配置的适生性。与截排水措施统筹设计。边坡防护措施应与边坡截排水措施（截水沟、排水沟、马道或平台边沟）以及周边道路、环境建筑物的截排水工程统筹布置、协调设计。

（2）护坡选型适宜性。

1）对降水条件（包括人工浇灌）许可的低（或缓）边坡，应布设植物护坡措施。

2）干旱地区或水土涵养、浇灌水源补给较差的工程区域不宜布设植物措施或坡脚容易遭受水流冲刷的边坡，或当边坡岩体易风化、剥落或有浅层崩塌、滑落及掉块等影响边坡耐久性的，应布设工程护坡措施。

3）对降水条件（包括人工浇灌）许可的高（或陡）边坡，应布设工程和植物相结合的综合护坡措施。

4.3.4 防洪排导工程

4.3.4.1 防洪排导工程分类

防洪排导工程是指因工程建设破坏原地表水系或改变汇流方式，为拦截和疏导地面径流而修建的以防治水土流失、避免次生泥石流灾害及洪涝灾害为主的水土保持措施。

防洪排导工程类型较多，依据地表径流的产汇流条件和主导服务功能的不同，遵循雨污分流、分治原则，分类如下。

1. 依据产汇流条件进行分类

分为截排水工程和排洪工程，其中截排水工程是为拦截或排除地面分散性来水的导排措施，如截水沟、排水沟；排洪工程是为拦截或疏导河（沟、谷）集中洪水的导排措施，如拦洪坝、排洪沟（渠）、排洪涵洞（管）等。排水沟如图4.10所示。

2. 依据主导服务功能进行分类

（1）以水土保持功能为主的防洪排导工程，主要有：弃土（石、渣、矸石、废石）场、取土（石、砂）场、厂坝区、办公生活区、工业场地、变电站（所）、站场、服务区、码头，以及江、河、湖（库）、海治理工程等区域的截排水沟、排洪沟（渠）、排

图4.10 某工程排水沟

洪涵（管、洞）、雨水管、急流槽、蓄水池；灰场、尾矿（赤泥）库、储煤场等有害固体废弃物堆场场区外的周边截排水沟、排洪沟（渠）、排洪涵（管、洞）。

（2）以主体工程防洪安全、导流度汛为主的防洪排导工程，主要有：主体工程占压或侵占河（沟、谷）行洪断面，需进行排洪疏导而建设的排洪沟（渠）、排洪涵（管、洞）；路基涵洞、路面排水、施工导流涵（管、洞、渠）、基坑或采坑集水抽排。

（3）以污水拦截、引排、沉淀、集蓄处治、循环利用为主的防洪排导工程，主要有：灰场、尾矿（赤泥）库、储煤场等有害固体废弃物堆场场区内的场内截排水沟、排水竖井、卧管、涵管（洞）、盲沟、蓄水池。

4.3.4.2 防洪排导工程水土保持措施界定

根据《生产建设项目水土保持技术标准》（GB 50433—2018），从主导服务功能的角度，遵循雨污分流、分治原则，防洪排导工程水土保持措施界定具体如下：

（1）以水土保持功能为主的防洪排导工程，如假定没有这些工程，主体设计功能仍然可以发挥作用，但会产生较大的水土流失，应界定为水土保持措施。

（2）以主体工程防洪安全、施工导流度汛为主的防洪排导工程，虽然这些工程有一定的水土保持功能，但主要服务于主体工程，假定没有这些工程，主体工程防洪安全将无法保障，主体设计功能亦无法正常发挥，故不应界定为水土保持措施。

（3）以污水拦截、引排、沉淀、集蓄处治、循环利用为主的防洪排导工程，虽然这些工程有一定的水土保持功能，但假定没有这些工程，将会造成雨污混流、环境水体污染，故不应界定为水土保持措施。生产建设项目排水措施水土保持界定见表4.2。

表 4.2　　　　　　　　生产建设项目排水措施水土保持界定表

项目类型	界定为水土保持措施	不界定为水土保持措施
火电厂	厂区的雨水排水管、排水沟、截水沟、雨水蓄水池，灰场周边截水沟、排水沟	煤场沉淀池，灰场场内排水竖井、卧管、涵洞、盲沟、坝后蓄水池
水利水电（含航电枢纽）	厂坝区、办公生活区的雨水排水管、截水沟、排水沟，弃渣（土、石）场、取料场截水沟、排水沟	施工导流工程
输变电、风电	变电站（所）、道路区的截水沟、排水沟，塔基和风机周边截水沟、排水沟、挡水堤	—
冶金、有色、化工	厂区和工业场地区的雨水排水管、排水沟、截水沟、雨水蓄水池，采掘场和废石场周边截水沟、排水沟	尾矿库（赤泥库）场内排水竖井、卧管、涵洞，冶炼渣场和废石场盲沟
井采矿	工业场地区的雨水排水管、截水沟、排水沟、雨水蓄水池，排矸场截水沟、排水沟	—
露采矿	工业场地区的雨水排水管、排水沟、截水沟、雨水蓄水池，排土场、废石场截水沟、排水沟，采掘场截水围堰	采坑内集水、提排设施
公路、铁路	服务区、养护工区等的雨水排水管、截水沟、排水沟，路基截水沟、边沟、急流槽、蒸发池、桥梁排水管、排水沟，隧道洞口截水沟、排水沟，弃土（石、渣）场和取土（石、砂）场截水沟、排水沟，西北戈壁区路基两侧导流堤	路基涵洞、路面排水

4.3 主体工程设计中水土保持工程的分析评价

续表

项目类型	界定为水土保持措施	不界定为水土保持措施
机场	飞行区、航站区、办公区、净空区的雨水排水管、排水沟、截水沟、蓄水池,取土（料）场和土弃（石、渣）场截水沟、排水沟	—
港口码头	堆场、码头雨水排水管、排水沟	—
输气、输油、输水管道	站场、截水沟、排水沟、管道作业带、穿越工程的截水沟、排水沟	—
油气田开采	站场、井场雨水排水管、截水沟、排水沟、弃土（石、渣）场和取土（石、砂）场截水沟、排水沟	—
工业建筑与民用建筑	房屋建筑物区、公共绿化设施区的截水沟、排水沟	—
水泥厂	办公生活区、厂区、交通道路区的雨水排水管、排水沟、截水沟、蓄水池	—
生物质能源项目	办公生活区、厂区、交通道路区的雨水排水管、排水沟、截水沟、蓄水池	—

4.3.4.3 防洪排导工程评价

1. 主体设计界定为水土保持措施的防洪排导工程

对主体设计界定为水土保持措施的防洪排导工程应进行系统评价，不能仅解决"有措施"，还应进行必要的分析复核，确保符合水土保持相关技术标准要求，且应充分考虑技术经济性。主要评价内容主要有工程布置、结构型式、工程等级和标准、设计基础资料、设计计算，对不满足要求的纳入新增或补充水土保持措施，经评价符合要求的，应明确各项截排水措施、排洪工程的布设位置、数量和投资。

（1）工程布置。防洪排导工程布置上应根据沿线地形走势和地貌、地表建筑情况和地质条件，按就近排泄、自流排放的原则进行线路选择，结合主体工程布置统筹安排、协调布置，避开滑坡体、危岩体、松散堆积体、大的断裂构造等不利地质地段。弃土（石、渣、矸石、废石）场的排水应与弃土（石、渣、矸石、废石）场设计统筹考虑，坡面排水应与坡面防护措施相结合。防洪排导工程进出口应顺接自然水系，进口集汇流部位应设置相应引流和导入设施，出口段因高差大、坡降陡以致流速较高时应设置消能防冲顺接措施。

（2）结构型式。防洪排导工程型式应根据项目具体情况和所在区域特点，结合地形地貌、地质和水文气象条件，综合考虑建筑材料、施工机械等因素，因地制宜合理选择。并根据结构布置设计要求、流态、排泄流量、流速等因素，合理选择结构砌筑或衬砌材料。

（3）工程等级和标准。防洪排导工程等级和标准包括工程级别、设计排水标准、防洪标准等，应符合《生产建设项目水土保持技术标准》（GB 50433—2018）、《水土保持工程设计规范》（GB 51018—2014）、《水利水电工程水土保持技术规范》（SL 575—2012）规定。

（4）设计基础资料。是否考虑了项目所属敏感区情况，水文气象资料是否齐全，控制区域汇水面积量算成果是否可靠，地形图是否实测或能否满足设计深度要求，防洪排导工程设计所需岩（土）体物理力学参数如岩基或软基承载力、基底摩擦系数、岩层抗剪或抗剪断系数、黏聚力、隧洞不同围岩类别的弹性抗力系数等依据的充分性。

（5）设计计算。防洪排导工程设计计算内容主要有水文计算、水力计算和结构计算等三部分内容。其中水力计算包括过流能力计算、消能防冲计算；结构计算包括基底应力计算、边墙抗滑、抗倾覆稳定计算、排洪涵洞（管）抗外压稳定计算和排洪隧洞衬砌结构内力及配筋计算等。通常应开展水文计算、过流能力计算以及不冲不淤复核。消能防冲和结构计算则视具体结构布置设计情况，必要时再进行。

2. 主体设计不界定为水土保持措施的防洪排导工程

对主体设计不界定为水土保持措施的防洪排导工程一般只需解决"有措施"，主要应介绍其布设位置、结构型式、标准、规格、数量等，不做深入评价。但对以主体工程防洪安全为主的排洪工程，其布设区域应已完成防洪影响评价专题报告编审，否则需提出该项工作的开展建议。

4.3.5 降水蓄渗工程

4.3.5.1 降水蓄渗工程分类

降水蓄渗工程是指在工程项目建设区内对原有天然集流面或增加的硬化面（地面、路面、坡面、屋面）上所形成的汇聚径流进行收集、蓄存、调节、利用而采取的措施。在水土保持工程建设实际应用中，降水蓄渗工程充分开发利用水资源短缺地区的雨水资源，在缺水地区水土保持工作中占有重要地位。降水蓄渗工程主要根据利用方式的不同进行分类，通常可分为蓄水工程和入渗工程两类。

1. 蓄水工程

蓄水工程主要收集蓄存项目建设区内地面、路面、坡面和屋面等可集流面上的降水，一般由收集设施、过滤沉淀设施和蓄存设施三部分组成。收集设施对集流面降水进行汇集，经过滤沉淀设施后输送至蓄水设施，常用的有截水沟（管）槽、输水管等；过滤沉淀设施主要用于减少径流中的泥沙含量，常用的有沉沙池、沉沙井等；蓄存设施主要对收集设施汇集的雨水进行蓄存，提供雨水蓄存空间，常用的有蓄水池、集雨箱、水窖、水窑、涝池等。

2. 入渗工程

入渗工程通常用于缓解内涝或对雨水入渗回灌地下水有要求的城市建设区，通常由雨水收集输送设施和渗透设施组成，入渗设施有利于控制初期径流污染，减少雨水流失、增加雨水下渗。常用的入渗工程有地面透水铺装、下凹式绿地（图 4.11）、渗透管、渗井等。

4.3.5.2 降水蓄渗工程水土保持措施界定

根据《生产建设项目水土保持技术标准》（GB 50433—2018），降水蓄渗工程可集蓄建筑物和周边地表硬化后产生的径流，减少雨水流失，同时降低径流对下游冲刷造成的土壤流失。如假定没有降水蓄渗工程，主体仍可发挥其功能，但不利于水土流失的控制。因此，降水蓄渗工程均可界定为水土保持措施。

4.3.5.3 降水蓄渗工程评价

降水蓄渗工程主要评价内容有工程布置、结构型式、工程设计标准、设计基础资料、设计计算等，对不满足要求的纳入新增或补充水土保持措施，经评价符合要求的，应明确工程的布设位置、数量和投资。

4.3 主体工程设计中水土保持工程的分析评价

图 4.11 某工程下凹式绿地和透水铺装

1. 工程布置

蓄水工程布置应综合考虑集流、灌溉条件和地质情况，尽量布置在有较大来水面积和径流集中的区域，同时兼顾引水、取水均较为方便的位置。在山区布设降水蓄渗工程时，应充分利用地形高差，选择能自流灌溉的位置布设，所设区域以质地坚硬的地层为主。入渗工程布置应综合土壤渗透系数和地下水位进行考虑，同时应避开地下结构物、埋设的管线等基础设施，避免设置在回填土或易产生地质灾害的区域。

2. 结构型式

蓄水工程的型式应根据地形、土质、用途、建筑材料和施工条件等因素确定，蓄水设施应进行防渗处理。入渗工程应优先采用下凹绿地、透水铺装等地面入渗方式。

3. 工程设计标准

降水蓄渗工程设计标准是指能够控制和利用的降雨标准，通常利用降雨重现期反映，应符合《建筑与小区雨水控制及利用工程技术规范》（GB 50400—2016）、《雨水集蓄利用工程技术规范》（GB/T 50596—2010）、《水土保持综合治理 技术规范 小型蓄排引水工程》（GB/T 16453.4—2008）的相关规定。

4. 设计基础资料

主要应评价的设计基础资料包括气象水文资料、地形地质资料、需水资料及其他资料。气象水文资料主要评价相关水文数据：是否为当地实测数据，无实测数据的是否收集当地水文手册进行查算；地形地质资料主要评价地形图、地质图是否实测或能否满足设计深度要求；需水资料主要评价工程受水区需水类型、耗水定额是否符合工程实际；其他资料主要评价拟建降水蓄渗工程类型、结构及材料是否符合当地社会经济状况、交通、外购建筑材料等实际。

5. 设计计算

降水蓄渗工程计算内容、计算方法应符合《建筑与小区雨水控制及利用工程技术规范》（GB 50400—2016）、《建筑给水排水设计标准》（GB 50015—2019）、《雨水集蓄利用工程技术规范》（GB/T 50596—2010）、《水土保持综合治理 技术规范 小型蓄排引水工程》（GB/T 16453.4—2008）规定。

4.3.6 土地整治工程
4.3.6.1 土地整治工程分类

土地整治工程是指对破坏或占压的土地采取措施，使之恢复到期望的可利用状态，是控制水土流失、改善土地生产力、恢复植被的基础工作（图 4.12）。整治范围应包括工程征占地范围内需要复耕或植被恢复与建设的扰动及裸露土地。生产建设项目土地整治分类方法较多，按水土流失分区可分为：主体工程区、工程永久办公生活区、弃土（石、渣）场区、土（块石、砂砾石）料场区、交通道路区、施工生产生活区、移民安置与专项设施改建区等分区的土地整治。按征占地性质可分为：永久占地区和临时占地区的土地整治。按土地最终利用方向可分为：恢复耕地、恢复林地、恢复草地及改造为水面等建设用地的土地整治。

图 4.12　某工程土地整治

4.3.6.2 土地整治工程水土保持措施界定

根据《生产建设项目水土保持技术标准》（GB 50433—2018），土地整治工程可改变项目建设区局部微地形，提升土壤肥力，为复耕或恢复植被创造条件，进而减少水土流失。因此，土地整治工程界定为水土保持措施。

4.3.6.3 土地整治工程评价

对主体设计的土地整治工程评价的内容主要包括整治范围、土地利用方向、布置设计、覆土要求等。对不满足要求的纳入新增或补充水土保持措施，经评价符合要求的，应明确土地整治措施的布设位置、数量和投资。

1. 整治范围

土地整治范围应包括工程临时占地范围内开挖、回填、取土（料）、排放废弃物及清淤等扰动或占压形成的裸露土地，工程永久占地范围内需恢复植被的其他裸露土地，工程永久占地范围内工程建设不扰动但根据美化环境和水土流失防治要求需要种植林草的土地。评价时应重点分析主体设计整治范围是否涵盖以上工程区域，对未涵盖区域需补充土地整治工程。

2. 土地利用方向

评价时应重点对土地利用方向是否符合相关法律法规规定，是否结合工程占地性质、原占地土地利用类型、区域立地条件等进行综合确定，是否与区域自然条件、社会经济发展和生态环境建设相协调，是否符合工程实际。

3. 布置设计

土地整治工程具体整治内容应根据土地利用方向进行合理确定，通常包括扰动土地的平整及翻松、表土回覆、田面平整和犁耕、土壤改良、必要的水系及水利设施恢复等。施工道路和施工生产生活场地应进行必要的翻松及覆土整治；石料场开采形成的边坡在主体设计采取措施保证边坡稳定的前提下，对边坡和平台进行整治；采石坑、采矿塌陷凹地宜采取废弃物回填后进行整治，也可以根据周边水源情况改造为蓄水池、鱼塘或水景；恢复为耕地且表面存在大粒径渣石的弃渣场需设防渗层后再进行覆土。评价重点为布置设计是否结合扰动土地情况、覆土来源、土地利用方向综合考虑。

4. 覆土要求

覆土要求主要从覆土来源、覆土厚度、土壤质量等角度进行评价，覆土来源主要考虑表土来源是否可靠，表土在各水土流失分区之间的调配是否合理；覆土厚度应至少满足《水土保持工程设计规范》（GB 51018—2014）中的相关要求；针对风沙土、酸碱性较强的土、盐渍化等土壤需进行改良后使用。

4.3.7 临时防护工程

4.3.7.1 临时防护工程水土保持措施类型

临时防护工程是指对施工期容易造成水土流失的各类施工扰动区域所采取的防治措施，主要有临时堆土（料、渣）、弃土（石、渣）场、取土（石、渣）场、施工场地等裸露区域的临时拦挡、苫盖、排水、沉沙、铺垫、植草，以及渣（土）运输车辆车厢遮盖、进出场车辆车轮冲洗的洗车池（槽）等，如图4.13所示。

4.3.7.2 临时防护工程评价

对主体设计的水土保持临时防护工程评价的内容主要是防护范围评价和措施适宜性评价，对不满足要求的纳入新增或补充水土保持措施，经评价符合要求的，应明确临时防护措施的布设位置、型式、数量和投资。

1. 防护范围评价

对主体工程设计的临时防护措施布设，主要应解决"有措施"，重点应复核其防护

图4.13 边坡临时防护工程

范围是否全面覆盖了各类施工扰动区域，通常对容易产生水土流失危害的临时堆土（石、渣）、取（弃）土（石、渣）、傍山道路土石方开挖坡面、土质边坡、山坡坡面进行土石方开挖和回填带（段）的下侧山体坡面等施工扰动的裸露区域或可能的影响区域均应采取临时防护措施，其他部位或地段视需要进行布设。

2. 防护措施适宜性评价

（1）注重永临结合和防护效果。施工期施工活动造成的水土流失危害一般在施工结束后终止，如后续仍然继续存在，则应永临结合进行布设，及时防护，减少裸露时间，防止或减轻水力侵蚀。

（2）措施选型适宜性。根据施工期扰动区域裸露时间、所处工程部位、降雨、风速等

因素选择适宜的临时防护措施。临时堆土（料、渣）、取（弃）土（石、渣）应布设拦挡、苫盖、截排水措施；施工场地应布设临时排水、沉沙措施；相对固定的裸露场地宜布设临时铺垫或苫盖措施，裸露时间超过半年的应布设临时植草措施；傍山道路土石方开挖的坡面和土质边坡下缘应布设临时拦挡措施。

4.3.8 弃土（石、渣）场及其防护工程设计

弃土（石、渣）场是指生产建设项目建设过程中对不能利用的开挖土石方、拆除混凝土或其混合物所选择的处置或堆放场地，又称弃土场、弃石场、矸石场、废石场、排土场等，在此统称"弃渣场"或"渣场"，其防护工程包括弃渣拦挡工程、防洪排导工程和渣体坡面防护工程，如图4.14所示。

图4.14 某工程弃渣场

工程经验表明，弃渣场水土流失防治问题突出，涉及工程安全，事故隐患时有发生，对弃渣场治理已引起高度重视，其在生产建设项目水土流失防治方面影响重大，且占地范围及治理措施投资较大，故对渣场及其防护工程进行系统性、整体性设计非常必要。

对主体设计的弃渣场及其防护工程也应进行系统评价，不能仅解决"有措施"，还应进行必要的分析复核，确保符合水土保持相关技术标准要求，且应充分考虑技术经济性。主要评价内容有弃渣场类型及其防护措施体系、弃渣场及其防护工程等级和标准、设计基础资料、弃渣场设计、弃渣拦挡工程设计、防洪排导工程设计、渣体坡面防护工程设计等，对不满足要求的纳入新增或补充水土保持措施，经评价符合要求的，应明确各项措施的布设位置、数量和投资。

4.3.8.1 弃渣场类型及其防护措施体系

弃渣场类型有沟道型、坡地型、临河型、平地型、库区型，应按照弃渣场地形条件、与河（沟）相对位置、洪水处理方式、堆渣方式和汇水量大小等综合确定。相应于不同渣场类型，拦挡工程主要有挡渣墙、拦渣坝、拦渣堤，防洪排导工程主要有截排水沟、排洪沟（渠）、排洪涵洞（管），渣体坡面防护措施主要有砌石护坡、混凝土框格护坡、植草护坡。

4.3.8.2 弃渣场及其防护工程等级和标准

弃渣场及其防护工程等级和标准包括工程级别、稳定安全标准、设计排水标准、防洪标准、抗震设防标准等，应符合《生产建设项目水土保持技术标准》（GB 50433—2018）、《水土保持工程设计规范》（GB 51018—2014）、《水利水电工程水土保持技术规范》（SL 575—2012）规定。

4.3.8.3 设计基础资料

主要评价设计所采用的水文气象资料是否符合工程实际，场区集雨面积量算所采用的

4.3 主体工程设计中水土保持工程的分析评价

地形图是否规范、成果是否可靠,弃渣场堆渣规划及防护工程设计采用的地形图是否为实测、精度是否满足规范要求,是否开展了与主体工程设计深度相适应的弃渣场工程地质与水文地质勘察,设计所需的有关物理力学参数取值依据是否充分、可靠。

4.3.8.4 弃渣场设计

1. 弃渣场选址

弃渣场选址应合理,其设置位置选择应符合《生产建设项目水土保持技术标准》(GB 50433—2018)、《水土保持工程设计规范》(GB 51018—2014)、《水利水电工程水土保持技术规范》(SL 575—2012)规定,尤其应符合有关技术标准强制性条文规定,做到经济合理,确保场址稳定和行洪安全。

2. 弃渣场布置

(1) 利用河流、沟(谷)弃渣的渣场堆渣规划及防护措施布设不影响行洪安全。

(2) 弃渣场堆渣量、堆渣高度、分级马道设置(台阶高度和平台宽度)、堆渣坡比与综合坡度、占地面积等堆置要素确定合理。

(3) 根据渣场类型,弃渣拦挡建筑物(挡渣墙、拦渣堤、拦渣坝)、截排水或排洪建筑物[排水沟、排洪沟(渠)、排洪涵管(洞)、排洪隧洞]选型合适、布置位置及走线合理。

(4) 弃渣堆置方式合理,弃渣场与重要基础设施之间的安全防护距离满足要求。

(5) 岩溶地区弃渣堆置应避免破坏地下暗河和溶洞等地下水系。

3. 弃渣场稳定计算

(1) 计算内容。弃渣场稳定计算包括渣体边坡及其地基的抗滑稳定计算,应根据工程实际需要进行选择,按照弃渣场级别、地形地质条件,并结合弃渣堆置形式、堆置高度、弃渣来源、弃渣组成、弃渣物理力学参数等选择有代表性的断面进行计算。

弃渣用于填塘、填坑的,不存在失稳可能,无须进行稳定计算。

(2) 计算工况。弃渣场抗滑稳定计算工况应合理确定,分为正常运用工况和非常运用工况,多雨地区连续降雨工况的抗滑稳定安全系数按非常运用工况采用。

(3) 计算方法。弃渣场稳定计算方法选择应合适,考虑堆渣体是否均匀,渣场基底是否存在软弱夹层或不利结构面,应分别采用适宜的计算方法及相应计算公式。如采用计算机软件进行计算的,还应说明计算软件名称、编号、版本号和适用技术标准情况,确保合规、适宜。

4.3.8.5 弃渣拦挡工程设计

同本章4.3.2.3节第1项"弃渣拦挡工程"。

4.3.8.6 防洪排导工程设计

同本章4.3.4.3节第1项"主体设计界定为水土保持措施的防洪排导工程"。

4.3.8.7 渣体坡面防护工程设计

参考本章4.3.3.2节"边坡防护工程评价"相关内容。

第 4 章 主体工程水土保持分析与评价

本 章 思 考 题

1. 主体工程土石方评价重点关注哪些内容？
2. 对主体工程选址（线）是否合理如何评价？
3. 如何评价主体的表土保护措施？
4. 主体工程中水土保持措施界定的原则是什么？
5. 生产建设项目水土保持防洪排导工程的概念及其分类是什么？
6. 弃渣场主要分为哪些类型？

第 5 章 水土流失的分析与预测

生产建设项目的水土流失受多种外力作用而表现出复杂多变的形式，不同生产建设项目及同一生产建设项目在生产、建设、运行过程中对水土流失影响表现出的特点也存在一定差异。因此，针对生产建设项目本身的特点，科学合理预测水土流失特点和总量，基于预测成果进行水土流失防治，科学配置水土保持措施，开展生态效益监测评价具有重要的实践价值。

5.1 生产建设项目水土流失术语及类型

5.1.1 生产建设项目水土流失术语

1. 扰动地表

因生产建设活动挖填、占压、翻扰以及其他扰动方式破坏了原有植被、改变了原有地形或表层物质物理性状的土地。

2. 扰动单元

生产建设活动扰动形成的扰动方式相同、扰动强度相仿、土壤类型和质地相近、气象条件相似，以及空间上连续的扰动地表。

3. 计算单元

按照扰动方式、坡度、坡长、地表覆盖、土壤类型和质地、气象条件等参数相对一致的原则，对各个典型扰动单元进行划分，能够直接应用生产建设项目土壤流失类型三级分类对应的土壤流失量测算公式计算流失量的基本单元。

4. 一般扰动地表

生产建设项目施工期和运行期，由挖损、占压等建设活动形成的林草植被减少、表层土壤物理性状改变，仍维持原有整体地形的扰动地表。

5. 工程开挖面

生产建设项目施工期和运行期，因开挖造成的由土壤、成土母质或岩石构成的裸露坡面。

6. 工程堆积体

生产建设项目施工期和运行期产生的土、石、渣或其他固土物质组成的堆积体。

7. 工程开挖面标准下垫面

在工程开挖面的坡面上设置的宽为 1m，水平坡长为 5m，坡度为 50°，用于对比观测土壤流失的全土质裸露下垫面。

8. 工程堆积体标准下垫面

在工程堆积体的坡面上设置的宽为1m，水平坡长为5m，坡度为25°，用于对比观测土壤流失的全土质裸露下垫面。

9. 工程开挖面土质因子

反映工程开挖面下垫面质地和土体密度对外营力剥蚀和搬动影响程度的指标。

10. 工程堆积体土石质因子

反映工程堆积体物质被外营力剥蚀和搬运敏感程度的指标。

11. 风蚀可蚀性因子

不同性质土壤对风蚀敏感程度的归一化指标。

12. 坡长因子

降雨、土壤、坡度、土地利用和水土保持措施等其他条件一致的情况下，一般扰动地表某一坡长坡面的土壤流失量与标准小区的土壤流失量之比；或降雨（径流）、土壤（石）、坡度等除坡长以外的其他条件一致的情况下，工程开挖面、工程堆积体某一坡长坡面的土壤流失量与标准下垫面的土壤流失量之比。

13. 坡度因子

降雨、土壤、坡度、土地利用和水土保持措施等其他条件一致的情况下，一般扰动地表某一坡长坡面的土壤流失量与标准小区的土壤流失量之比；或降雨（径流）、土壤（石）、坡度等除坡度以外的其他条件一致的情况下，工程开挖面、工程堆积体某一坡度坡面的土壤流失量与标准下垫面的土壤流失量之比。

14. 植被覆盖因子

降雨、土壤、坡度、土地利用和水土保持措施等其他条件一致的情况下，有一定植被覆盖坡面上的土壤流失量与标准小区的土壤流失量之比。

15. 工程措施因子

降雨、土壤、坡度、土地利用和水土保持措施等其他条件一致的情况下，有水土保持工程措施坡面上的土壤流失量与标准小区的土壤流失量之比。

16. 耕作措施因子

降雨、土壤、坡度、土地利用和水土保持措施等其他条件一致的情况下，有水土保持耕作措施坡面上的土壤流失量与标准小区的土壤流失量之比。

17. 径流冲蚀力因子

表征上方来水对坡面冲刷能力的指标。

18. 起动风速

风力逐渐增加使地表颗粒物脱离静止状态开始运动时的临界风速。

19. 粗糙干扰因子

表征植被、砾石等地表覆盖对土壤风蚀削弱作用的指标。

5.1.2 生产建设项目土壤流失类型

生产建设项目土壤流失类型宜按表5.1划分。其中，一级分类依据侵蚀外营力划分，二级分类依据下垫面工程扰动形态划分，三级分类依据扰动程度、上方有无来水等因素划分。

5.2 水土流失现状分析

表 5.1　　　　　　　　　　生产建设项目土壤流失类型划分

一级分类	二级分类	三级分类	说　明
水力作用下的土壤流失	一般扰动地表	植被破坏型一般扰动地表	人为活动导致原有林草植被遭受破坏，地表植被覆盖减少或裸露，未扰动地表土壤，维持原有整体地形的扰动地表
		地表翻扰型一般扰动地表	人为活动导致地表土壤翻动，原有植被覆盖明显减少或裸露，维持原有整体地形的扰动地表
	工程开挖面	上方无来水工程开挖面	工程开挖面上缘已达到或越过分水岭，或在工程开挖面顶部由截排水沟等坡面径流拦截措施，不受上方来水冲刷侵蚀的开挖面
		上方有来水工程开挖面	工程开挖面上缘未达到分水岭，且在工程开挖面顶部无截排水沟等坡面径流拦截措施，受上方来水冲刷侵蚀的开挖面
	工程堆积体	上方无来水工程堆积体	在平地或坡面堆积，不受上方来水冲刷的堆积体
		上方有来水工程堆积体	在坡沟堆积或在平面堆积但顶部有较大平台，受降水和堆积体顶部以上来水共同侵蚀的堆积体
风力作用下的土壤流失	一般扰动地表		
	工程堆积体		

5.2 水土流失现状分析

收集生产建设项目主体工程建设内容、建设规模、建设期、项目区地形、气象、植被等基础资料，确定生产建设项目扰动地表的范围。根据实地调查（勘测）结果，在确定的防治责任范围内，依据工程布局、施工扰动特点、建设时序、地貌特征、自然属性、水土流失影响等结合第 3 章现场调查情况进行分析。

5.2.1 土地利用现状分析

土地利用变化可以引起一系列自然现象和生态过程的变化，会改变原有地表植被类型及其覆盖度和微地形，从而影响土壤侵蚀的动力和抗侵蚀阻力系统，是影响土壤侵蚀的重要动态参数。土地利用方式的不同很大程度上影响着水土流失的发生面积和强度。土地利用现状根据主体设计提供的平面布置图，并根据现场实际情况进行勾绘统计，土地利用现状见表 5.2。

表 5.2　　　　　项目建设区现状地类型表（以光伏项目为例）　　　　　单位：hm^2

项　目　组　成		占　地　类　型					
一级分区	二级分区	耕地	园地	林地	草地	工矿用地	交通用地	住宅用地
光伏阵列区	地块一区							
	地块二区							
	地块三区							
	箱变区							

续表

项目组成		占地类型					
交通道路区	新建道路区						
	扩建道路区						
集电线路区	架空线路						
	直埋线路						
施工营地区							
渣场区	一号渣场						
	二号渣场						
升压站区							

5.2.2 扰动地表面积分析

扰动地表面积通常指的是由于工程建设而对原有地貌造成破坏的占地面积，包括工程的永久占地、临时占地（含租赁土地）及其他使用和管辖区域。它既是建设单位依法应承担水土流失防治义务的区域，也是水行政主管部门对建设单位监督检查和验收的范围。也是指生产建设单位依法承担水土流失防治义务的区域。

1. 永久占地

工程永久占地应当结合工程设计图纸进行量测并实地复核后确定，常见的生产建设项目有电厂、水库及高速公路等项目。电厂建设项目一般包括厂区、贮灰场区、道路区、施工生产生活区及供排水管线区等，高速公路建设项目一般包括主线区（路基区、桥涵区、附属区）、弃渣场区、取土场区、施工生产生活区及施工道路区等。

2. 临时占地

工程临时占地可以通过现场查勘结合主体施工工艺、施工组织形式进行确定，对于施工便道、供水供电等线性项目除要考虑自身的占地外，还要充分考虑挖方土的堆放、管材的堆放及施工占地。由于勘测设计深度不够，项目建设区的量化较困难时，应与建设单位和主设单位共同协商，按照项目实施的最低标准或平均标准确定占地。如水库建设项目一般包括库区、堆料场、水库管理区、道路区及施工生产生活区等，由于水库库区面积较大，在施工时堆料场、施工生产生活区等有时候可以布置在库区内。

3. 其他使用和管辖区域

由于项目生产建设其他使用和管辖区域是施工生产活动中发生扰动，在监督检查和专项验收时需要逐项检查确认的范围。因建设项目的不同，这部分区域的组成会有所不同，常见的道路区、施工区等对两侧及周边的影响区域、地下开采项目对地面的影响区（如煤矿、金属矿、隧洞、地下管线等的施工引起地面的塌陷）、贮灰场周边、项目建设可能引起的滑坡、泥石流、崩塌、塌岸区域、水库周边可能引起的浸渍区域、排洪涵洞上、下游可能引起的滞洪、冲刷区域等。这些区域的确定必须依据区域地形地貌、自然条件和主体工程设计文件，结合类比工程的测量，根据风向、边坡、洪水下泄、排水、塌陷、水库水位消落、水库周边可能引起的浸渍，排洪涵洞上、下游的滞洪、冲刷等因素综合调查分析。

5.2 水土流失现状分析

另外,针对一些改建、扩建项目,扰动面积主要计算该次的扰动,不计列原项目的扰动,如煤矿的兼并重组项目,对于原来没有变化的区域不计算扰动面积。

5.2.3 弃土、石渣量分析

根据已有研究及调查,估算自"十五"以来,我国每5年由生产建设项目产生的弃土弃渣量均接近100亿t,加之原有的存量,弃土(石、渣)总量超过400亿t。对弃土(石、渣)量的分析,不是简单地认为只是数量,其内容应包括:主体工程、临建工程、附属设施(如交通运输、供水、供电、通信和生活设施等)、取土(石料、砂)料场等生产建设过程中的弃土(石、渣)、表土剥离、工业、生活垃圾等的堆置位置、占地面积、数量、堆高等多方面的分析。该项分析应通过查阅项目技术资料及现场勘察、实测或类比调查方法结合进行,具体方法如下:

(1) 以主体工程的土石方平衡为基础,查阅设计文件及技术资料,充分考虑地形地貌、土地占压、运距、回填利用率(与土石料质量有关)、剥采比(指采石场)等,分段、分建筑物类型抽取典型地段进行分析,在了解其开挖量、回填量、单位工程产生的弃渣量基础上,推算出各时段、各区段的弃土(石、渣)总量。

(2) 现场实测时,尤其需注意项目的挖填平衡、松散系数、剥采比或单位工程产渣量与弃土(石、渣)的关系,以及弃土(石、渣)数量与堆积高度、占地面积的关系、不同位置的堆放要求等,进而确定所堆放的场地、高度、坡比,分析其相应的稳定性。

(3) 弃土(石、渣)的预测,还应注意自然方与实方的折算,折算系数应根据工程实际结合参考表5.3和表5.4来确定。

(4) 土石方平衡和弃土(渣)计算表中应标明弃渣的来源与去向,并应画出土石方流向框图。

表 5.3   土石方自然方与实方折算系数表

项 目	土方	石方	砂方	混合料	块石
自然方	1	1	1	1	1
实方	0.85	1.31	0.94	0.88	1.43

表 5.4   土壤的可松性系数表

土 质 类 别	K_1	K_2
砂土、亚砂土	1.08~1.17	1.01~1.03
种植土、淤泥、淤泥质黏土	1.20~1.30	1.03~1.04
亚黏土、粉质黏土、潮湿黄土、砂土混碎(卵)石、亚砂土混碎(卵)石、素质土	1.14~1.28	1.02~1.05
老黏土、重质黏土、砾石土、干黄土、黄泥混碎(卵)石、压实素质土	1.24~1.30	1.04~1.07
重黏土、黏土混碎(卵)石、卵石土、密实黄土、砂岩	1.26~1.32	1.06~1.09
软泥岩	1.33~1.37	1.11~1.15
软质岩石、次硬质岩石(用爆破方法开挖)	1.30~1.45	1.10~1.20
硬质岩石	1.45~1.50	1.20~1.30

注 表中K_1与K_2分别为弃料由上而下一次堆弃和由下而上分层堆弃时的折算系数,自然方为1。

5.2.4 水土流失危害分析

生产建设项目施工活动造成的水土流失危害往往具有潜在性,因此只从数量上无法全面反映危害的程度,还必须对水土流失可能造成的危害进行定性分析,在综合定量与定性分析的基础上,为下一步的防治措施体系布设和水土保持监测提供依据。

对于水土流失危害的预测分析,应着重从可能造成的水土流失危害的形式、程度和后果等方面进行分析,并应具有针对性,不能教条地挪用其他项目的分析结果。根据有关规定和以往经验,主要包括以下几方面的内容。

5.2.4.1 对土地资源和土地生产力可能造成的影响分析

1. 对土地资源可能造成的破坏分析

(1) 工程建设(如高填、深挖等),是否会引发坍塌等重力侵蚀而使原有土地资源遭受破坏。

(2) 工程建设中如有新筑护岸工程,护岸工程会因设计标准变化或河流流向发生改变,而使其他河段岸坡遭受的冲刷力加大,冲刷是否会造成塌岸,进而使原有土地资源遭受破坏。

(3) 对于矿业工程或隧道开挖等工程,是否因地下矿藏开采和隧道挖掘会产生沉陷、坍塌等地质灾害,进而使原有土地资源遭受破坏。

(4) 对于部分工程乱堆弃渣、乱修临时建筑物或挤占耕地所造成的土地浪费等应进行分析。

2. 对可能降低土地生产力的分析评价

(1) 土壤生产力的高低与土壤理化性质密切相关,工程建设产生的遗留物,可能会影响土壤含水量、透水性、抗蚀性、抗冲性及土壤碳化合物含量(SOC)、表层土壤厚度(TSD)、营养物质状态、土壤形态和内部组织等理化性质,使土地生产力降低。

(2) 某些工程建设项目,工程建设会加重周边地区水土流失的发生,不仅会破坏土壤中抗侵蚀颗粒的物理特性,使土壤有机质发生迁移,进而使土壤易遭受侵蚀,还会降低土壤保水性、增加土壤容重,可能引起土地沙化、资源退化。

(3) 某些工程由于排水系统不健全(如排水设施设计标准过低等),暴雨季节可能造成地面积水,出现排洪不畅甚至内涝成灾,久而久之就可能形成涝渍,致使土地盐碱化或沼泽化,降低土地生产力。

(4) 铁路、公路和管道等大型线状工程建设项目,在穿越的农田路段,尤其路堤、桥梁或交叉点等工程的施工,降雨侵蚀产生的泥沙会直接进入农田,形成"沙压农田";矿区洗煤场排污水、冶金化工工程的排污水和矿井排污水等会污染耕地。

5.2.4.2 对河道行洪、防洪的影响

生产建设项目产生的弃土(石、渣)直接倾倒于沟道、河道,会直接导致河流泥沙含量显著增加,淤积抬高河床,严重影响航运,造成洪涝灾害,频繁出现"小洪水、高水位、多险情"的严峻局面。因此,水土流失危害还应考虑对河道行洪、防洪的影响分析。

(1) 如在沟道或河滩地堆放弃土(石、渣),首先要分析是否采取了拦挡措施,如果考虑了拦挡设施,还应分析设计标准是否满足防洪要求,如与防洪标准存有差异,就应针对差异分析可能造成的危害。

(2) 如论证后同意在河道或河滩地弃土（石、渣），并在主体设计中已考虑了拦挡设施，还应核查措施的实施时间，如果防护标准比河流防洪标准低，应根据弃土弃渣的体积和平面布置、防护形式、防护标准及失事后可能产生的影响，分析是否会阻断河流，是否造成大的水土流失危害或突发性灾害。

(3) 桥梁、跨河工程应了解桥台周边是否采用了围堰或其他防护措施，泥浆堆放位置是否合适，围堰的修筑和拆除、泥浆排放会造成水土流失的程度，以及对河道产生的影响都应做细致的分析评价。

(4) 对于港口、码头及相关护岸工程，除掌握相关工程的设计标准能否满足实际需要外，还应了解工程的施工工艺、时序以及临时堆土场地等，若施工工艺不当或者未采取适当的防护措施，就可能造成部分土壤或弃渣直接进入河流、港湾造成淤积，从而产生危害。

(5) 新建工程下游如有水库、引水灌溉等水利工程，还应分析工程建设产生的水土流失对下游水利工程水质、水位、水流向及使用寿命等的影响。

(6) 对于部分改河、护岸等工程，还应注意工程建设是否会改变原河道纵比降和水流方向，从而产生冲刷河岸、河堤、滩地甚至危及村庄等危害，冲刷使河床形态发生变化还会引发其他的灾害。

(7) 对于从河道大量取沙的工程建设项目，不仅使河槽景观变得混乱、破碎，而且挖沙取料直接破坏河床，影响了原有河床形态的平衡与稳定，及正常的行洪和两岸大堤的安全，部分河段的灌溉能力也会受到严重影响。

5.2.4.3 对可能形成泥石流的危险性评价

具有大开大挖特点的开挖面较大的工程建设项目，工程建设会极易影响区域的地质环境，从而降低岩土稳定性，引发地质灾害。

(1) 高速公路及铁路工程一般建设规模较大，建设过程中往往形成高边坡和大量弃渣堆积体，由于开挖路基或拓宽路面时破坏了原山体坡面支撑，使上方坡面坡度变陡，基岩或土体失去原有稳定性，或新形成的不稳定土（渣）堆积体，遇到大暴雨、连阴雨或轻微地震，就可能产生山体滑坡甚至泥石流，从而造成不可估量的危害。因此，应针对工程建设的地质情况，并根据形成高边坡和松散堆积体的实际情况对可能产生的危害进行较为全面的分析与评价。

(2) 采矿工程建设过程中会产生大量的岩土剥离物，岩土剥离物堆积体除发生面蚀、沟蚀外，还会产生沉陷、砂砾化面蚀、土沙流泻、坡面泥石流等侵蚀方式，进而对周边河道、水渠和设施造成威胁。对此类危害及隐患，应在调查基础上进行全面分析、评价。

(3) 如渣场原占地类型为耕地、林地、荒草沟谷地，弃渣堆放等于再塑了原地貌，形成较陡边坡，改变了原地表坡面的产、汇流条件，若排水问题得不到妥善解决，不仅会造成弃渣本身的流失，而且可能使渣堆附近区域的水土流失由原来的面蚀逐渐演变为沟蚀，加剧局部区域的水土流失，甚至产生泥石流灾害。因此应根据弃渣场所处的具体位置进行分析。

5.2.4.4 对可能出现地面塌陷危害的分析

(1) 煤炭、采矿、冶金等工程，由于进行地下大量开挖，使得原有地下形成采空区，尽管建筑物预留了支撑煤柱，但随着时间的推移，可能由于其他外力的作用顷刻间产生地面塌陷、地裂缝、滑坡、煤层自燃等，进而对周边基础设施和村寨，甚至人民群众生命财产造成严重灾害。对于此类工程，应在实地调查和对工程设计、施工等环节进行深入分析的基础上，对可能产生的塌陷、裂缝等灾害进行分析与评价。

（2）地下采矿工程，还应重视疏干碳酸盐围岩含水层引起的危害。一方面，疏干水大量外排，不仅能引起地面塌陷下沉，使地面设施受到破坏，而且塌陷区或井巷如果地表贮水体与地下有水力通道，则会酿成淹没矿井的重大事故；另一方面，如果岩层疏干设计与实施计划不周全，还会导致露天边坡、台阶等的滑动和变形，从而出现严重灾害。因此，提前对此类灾害进行分析评价与预测，并在工程建设期间采取相应的措施，则可防患于未然。

5.2.4.5 大型滑坡和崩塌危险性评价

（1）开山造地、大型工程深挖，开挖的大量松散剥离物若倾倒于河道，挤占河道与水体，则极易产生大型滑坡和坍塌，进而对水利、交通、通信等基础设施造成破坏。应根据工程实际对该类工程建设产生滑坡、崩塌的可能性进行分析。

（2）大型水库建设后，由于大量水体聚集，会使库区地壳结构的地应力发生改变，成为诱发地震灾害的潜在因素。因此，应结合地质灾害评价进行分析。

5.2.4.6 对周边环境可能造成的影响分析

一些大型工程建设项目，如公路、铁路、采矿等工程，由于需要大量填筑料，必然要进行大量的土砂石料开采，对周边生态环境会产生严重破坏，而且产生的影响具有长期性和不可逆性。对此类危害应从以下几方面进行分析评价：

（1）工程建设对工程周边区域地表土层和植被的影响范围与程度，以及对周边生态环境的影响。

（2）对工程建设过程中产生的废弃物（弃土、弃渣、弃石等）及其堆放场进行分析，进而对产生植被破坏、加剧水土流失和降低环境效益的情况进行评价。

（3）部分工程大量开挖采石，造成局部山体缺口，不但破坏了大量植被，而且严重影响了周边的景观。

（4）对于大型输水（渠道）工程，应注意考虑两岸的渗漏影响，会使地下水位抬高，具有造成大面积土壤次生盐碱化的潜在危险。

（5）对于工程建设形成的高边坡区域，还应分析上游来水情况，来水多，土壤含水量过高，有可能引发滑塌。

（6）对于露天堆放的电厂干贮灰场，极易产生扬尘，进而对周边生态环境产生较大影响。

（7）对于采矿工程，大量疏干水外排，不仅对下游直接产生冲刷，而且还会减少矿区及附近地表河流、浅层地下水的水量，直接导致植物枯死、土地沙化和植被退化等危害，应结合工程具体情况就可能影响的范围和程度进行分析。

5.2.4.7 对降低地下水位的影响分析

随着生产建设项目数量及规模的不断增加，对水资源的需求量也越来越大，在大力开发地表水资源的同时，对地下水也进行了超强度的开采，再者部分采矿工程大量疏干水外排，这些建设活动都会对当地地下水位造成较大影响。主要从以下几方面进行分析：

（1）针对工程实际，分析工程建设造成区域性地下水位下降的情况，尤其深层地下水超采和大量疏干水外排，会形成局部地下水位下降漏斗，进而导致地质灾害或者海水入侵、咸水界面上移以及深层地下水水质恶化等危害。

（2）一些采矿类工程会破坏地下岩层，产生岩层裂隙，也会对地下水位下降产生严重影响，譬如使当地河流的补给水量减少，造成采空区地下水位显著下降，由于水位下降地面部分乔木枯萎，煤炭开采后周边民用水井全部干枯等，应结合工程具体情况进行分析。

（3）城镇化建设过程中会出现大面积的硬化地面，硬化地面降低了原地表的降水入渗特性，使地表径流和汇流时间加大，水资源被作为城市废水排出，加上城市人口的急剧增加，地下水开采过度，在城市地下形成一个巨大的空洞，不仅破坏水资源，而且存在潜在的地质危害，应该结合工程具体情况，分析可能影响的程度和范围。

（4）井采矿疏干水和露采矿疏干水的大量排放，会对当地的地表水系统和地下水系统产生影响，甚至使原系统遭受严重破坏，应根据排水数量及去向，结合当地地表、地下水循环系统的具体情况，分析可能遭受影响的范围和程度。

5.2.4.8 对地表水资源损失和城市洪灾的影响分析

（1）在城市开发建设过程中，因大面积地表被硬化，使原地形、地貌、植被遭受破坏，进而降低土壤渗透性能，增大地表径流系数，使得地下水源的涵养和补给受到阻碍，同时地表径流汇流时间缩短，强度增大，径流量增加，结果造成河道和城市排水管道淤塞，增大城市防洪压力。应结合工程具体情况，对工程建设产生的地表水资源影响和城市洪灾影响进行分析。

（2）井采矿工程疏干排水会对矿区及周边地区水资源和水循环产生不良影响，结合具体工程具体情况，分析可能影响的范围和程度。

5.2.5 水土流失影响因素分析

生产建设项目水土流失的影响因素主要包括自然因素和人为因素，其中人为因素影响较大，是产生新增水土流失的主要因素，各种建设活动改变了建设区域的地形地貌，破坏了水土资源和植被，最终将导致水土流失加剧。工程建设造成水土流失的环节，应着重从以下几方面进行分析。

5.2.5.1 场地平整

施工准备期和土建期首先要进行场地平整，场地平整过程会使原地表植被、地面组成物质、地形地貌受到扰动和破坏，失去原有固土和防冲能力，还会产生建筑垃圾及弃渣，这些松散堆积物的抗蚀能力较差，遇到地表径流冲刷，将造成较严重的水土流失；其次土料需在场地内临时堆存，土料为松散堆放物，因蒸发作用使得表层形成松散粉状土，且堆放坡度较陡，若不加以防护，极易产生扬尘、冲刷、崩塌等现象，造成较强烈的水力侵蚀或风力侵蚀。

5.2.5.2 工程开挖

铁路、公路、输油（气、水）管线等线型工程要进行大量的沟槽开挖，地下矿产工程要开挖巷道，永久征占地内的主体工程要开挖地基。这些开挖工程不仅改变原有地形地貌，扰动或破坏原有地表和植被，损坏原有的水土保持设施，而且所形成的开挖面物质组成复杂、坡度陡、紧实度高、重度大,极易产生严重的水土流失。作为生产建设项目水土流失的重要影响因素,工程开挖面由于下垫面改变剧烈,造成原生植被被毁坏、表土层缺失、保水性极差、土地干旱、生境恶劣、实施常规人工造林复绿措施非常困难。土质坡面大多伴随持续的水土流失和塌方,土层多为沉积层土和母质层土,养分含量极低;岩质坡面一般基岩裸露,裂隙扩张,存在落石等安全隐患,局部有鱼鳞状凸出岩体,局部岩石风化较重。

5.2.5.3 工程回填

修筑公路、铁路时,下边坡往往采用高填方路基,路基所用土砂料在现场临时堆置、路基填筑等都会使土体形成较陡边坡,裸露边坡遇强降雨和大风天气时,易引发强度水土流失。回填土边坡主要由回填素土或杂土构成,一般固结和沉降年数较短,未完全固结,加之边坡形态复杂,存在失稳及滑塌等安全风险。主要表现在以下几个方面:

(1) 安全方面。高陡回填土边坡地势复杂,坡高且陡,在暴雨季节水土流失严重,易造成河道淤积堵塞。另外由于高陡边坡失去植被的保护,结构松散,容易引发滑坡垮塌等事故发生,给河道行洪安全及下游两岸带来严重威胁。

(2) 环境方面。由于高陡回填土边坡裸露,在春秋风多的季节,会产生较严重的扬尘问题,污染周边空气;在雨季则会把土体及污染物等冲入河道,给河道水质带来不良影响。对于采矿工程的回填区,土壤一旦遭到扰动,在雨季时很容易在扰动区形成径流。土壤开挖回填后,会在开挖回填处形成径流,进而产生大的冲沟和边坡塌方,造成严重的水土流失。

(3) 资源方面。高陡土质边坡附近,由于长期水土流失,会造成河道两岸进一步坍塌等现象,侵占两岸土地等资源,严重影响当地经济发展。

(4) 生态方面。高陡回填土边坡使原有的绿色植被系统遭受严重破坏,植物很难附着和生长,裸露的土体与周边的环境格格不入极易发生水土流失危害;回填边坡的治理难度大,治理效果往往不尽如人意。

5.2.5.4 弃土弃渣

(1) 开矿、建厂、采石、挖沟、修路、伐木、挖渠、建库等,当土石方在一定时间和空间内不能完全平衡时,将会产生临时或永久的弃土、废渣,弃土废渣结构疏松,抗蚀抗冲性差,堆置过程中如不采取适当防护措施将可能造成渣场受冲刷、滑塌和坍塌,易于发生强度水力侵蚀和重力侵蚀,甚至引发地质灾害。

(2) 工程渣场占用的土地多为耕地、林地或荒草地,且堆弃物多是无序堆置,弃渣堆放再塑了原地貌,形成较陡边坡,改变了原地表坡面产、汇流条件,若不妥善解决排水问题,不仅会造成弃渣本身的流失,而且可能使渣堆附近区域的水土流失由原来的以面蚀为主的侵蚀演变为严重的沟蚀,甚至遇到降水等诱因,可明显降低堆弃物的稳定性,发生地质灾害。

(3) 当堆弃物置于沟道或河道时,遇洪水,部分或全部被冲走,抬高下游河床,加剧防洪压力。

5.2.5.5 场地排水

生产建设项目在施工期间的排水主要包括泥浆水、洗车水、基坑排水,以及施工人员

5.2 水土流失现状分析

的生活污水等。这些水若未按照规定执行,使泥浆进入市政管网,就会造成淤堵,排水管网不能及时排水,从而造成冒溢、内涝等公共问题;若污染的水进入河道,就会影响河道的水质,造成水环境的破坏等。雨水的影响是生产建设项目水土流失的一个最关键诱因,降水会导致生产建设项目堆积体滑塌、地基滑动等。因此,生产建设项目的场地排水主要指两部分:一部分是排除进入到项目的雨水;另一部分是排除场地中的积水,消除场地内径流对水土流失的影响。

5.2.5.6 地表硬化和工程占压引发水的流失

工程建设会导致建筑物占压地表以及地表硬化或将土壤碾实,将会降低地面的入渗能力,增大地表径流量,在加剧土壤侵蚀的同时,使水产生了无效损失。在干旱、半干旱地区因工程建设产生的水的损失亦应引起注意。

5.2.6 不同类型工程水土流失影响因素分析重点

实践表明,不同类型工程的总体布局、项目组成、施工工艺和时序等不同,因而由此产生的水土流失的强度、时空分布也都存在较大差异。无疑影响水土流失的因素和环节也不同,分析的重点也应有所差别。

5.2.6.1 公路、铁路工程

公路和铁路工程具有线路长、跨越区域地貌类型多、动用土石方工程量大、沿线取、弃土场多等特点。在工程建设过程中,遇到山体及坡面要开挖、削坡、开凿隧道,或沟谷、河流要架桥修涵,高处挖、低处填等,因此对可能造成水土流失的影响因素进行分析,重点包括以下几个方面:

(1) 路基开挖削坡(路堑)及填方(路堤)边坡增大了原地面的坡度,形成松散的裸露地表或高陡边坡,降低了植被覆盖率,并对原地表植被、土层结构造成破坏,改变原地形地貌、岩土(地表)结构和产汇流条件,从而导致土体抗蚀能力降低,固土保水能力减弱,加速了项目区的水土流失进程。因此,需对其中的每一个细节进行分析。

(2) 对产生的大量弃土、弃渣,应从新形成的松散堆积体一旦受到侵蚀营力作用,可能产生水蚀、风蚀和重力侵蚀等方面进行分析;而且还需对弃渣堆放造成下垫面植被和土地破坏,使原有水土保持功能降低或丧失,同时堆积物作为松散物质,在降雨侵蚀和上游来水的作用下,易发生流失和引起地质灾害等方面进行分析。

(3) 对于大面积扰动和破坏的地表以及水土保持设施,应该从原有水土保持功能受到损害程度、建设后期新形成地表的稳定周期和水土保持功能恢复情况等方面进行分析。

(4) 对于深挖、高填的路段,由于开挖坡面、采石取土等挖损原有地貌,并形成了松散的裸露地表和高陡不稳定的高边坡,应从是否会导致坍塌、滑坡和泥石流等进行分析。

(5) 对于该类工程较多的取土(石)料场,需针对开采土石料过程中破坏原地貌和植被,开挖边坡不稳定及截排水设施不到位时可能造成的影响等方面进行分析。

(6) 对于临时施工场地、施工道路、临时便道、临时堆料场及伴行道路和其他辅助工程等临时占用的大量占地,应从对原地貌扰动和水土保持设施被破坏的程度、临时道路的质量,并结合工程所使用的重型卡车及其运行情况和当地暴雨、大风等自然条件进行分析。

(7) 对于较多的穿越交叉工程,应从所增大的破坏、影响面积,对原地貌的破坏和扰动程度，以及施工工艺等方面进行分析。

5.2.6.2　管道、渠道及通信工程

输气（油、水）等管道工程多采用沟埋敷设方式，一般线路较长，经过区域地貌类型多，还需要穿山越岭、跨河过沟，并与公路及铁路形成交叉穿越。因此，施工条件复杂，需着重从以下方面进行分析：

（1）针对该类工程开挖管沟时所形成的弃土、弃渣大多分散堆放，因此应结合工程的施工时序、当地降水集中程度和大风季节等具体情况，对水土流失的影响因素和环节进行分析。

（2）应结合输油站（场）的选址对于当地水土保持设施的损坏、地表的扰动，以及修建过程中临时堆土和堆土方式等，就可能加剧水土流失的影响因素和环节进行分析。

（3）在管沟开挖、回填和管道敷设施工过程中，由于施工机具和施工活动都会使沿线地表受到破坏，在雨季极易产生较大的水土流失；同时，回填剩余土方如果不能及时清理，必将造成较大的渣土流失。因此需根据所采用的施工工艺和所经场地的差异，结合项目区土壤、暴雨、大风等条件进行分析。

（4）针对管线穿越工程在进行河流、公路和铁路等穿越时，采用定向钻、顶管等施工会产生废弃泥浆，河流穿越采用大开挖需填筑、拆除围堰等具体情况，对可能造成水土流失的因素进行分析。

5.2.6.3　输变电工程

输变电工程具有线路长、工期短、沿线地貌类型复杂和塔基范围小且分散、不修建运输道路等特点。因此，对于水土流失影响因素的分析，应注重以下几个方面：

（1）根据沿线地形地貌、土壤和暴雨、大风等情况，结合基坑开挖、打桩基工程等，特别是弃渣堆放及其堆放方式，运料、堆料、组装、浇筑等施工场地可能造成的水土流失等进行分析。

（2）根据沿线植被情况和架线所采用的设备、工艺技术，结合实地调查，对林草植被和水土保持设施受影响的数量、程度进行分析。

（3）根据塔基、换流站及接地极等处地面和周边环境处理方式，特别应结合塔基周边排水系统的具体情况进行分析。

5.2.6.4　火电、核电及风电工程

火电、核电及风电工程的主要组成部分、建设规模及主要施工工艺都存在较大差别，因此对于水土流失影响因素分析的重点也应该有所不同，但总的可以归纳为以下几点：

（1）根据工程所在地的地形地貌和暴雨、大风等条件，结合火电、核电、风电三种电力工程在施工准备过程中对于"三通一平"的不同要求，以及施工工艺的差别进行分析。

（2）根据核电站工程生产运行特殊安全要求所需大量土石方开挖的实际，应重点对弃渣数量及其堆放场地，结合当地暴雨强度、堆渣场上游来水等情况进行分析。

（3）应针对风力发电工程需要建设安装各类装置的场地和输电线路，且场地都在风口或者风速偏大的高岗上，其位置和线路都较为分散等特点进行分析。

（4）对于火电工程，除根据项目区降雨和风蚀条件分析厂区建设过程中可能引起的水土流失外，需对贮灰场的灰坝设计标准和上游来水影响等因素进行分析。

5.2 水土流失现状分析

5.2.6.5 井采矿工程

井采矿工程主要通过掘井建巷道进行地下开采，对于该工程的水土流失影响因素分析应侧重于以下几个方面：

（1）在建设工业场地、各类道路、供排水、供电通信设施、生活基地及排矸场等工程的过程中，应着重对地表裸露、表土破损、原地貌及植被破坏后易造成水蚀和风蚀的相关因素进行分析。

（2）对于掘井所产生排弃物和大量煤矸石的排放，是井采矿工程容易产生水土流失的重点，因此需要结合当地的雨季时段、暴雨强度和风季、风力情况，从排弃物的组成和数量、堆放场地植被的破坏程度、堆积体的高度、坡比和周边来水等方面进行分析。

（3）矿井疏干排水是该类工程的重点之一，应该根据疏干水排放的数量、去向及其与当地排水系统的顺接情况，以及当地水资源状况，分析对下游冲刷，对矿区及附近的地表河流、浅层地下水的影响或者破坏程度。

（4）对于金属矿开采工程，还应结合其所采用如崩落采矿法等工艺的具体情况，同时考虑当地的暴雨强度和采区上游来水情况，分析由于采矿崩落塌陷、废弃物占压及植被破坏等情况所造成的水土流失，以及诱发泥石流、产生危害的可能性。

5.2.6.6 露采矿工程

根据《开发建设项目水土保持技术标准》（GB 50433—2018）的有关技术要求，露天矿山工程的采坑面积属于防治责任面积，对于该类工程的分析重点大致归纳为如下几方面：

（1）针对该类工程前期建设包括采掘场、内外排土场、工业场地、地面生产系统、洗选场、运输系统和防排水工程等内容，应结合当地的暴雨、大风情况，分析可能由于大面积、高强度对原始地貌的扰动和对水土保持设施的损坏，进而分析产生水土流失的可能性。

（2）针对矿区开发建设产生大量的弃土（石、渣），不仅使地表植被遭到严重破坏，而且排弃物使局部地段高差加大，土体被扰动且疏松等特点，应根据当地暴雨、大风强度及其频率，结合排弃堆积体的机械组成及结构、高度、坡比和周边及上游来水等情况进行分析。

（3）应针对开采过程中的疏干地下水数量及去向，以及与当地排水系统的顺接情况，同时结合当地地表、地下水循环系统的具体情况，分析对地表、地下水的可能影响，或者受到破坏的可能性和程度。

5.2.6.7 水利水电工程

对于水利水电工程，应根据其建设区受周边地形条件限制，开挖、填筑和弃渣量特大的特殊情况，从以下四个方面进行分析：

（1）水电站工程在场地平整、施工道路和输电线路等设施修建过程中，将使地表植被和结皮被清除，因此应结合当地的地形地貌、降水总量及其季节分配、暴雨强度及其频率、大风强度及发生季节进行分析。

（2）由于施工场地在狭窄的河谷区，且大坝、厂房、船闸、溢洪道等建设需大量开挖，因此应从开挖工艺、边坡防护形式、排水系统建设等方面分析可能造成水土流失的环节和影响因素。

（3）由于该类工程的弃土（石、渣）量特别大，因此应结合当地的暴雨强度和频次，

第 5 章 水土流失的分析与预测

从所弃物的机械组成、渣场位置、拦挡措施及其设计标准、上游来水等方面分析可能造成的水土流失及其危害。

(4) 针对多数水电工程的废石土渣弃于河滩或者水库淹没区内的实际，一旦遇上大暴雨或坍塌，就会使大量弃土（石、渣）直接进入河道，因此需在调查基础上，结合渣场的具体位置、堆渣体的高度和边坡、周边拦挡措施及其设计标准，以及河道洪水位、上游来水等情况进行分析。

5.2.6.8 农林开发项目

农林开发项目大多为集团化陡坡（山地）开垦种植、定向用材林开发、规模化农林开发和炼山造林等。尽管其中也包含有生态环境建设的内容，但由于严重扰动地貌，损坏植被，极易产生水土流失，故应从以下两个方面进行分析：

(1) 应结合当地暴雨、大风强度及其发生的季节，针对准备阶段修建道路、施工场地及设备搬运活动而造成地表植被和覆盖物被清除，致使暴露土壤颗粒松散等情况，分析产生水土流失的可能性。

(2) 针对该类项目的砍伐、运输、整地和栽植等活动，结合施工工艺、地形坡度、当地暴雨和周边来水情况，对产生水土流失的可能性进行分析。

5.2.6.9 城镇建设类工程

城镇建设及与之相关的采石、采砂、取土等工程尽管大多在平原区，但由于涉及面较宽，产生水土流失的影响也不容忽视，因此需从以下六个方面对于造成水土流失影响因素及其环节进行分析：

(1) 针对该类项目开挖、填筑的土石方量大，同时在场地平整过程中大面积扰动和剥离地表，原有自然植被等水土保持设施被大规模清除，因此应根据施工工艺及其相应的防护措施，并结合当地暴雨、大风强度及季节分析造成水土流失的可能性。

(2) 针对城镇建设过程中采料、取土及弃土（石、渣、废料、垃圾）等所形成大量松散堆积体，应根据堆积体的高度、坡比和场地周边来水等情况，结合当地的暴雨、大风及所产生的季节进行分析。

(3) 针对城市开发建设中由于建筑物占压和场地硬化，改变了原有的地形、地貌和植被，尤其是大面积的地表硬化或覆盖，植被恢复和重建缓慢，地表植被覆盖度锐减，使得雨水下渗能力大幅度降低，不透水表面急剧增加，因此应根据建设区原有地表径流系数增大，使得地下水源的涵养和补给受到阻碍，地表径流汇流时间缩短，强度增大，地表径流量的增加等，应针对地下水补给量的减少等情况进行分析。

(4) 该类项目在产生强地表径流的同时，还将加剧对裸露地表土壤的侵蚀。因此应从是否会造成河道和城市下水系统淤塞，增大城市的防洪压力，甚至造成巨大的生命财产损失等方面进行分析。

(5) 结合城镇的生产、生活用水只依靠水库输水、提引过境水和抽取地下水，城镇大量的降水资源被当成负担而被迫排出城外，以及目前多数城市中水利用率低，水资源损失比较大等实际情况，应从地下水超采和回补程度、是否形成地下水超采漏斗，甚至导致水环境恶化和发生地质灾害等方面进行分析。

(6) 根据我国现代化进程的要求，城镇化建设将是未来一段时期内的主要任务，也是全面建设小康社会、建设社会主义新农村的重点工程，城镇建设类工程与周边环境是否协调，是否影响周边环境的景观要求，尤其是取土、采石、弃渣等活动不能乱挖滥弃。

5.2.6.10 冶金化工工程

（1）冶金化工类的项目，工程占地范围相对集中，不同工程的选址和基础建设差异也比较大。应结合工程实际，结合取、弃土场的选址、周边来水，以及项目区的地形地貌、暴雨强度及其频率等情况，针对建设期（包括施工准备期）大量的开挖和回填活动，从破坏地表结构，势必造成区内水土流失剧增等方面进行分析。

（2）此类工程的废弃物多带有毒性，存放场地需做专门的处理并与周边水流路断开联系。如果选址或防护不当，会造成水质污染危害。

5.2.7 水土流失分区及现状分析

通过对项目建设区水土流失现状进行实地调查确定项目区水土流失类型和水土流失侵蚀方式。以地形图为工作底图勾绘、量算，对照《土壤侵蚀强度分级分类标准》，确定项目建设区土壤侵蚀模数，并绘制土壤侵蚀强度分布图。统计微度流失、轻度流失、中度流失、强烈流失的面积和数量。在确定的防治责任范围内，依据工程布局、施工扰动特点、建设时序、地貌特征、自然属性、水土流失影响等进行分区。

1. 分区原则

（1）分区之间应具有显著差异性。

（2）统一区内造成水土流失的主导因子和防治措施应相近或相似。

（3）根据项目的繁简程度和项目区自然情况，防治区可划分为一级或多级。

（4）一级区应具有控制性、整体性、全局性，线型工程应按土壤侵蚀类型、地形地貌、气候类型等因素划分为一级区、二级区及其以下分区应结合工程布局、项目组成、占地性质和扰动特点进行逐级分区。

（5）各级分区应层次分明，具有关联性和系统性。

2. 水土流失现状分析

项目建设区各分区水土流失现状、水土流失面积及水土流失侵蚀量详见表5.5～表5.7。

表 5.5　　　　　项目建设区各分区水土流失现状分析表（以煤矿为例）

防治分区		面积/hm²	土壤类型	土地利用现状	坡度/(°)	林草覆盖率/%	地面组成情况	侵蚀类型	强度级别	参考侵蚀模数/[t/(km²·a)]	流失量/(t/a)
一级	二级										
造地复垦区		2.10	黄壤	工矿用地	8～15	—	松散堆积矸石	面蚀	中度	3000	63.00
		4.51	黄壤	坡耕地	5～8	—	粗骨土	面蚀	轻度	1200	54.12
		6.57	黄壤	灌木林地	5～8	45～60	粗骨土	面蚀	轻度	1200	78.84
		19.56	黄壤	有林地	<5	60～75	粗骨土	面蚀	微度	300	58.68
		0.76	黄壤	居民用地	<5	—	硬化地表	面蚀	微度	0	0.00
		6.67	黄壤	草地	15～25	<30	粗骨土	面蚀	强烈	7000	466.90
		12.56	黄壤	草地	8～15	30～45	粗骨土	面蚀	中度	3000	376.80
		20.87	黄壤	草地	5～8	45～60	粗骨土	面蚀	轻度	1200	250.44

续表

防治分区		面积/hm²	土壤类型	土地利用现状	坡度/(°)	林草覆盖率/%	地面组成情况	侵蚀类型	强度级别	参考侵蚀模数/[t/(km²·a)]	流失量/(t/a)
一级	二级										
拦挡工程区	1号挡土墙工程区	0.15	黄壤	坡耕地	5～8	—	粗骨土	面蚀	轻度	1200	1.80
		0.13	黄壤	有林地	<5	60～75	粗骨土	面蚀	微度	300	0.39
	2号挡土墙工程区	0.24	黄壤	坡耕地	5～8	—	粗骨土	面蚀	轻度	1200	2.88
		0.06	黄壤	居民用地	<5	—	硬化地表	面蚀	微度	0	0.00
		0.11	黄壤	草地	5～8	45～60	粗骨土	面蚀	轻度	1200	1.32
	3号挡土墙工程区	0.32	黄壤	坡耕地	5～8	—	粗骨土	面蚀	轻度	1200	3.84
		0.39	黄壤	草地	8～15	30～45	粗骨土	面蚀	中度	3000	11.70
合计		75.00								1828	1370.7

表 5.6　　　　　项目建设区水土流失面积分析表　　　　　单位：hm²

防治分区		合计	流失面积			
一级分区	二级分区		微度	轻度	中度	强烈
	造地复垦区	73.60	20.32	31.95	12.56	6.67
拦挡工程区	1号挡土墙工程区	0.28	0.13	0.15		
	2号挡土墙工程区	0.41	0.06	0.35		
	3号挡土墙工程区	0.71		0.32	0.39	
合计		75.00	20.51	32.77	12.95	6.67

表 5.7　　　　　项目建设区水土流失侵蚀量现状表

防治分区		合计/t	流失量/(t/a)				原地貌侵蚀模数/[t/(km²·a)]
一级分区	二级分区		微度	轻度	中度	强烈	
	造地复垦区	1348.78	58.68	383.40	439.80	466.9	1833
拦挡工程区	1号挡土墙工程区	2.19	0.39	1.80			782
	2号挡土墙工程区	4.20	0.00	4.20			1024
	3号挡土墙工程区	15.54		3.84	11.70		2189
合计		1370.71	59.07	393.24	451.50	466.9	1828

5.3　水土流失的预测

5.3.1　划分预测单元

根据现场查勘和实验测定的相关数据，按照扰动方式、坡度、坡长、地表覆盖、土壤类型和质地、气象条件等参数相对一致的原则，在适当比例尺的图件上，将每个典型扰动单元进一步划分为生产建设项目土壤流失类型三级分类对应的计算单元。

1. 预测单元划分的基本要求

(1) 按不同的扰动方式、气象条件划分为不同的计算单元。现场调查和试验测定结果与原分类不一致的,应按现场调查和试验测定结果进行调整。

(2) 不同土壤类型和质地的典型扰动单元划分为不同的计算单元。

(3) 实地坡度相差小于等于5°的典型扰动单元应划分为同一计算单元,相差大于5°的划分为不同的计算单元。

(4) 实地坡长、宽度相差小于等于5m的典型扰动单元划分为同一计算单元,相差大于5m的划分为不同的计算单元。

(5) 地表植被覆盖度或砾石盖度相差小于等于10%的典型扰动单元划分为同一计算单元,相差大于10%的划分为不同的计算单元。

(6) 水土保持措施相同的典型扰动单元划分为同一计算单元,水土保持措施不同的划分为不同的计算单元。

(7) 有阻风设施且类型一致的典型扰动单元划分为同一计算单元,无阻风设施或类型不一致的划分为不同的计算单元。

(8) 上方有来水冲刷的典型扰动单元和无来水冲刷的典型扰动单元划分为不同的计算单元。

(9) 不同县域内或不同气象站控制范围内的典型扰动单元划分为不同的计算单元。

2. 水力作用下一般扰动地表预测单元划分要求

(1) 同一计算单元扰动前地形地貌和土地利用情况基本一致。

(2) 同一计算单元的扰动方式相同。

(3) 同一计算单元扰动后植被覆盖、土壤物理性状等相近。

(4) 计算单元的划分应反映施工进度的变化。当同一扰动下垫面地形条件、土地利用、植被覆盖等条件发生较大变化时,应视为多个计算单元,分别计算相应测算期的土壤流失量。

(5) 水力作用下工程开挖面划分计算单元时,应实地察看工程开挖面上方有无汇水面及截排水沟等拦截坡面径流措施,确定工程开挖面类型及相应的土壤流失量测算方法。

3. 水力作用下工程堆积体预测单元划分要求

(1) 堆积方式、堆积形态相似。

(2) 堆积体侵蚀外营力相同。

(3) 降水及土壤质地条件基本一致。

(4) 砾石含量基本一致。

4. 风力作用下预测单元划分要求

(1) 气象条件无显著差异。

(2) 土质相近,地表覆盖相似。

(3) 扰动面走向一致,扰动方式相似,扰动时间相近。

5.3.2 预测方法

5.3.2.1 水力作用下一般扰动地表土壤流失预测

1. 植被破坏型一般扰动地表土壤侵蚀模数预测

植被破坏型一般扰动地表计算单元土壤侵蚀模数公式为

第 5 章 水土流失的分析与预测

$$M_{YZ} = RKL_Y S_Y BET \tag{5.1}$$

式中 M_{YZ}——植被破坏型一般扰动地表计算单元土壤流失量，$t/(hm^2 \cdot a)$；

R——降雨侵蚀力因子，$MJ \cdot mm/(hm^2 \cdot h)$；

K——土壤可蚀性因子，$t \cdot hm^2 \cdot h/(hm^2 \cdot MJ \cdot mm)$；

L_Y——坡长因子，无量纲；

S_Y——坡度因子，无量纲；

B——植被覆盖因子，无量纲；

E——工程措施因子，无量纲；

T——耕作措施因子，无量纲。

(1) 降雨侵蚀力因子计算。

1) 可获得逐日降雨资料时，降雨侵蚀力因子 R 取值 R_r，按式 (5.2)~式 (5.4) 计算逐日降雨侵蚀力因子。获得逐日降雨侵蚀力因子后，根据实际需要，可累加逐日降雨侵蚀力因子值得到多日、多月和多年等不同时间尺度测算期的降雨侵蚀力因子。

$$R_r = \alpha (p_r)^\beta \tag{5.2}$$

$$\alpha = 21.586 \beta^{-7.182} \tag{5.3}$$

$$\beta = 0.836 + 17.144 p_{d12}^{-1} + 24.455 p_{Y12}^{-1} \tag{5.4}$$

式中 R_r——第 r 日的降雨侵蚀力因子，$MJ \cdot mm/(hm^2 \cdot h)$；

p_r——第 r 日的日降雨量，mm，需单日降雨量大于等于 12mm，否则按 0 计；

α、β——计算降雨侵蚀因子统计系数，无量纲；

p_{d12}——日降雨量大于等于 12mm 的日均雨量，mm；

p_{Y12}——坡度因子，无量纲。

2) 可获得月降雨资料时，降雨侵蚀力因子 R 取值 R_m，按式 (5.5) 计算逐月降雨侵蚀力因子。获得逐月降雨侵蚀力因子后，根据实际需要，可累加逐月降雨侵蚀力因子值得到多月和多年等。

$$R_m = 0.183 (p_m)^{1.996} \tag{5.5}$$

式中 R_m——第 m 月的降雨侵蚀力因子，$MJ \cdot mm/(hm^2 \cdot h)$；

p_m——第 m 月的降雨量，mm。

3) 获得年降雨资料时，降雨侵蚀力因子 R 取值 R_n。按式 (5.6) 计算年降雨侵蚀力因子。获得逐年降雨侵蚀力因子后，根据实际需要，可累加逐年降雨侵蚀力因子值得到多年降雨侵蚀力因子。

$$R_n = 0.053 (p_n)^{1.665} \tag{5.6}$$

式中 R_n——年降雨侵蚀力因子，$MJ \cdot mm/(hm^2 \cdot h)$；

p_n——年降雨量，mm。

4) 可获得多年平均降雨资料时，降雨侵蚀力因子 R 取值 R_d，按式 (5.7) 计算多年平均降雨侵蚀力因子。

$$R_d = 0.067 (p_d)^{1.627} \tag{5.7}$$

式中 R_d——多年平均降雨侵蚀力因子，$MJ \cdot mm/(hm^2 \cdot h)$；

5.3 水土流失的预测

p_d——多年平均降雨量,mm。

5) 无降雨资料时,宜优先采用项目所在地邻近气象站的降雨资料计算降雨侵蚀力因子。确无条件获取资料的,按《生产建设项目土壤流失量测算导则》(SL 773—2018)附录C选用计算单元所在县级行政区的降雨侵蚀力因子。

(2) 土壤可蚀性因子预测。

1) 采用标准小区实测资料计算土壤可蚀性因子时,应确保计算单元土壤类型与标准小区土壤类型相同,且实测资料序列不少于3年。土壤可蚀性因子按式(5.8)计算:

$$K = M_p / R_p \tag{5.8}$$

式中 M_p——标准小区实测时段土壤流失量,t/hm²;

R_p——标准小区相应实测时段的降雨侵蚀力因子,MJ·mm/(hm²·h),参照式(5.2)、式(5.3)和式(5.4)计算。

2) 若无标准小区观测资料,按照能否取样测试土壤粒径组成分别采用以下方法确定土壤可蚀性因子。

能够取样测试土壤粒径组成时,土壤可蚀性因子按式(5.9)计算:

$$K = [2.1 \times 10^{-4} (n_1 n_2 + n_1 n_3)^{1.14} (12 - OM) + 3.25(g_1 - 2) + 2.5(g_2 - 3)] / 759 \tag{5.9}$$

式中 n_1——粒径在0.002~0.1mm的土壤颗粒含量百分比,%;

n_2——粒径在0.002~0.05mm的土壤粉砂含量百分比,%;

n_3——粒径在0.05~2mm的土壤颗粒含量百分比,%;

OM——土壤有机质含量,%;

g_1——土壤结构等级,无量纲,可根据土壤团粒结构参考表5.8;

g_2——土壤渗透性等级,无量纲,可根据土壤粒径组成参考表5.9。

表5.8 土壤结构等级取值表

土 壤 结 构		土壤结构等级
团粒结构	<1mm,特细团粒	1
	1~2mm,细团粒	2
	2~10mm,中粗团粒	3
	>10mm,片状、块状和大块状	4

表5.9 土壤渗透性等级取值表

土质类型	砂粒(0.05~2mm)/%	粉粒(0.002~0.05mm)/%	黏粒(<0.002mm)/%	土壤渗透性等级
砂土	85~100	0~15	0~10	1
壤砂土	70~90	0~25	0~15	2
粉砂土	0~20	80~100	0~15	2
砂壤土	45~85	0~50	0~20	2
壤土	25~55	30~50	10~25	3

续表

土质类型	砂粒（0.05～2mm）/%	粉粒（0.002～0.05mm）/%	黏粒（<0.002mm）/%	土壤渗透性等级
粉壤土	0～50	50～85	0～25	3
砂黏壤土	45～80	0～30	20～35	4
黏壤土	20～45	15～50	25～40	4
粉砂黏壤土	0～20	40～75	25～40	5
砂黏土	45～65	0～20	35～50	5
粉砂黏土	0～20	40～60	40～60	6
黏土	0～45	0～40	40～100	6

（3）坡长因子。

按式（5.10）和式（5.11）计算：

$$L_y = (\lambda/20)^m \tag{5.10}$$

$$\lambda = \lambda_x \cos\theta \tag{5.11}$$

式中　λ——计算单元水平投影坡长，m，对一般扰动地表，水平投影坡长不大于 100m 时按实值计算，水平投影坡长大于 100m 按 100m 计算；

　　　θ——计算单元坡度，(°)，取值范围为 0°～90°；

　　　m——坡长指数，其中 $\theta \leqslant 1°$ 时，m 取 0.2；$1° < \theta \leqslant 3°$ 时，m 取 0.3；$3° < \theta \leqslant 5°$ 时，m 取 0.4；$\theta > 5°$ 时，m 取 0.5；

　　　λ_x——计算单元斜坡长度，m。

（4）坡度因子。

按式（5.12）计算。坡度 $0 \leqslant 35°$ 时按实际值计算，超过 35° 时按 35° 计算。坡度为 0° 时，S 取 0。

$$S_y = -1.5 + 17/[1 + e^{(2.3-6.1\sin\theta)}] \tag{5.12}$$

式中　e——自然对数的底，可取 2.72。

（5）植被覆盖因子。

1）一般扰动地表计算单元为草地或灌木林地时，采用照相法或目估法实地测量植被覆盖度，参考表 5.10 直接确定或运用线性插值方法确定植被覆盖因子值，灌草混合植被以灌木林地对待。

2）一般扰动地表计算单元为乔木林地时，采用照相法或目估法实地测量郁闭度和植被覆盖度，参考表 5.11 直接确定或运用线性插值方法确定植被覆盖因子值。乔灌草混合植被，以乔木林地对待。以乔木质量测量郁闭度，以灌草质量测量植被覆盖度。

3）一般扰动地表计算单元为农地时，植被覆盖因子值取 1。

（6）工程措施因子。计算某一测算期一般扰动地表土壤流失量时，应计算扰动前土壤流失量，作为计算一般扰动土地新增土壤流失量的背景值。如原地表有水土保持工程措施，则计算扰动前土壤流失量时，应考虑工程措施因子值。常见水土保持工程措施类型的工程措施因子可参考表 5.12 取值。没有水土保持工程措施时，工程措施因子值应取 1。

5.3 水土流失的预测

表 5.10　　　　　　　不同覆盖度草地、灌木林地植被覆盖因子参考值

覆盖度/%	草地植被覆盖因子	灌木林地植被覆盖因子	覆盖度/%	草地植被覆盖因子	灌木林地植被覆盖因子
0	0.516	0.614	55	0.058	0.053
5	0.418	0.410	60	0.042	0.040
10	0.345	0.310	65	0.035	0.033
15	0.267	0.250	70	0.028	0.027
20	0.242	0.200	75	0.020	0.020
25	0.200	0.180	80	0.013	0.013
30	0.170	0.150	85	0.010	0.010
35	0.140	0.130	90	0.006	0.006
40	0.110	0.105	95	0.003	0.003
45	0.100	0.095	100	0.003	0.003
50	0.073	0.065			

表 5.11　　　　　不同郁闭度和林下植被覆盖度乔木林地植被覆盖因子参考值　　　　　%

植被覆盖度	郁闭度																				
	0	5	10	15	20	25	30	35	40	45	50	55	60	65	70	75	80	85	90	95	100
0	0.450	0.444	0.438	0.432	0.426	0.420	0.414	0.408	0.402	0.396	0.390	0.384	0.378	0.372	0.366	0.360	0.354	0.348	0.342	0.336	0.330
5	0.388	0.382	0.377	0.372	0.367	0.362	0.357	0.352	0.347	0.342	0.337	0.332	0.327	0.322	0.317	0.312	0.307	0.302	0.297	0.292	0.287
10	0.325	0.321	0.317	0.313	0.309	0.305	0.301	0.297	0.293	0.289	0.285	0.280	0.276	0.272	0.268	0.264	0.260	0.256	0.252	0.248	0.244
15	0.263	0.259	0.256	0.253	0.250	0.247	0.244	0.241	0.238	0.235	0.232	0.229	0.226	0.223	0.219	0.216	0.213	0.210	0.207	0.204	0.201
20	0.200	0.198	0.196	0.194	0.192	0.190	0.187	0.185	0.183	0.181	0.179	0.177	0.175	0.173	0.171	0.169	0.166	0.164	0.162	0.160	0.158
25	0.176	0.174	0.172	0.171	0.169	0.167	0.165	0.163	0.162	0.160	0.158	0.156	0.154	0.152	0.151	0.149	0.147	0.145	0.143	0.142	0.140
30	0.152	0.150	0.149	0.147	0.146	0.144	0.143	0.141	0.140	0.138	0.137	0.135	0.134	0.132	0.131	0.129	0.128	0.126	0.125	0.123	0.122
35	0.128	0.127	0.126	0.124	0.123	0.122	0.121	0.119	0.118	0.117	0.116	0.114	0.113	0.112	0.111	0.109	0.108	0.107	0.106	0.104	0.103
40	0.104	0.103	0.102	0.101	0.100	0.099	0.098	0.097	0.096	0.095	0.095	0.094	0.093	0.092	0.091	0.090	0.089	0.088	0.087	0.086	0.085
45	0.089	0.088	0.087	0.086	0.085	0.085	0.084	0.083	0.082	0.082	0.081	0.080	0.079	0.079	0.078	0.077	0.076	0.076	0.075	0.074	0.073
50	0.073	0.072	0.072	0.071	0.071	0.070	0.070	0.069	0.069	0.068	0.068	0.067	0.067	0.066	0.066	0.065	0.064	0.064	0.063	0.063	0.062
55	0.058	0.057	0.057	0.056	0.056	0.056	0.055	0.055	0.054	0.054	0.054	0.053	0.053	0.052	0.052	0.052	0.051	0.051	0.051	0.050	0.050
60	0.042	0.042	0.042	0.041	0.041	0.041	0.041	0.041	0.040	0.040	0.040	0.040	0.040	0.039	0.039	0.039	0.039	0.039	0.038	0.038	0.038
65	0.035	0.035	0.034	0.034	0.034	0.034	0.034	0.034	0.033	0.033	0.033	0.033	0.033	0.033	0.033	0.033	0.032	0.032	0.032	0.032	0.032
70	0.028	0.027	0.027	0.027	0.027	0.027	0.027	0.027	0.027	0.027	0.026	0.026	0.026	0.026	0.026	0.026	0.026	0.025	0.025	0.025	0.025
75	0.020	0.020	0.020	0.020	0.020	0.020	0.020	0.020	0.020	0.019	0.019	0.019	0.019	0.019	0.019	0.019	0.019	0.019	0.019	0.019	0.019
80	0.013	0.013	0.013	0.013	0.013	0.013	0.013	0.013	0.013	0.013	0.013	0.013	0.012	0.012	0.012	0.012	0.012	0.012	0.012	0.012	0.012
85	0.010	0.010	0.010	0.010	0.010	0.010	0.010	0.009	0.009	0.009	0.009	0.009	0.009	0.009	0.009	0.009	0.009	0.009	0.009	0.009	0.009
90	0.006	0.006	0.006	0.006	0.006	0.006	0.006	0.006	0.006	0.006	0.006	0.006	0.006	0.006	0.006	0.006	0.006	0.006	0.006	0.006	0.006
95	0.003	0.003	0.003	0.003	0.003	0.003	0.003	0.003	0.003	0.003	0.003	0.003	0.003	0.003	0.003	0.003	0.003	0.003	0.003	0.003	0.003
100	0.003	0.003	0.003	0.003	0.003	0.003	0.003	0.003	0.003	0.003	0.003	0.003	0.003	0.003	0.003	0.003	0.003	0.003	0.003	0.003	0.003

第 5 章　水土流失的分析与预测

表 5.12　　　　　　　　　　　工程措施因子参考值

水土保持工程措施	水平梯田	坡式梯田	隔坡梯田	波浪式梯田	水平阶	水平沟	鱼鳞坑	大型果树穴
工程措施因子	0.100	0.414	0.347	0.414	0.151	0.335	0.249	0.160

（7）耕作措施因子。计算某一测算期一般扰动地表土壤流失量时，如原地表为农地，则计算扰动前土壤流失量时，应考虑耕作措施因子值，可参考表 5.13 和表 5.14 取值。耕作措施因子值按式（5.13）计算。一般扰动地表原地表若为非农地时，耕作措施因子值取 1。

$$T = T_1 T_2 \tag{5.13}$$

式中　T_1——整地及种植方式因子，无量纲；

　　　T_2——轮作制度因子，无量纲。

表 5.13　　　　　　　　整地及种植方式因子 T_1 参考值

水土保持耕作措施	等高耕作	等高沟垄种植	垄作区田	掏钵种植	抗旱丰产沟	中耕培垄	留茬少耕	免耕
整地及种植方式因子	0.431	0.425	0.152	0.499	0.213	0.499	0.212	0.136

表 5.14　　　　　　　　　轮作制度因子 T_2 参考值

耕　作　区		轮作制度因子	耕　作　区		轮作制度因子
一熟耕作区	青藏高原区	0.27	二熟耕作区	西南中高原山地区	0.42
	北部中高原区	0.49		江淮平原区	0.38
	北部低高原区	0.42		四川盆地区	0.42
	东北平原区	0.33	三熟耕作区	东南丘陵山地区	0.36
	西北干旱区	0.28		华南丘陵区	0.46
二熟耕作区	黄淮海平原区	0.40		长江中下游平原丘陵区	0.33

2. 植被破坏型一般扰动地表计算单元新增土壤流失预测

（1）原有植被为乔木林地、灌木林地或草地。

原有植被为乔木林地、灌木林地或草地时，植被破坏型一般扰动地表计算单元新增土壤侵蚀模数按式（5.14）和式（5.15）计算：

$$\Delta M_{yz} = RKL_y S_y \Delta BE \tag{5.14}$$

$$\Delta B = B - B_0 \tag{5.15}$$

式中　ΔM_{yz}——植被破坏型一般扰动地表计算单元新增土壤侵蚀模数，$t/(hm^2 \cdot a)$；

　　　ΔB——一般扰动地表计算单元扰动前后植被覆盖因子变化量，无量纲；

　　　B_0——一般扰动地表计算单元扰动前的植被覆盖因子，无量纲。

（2）原有植被为农作物。

原有植被为农作物时，植被破坏型一般扰动地表计算单元新增土壤侵蚀模数按式（5.16）和式（5.17）计算。其中 R 取值为一般扰动地表计算单元植被破坏后的计算时段内的降雨侵蚀力因子。

$$\Delta M_{yz} = RKL_y S_y \Delta T \tag{5.16}$$

$$\Delta T = T - T_0 \tag{5.17}$$

式中 ΔT——一般扰动地表计算单元扰动前后耕作措施因子变化量，无量纲；

T_0——一般扰动地表计算单元扰动前的耕作措施因子，无量纲。

3. 地表翻扰型一般扰动地表土壤侵蚀模数预测

地表翻扰型一般扰动地表计算单元土壤侵蚀模数按式（5.18）和式（5.19）计算：

$$\Delta M_{yd} = RK_{yd}L_y S_y BET \tag{5.18}$$

$$K_{yd} = NK \tag{5.19}$$

式中 ΔM_{yd}——地表翻扰型一般扰动地表计算单元土壤侵蚀模数，t/(hm²·a)；

K_{yd}——地表翻扰后土壤可蚀性因子，t·hm²·h/(hm²·MJ·mm)；

N——地表翻扰后土壤可蚀性因子增大系数，无量纲。

(1) 地表翻扰后土壤可蚀性因子增大系数。

地表翻扰后土壤可蚀性因子增大系数宜通过分别布设与扰动前和扰动后下垫面状况、坡长、坡度等均相同的径流小区，实测扰动前和扰动后径流小区的土壤流失量并进行对比，扰动后径流小区与扰动前径流小区土壤流失量的比值即为地表翻扰后土壤可蚀性因子增大系数。小区实测资料序列应不少于 2 年。无条件实测时可取值 2.13。

(2) 地表翻扰后植被类型计算。

1) 原有植被为乔木林地、灌木林地或草地时，地表翻扰型一般扰动地表计算单元新增土壤侵蚀模数按式（5.20）计算：

$$\Delta M_{yd} = (NBE - B_0 E_0)RKL_y S_y \tag{5.20}$$

式中 ΔM_{yd}——地表翻扰型一般扰动地表计算单元新增土壤侵蚀模数，t/(hm²·a)；

E_0——一般扰动地表计算单元扰动前的工程措施因子，无量纲。

2) 原有植被为农作物时，地表翻扰型一般扰动地表计算单元新增土壤侵蚀模数按式（5.21）计算：

$$\Delta M_{yd} = (NET - E_0 T_0)RKL_y S_y \tag{5.21}$$

5.3.2.2 上方无来水工程开挖面土壤侵蚀模数预测

上方无来水工程开挖面土壤侵蚀模数：

$$M_{kw} = RG_{kw}L_{kw}S_{kw} \tag{5.22}$$

式中 M_{kw}——上方无来水工程开挖面计算单元土壤侵蚀模数，t/(hm²·a)；

G_{kw}——上方无来水工程开挖面土质因子，t·hm²·h/(hm²·MJ·mm)；

L_{kw}——上方无来水工程开挖面坡长因子，无量纲；

S_{kw}——上方无来水工程开挖面坡度因子，无量纲。

(1) 上方无来水工程开挖面土质因子按式（5.23）计算：

$$G_{kw} = 0.004 e^{\frac{4.28SIL(1-CLA)}{\rho}} \tag{5.23}$$

式中 ρ——土体密度，g/cm³；

G_{kw}——粉粒（0.002~0.05mm）含量，取小数。

(2) 上方无来水工程开挖面坡长因子按式（5.24）计算：

$$L_{kw}=(\lambda/5)^{-0.57} \quad (5.24)$$

(3) 上方无来水工程开挖面坡度因子按式（5.25）计算：

$$S_{kw}=0.80\sin\theta+0.38 \quad (5.25)$$

5.3.2.3 上方有来水工程开挖面土壤侵蚀模数

按式（5.26）计算，如无降雨发生，M 取 0：

$$M_{ky}=F_{ky}G_{ky}L_{ky}S_{ky}+M_{kw} \quad (5.26)$$

式中 M_{ky}——上方有来水工程开挖面计算单元土壤侵蚀模数，$t/(hm^2 \cdot a)$；

F_{ky}——上方有来水工程开挖面径流冲蚀力因子，MJ/hm^2；

G_{ky}——上方有来水工程开挖面土质因子，$t \cdot hm^2/(hm^2 \cdot MJ)$；

L_{ky}——上方有来水工程开挖面坡长因子，无量纲；

S_{ky}——上方有来水工程开挖面坡度因子，无量纲。

(1) 上方有来水工程开挖面径流冲蚀力因子按式（5.27）计算：

$$F_{ky}=10000W^{0.95} \quad (5.27)$$

(2) 上方有来水工程开挖面土质因子按式（5.28）计算：

$$G_{ky}=0.004e^{\frac{1.86SIL(1-CLA)}{\rho}} \quad (5.28)$$

式中 ρ——土体密度，g/cm^3；

G_{ky}——粉粒（$0.002\sim0.05mm$）含量，取小数。

(3) 上方有来水工程开挖面坡长因子按式（5.29）计算：

$$L_{ky}=(\lambda/5)^{-0.73} \quad (5.29)$$

(4) 上方有来水工程开挖面坡度因子按式（5.30）计算：

$$S_{ky}=1.18\sin\theta+0.10 \quad (5.30)$$

5.3.2.4 水力作用下工程堆积体土壤侵蚀模数预测

(1) 上方无来水工程堆积体土壤侵蚀模数按式（5.31）计算：

$$M_{dw}=XRG_{dw}L_{dw}S_{dw}A \quad (5.31)$$

式中 M_{dw}——上方无来水工程开挖面计算单元土壤侵蚀模数，$t/(hm^2 \cdot a)$；

X——工程堆积体形态因子，无量纲；

R——降雨侵蚀力因子，$MJ \cdot mm/(hm^2 \cdot h)$；

G_{dw}——上方无来水工程堆积体土石质因子，$t \cdot hm^2 \cdot h/(hm^2 \cdot MJ \cdot mm)$；

L_{dw}——上方无来水工程堆积体坡长因子，无量纲；

S_{dw}——上方无来水工程堆积体坡度因子，无量纲。

1) 锥形堆积体形态因子取 0.92，侵蚀面为倾斜平面的堆积体形态因子取 1。

2) 降雨侵蚀力因子 R 为工程堆积体形成后计算时段内的降雨侵蚀力，可参照一般扰动地表降雨侵蚀力计算公式计算。

3) 工程堆积体土石质因子 G 按式（5.32）计算：

$$G_{dw}=a_1e^{b_1\delta} \quad (5.32)$$

式中 δ——计算单元侵蚀面土体砾石含量，重量百分数，取小数（如 0.1、0.2）；

5.3 水土流失的预测

a_1、b_1——上方无来水工程堆积体土石质因子系数，按表5.15的规定取值。

表5.15　　　　　上方无来水工程堆积体土石质因子系数取值表

土 质 类 型	a_1	b_1
砂壤土	0.075	−3.570
壤土	0.046	−3.379
黏土	0.023	−2.297

注　黏壤土参照壤土取值，砂土、粉土参照砂壤土取值。

4）坡度因子按式（5.33）计算：

$$S_{kw}=(\theta/25)^{d_1} \tag{5.33}$$

式中　d_1——上方无来水工程堆积体坡度因子系数，按表5.16的规定取值。

5）坡长因子按式（5.34）计算：

$$L_{dw}=(\lambda/5)^{f_1} \tag{5.34}$$

式中　f_1——上方无来水工程堆积体坡长因子系数，按表5.16的规定取值。

表5.16　　　　上方无来水工程堆积体坡度因子、坡长因子系数取值表

坡 度 因 子		坡 长 因 子	
土质类型	d_1	土质类型	f_1
砂壤土	1.212	砂壤土	0.751
壤土	1.245	壤土	0.632
黏土	1.259	黏土	0.596

注　黏壤土参照壤土取值，砂土、粉土参照砂壤土取值。

（2）上方有来水工程堆积体土壤侵蚀模数按式（5.35）计算，如无降雨发生，M取0。

$$M_{dy}=F_{dy}G_{dy}L_{dy}S_{dy}A+M_{dw} \tag{5.35}$$

式中　M_{dy}——上方有来水工程堆积体计算单元土壤侵蚀模数，t/(hm²·a)；

F_{dy}——上方有来水工程堆积体径流冲蚀力因子，MJ/hm²；

G_{dy}——上方有来水工程堆积体土石质因子，t·hm²/(hm²·MJ)；

L_{dy}——上方有来水工程堆积体坡长因子，无量纲；

S_{dy}——上方有来水工程堆积体坡度因子，无量纲。

1）上方有来水工程堆积体径流冲蚀力因子按式（5.36）计算：

$$F_{dy}=10000W^{0.95} \tag{5.36}$$

式中　W——上方单宽次来水总量，m³/m。

2）上方有来水工程堆积体土质因子按式（5.37）计算：

$$G_{dw}=a_2 e^{b_2\delta} \tag{5.37}$$

式中　a_2、b_2——上方无来水工程堆积体土石质因子系数，按表5.17的规定取值。

第 5 章 水土流失的分析与预测

表 5.17　　　　　上方无来水工程堆积体土石质因子系数取值表

土 质 类 型	a_2	b_2
砂壤土	0.064	−1.71
壤土	0.053	−1.95
黏土	0.029	−1.95

注　黏壤土参照壤土取值，砂土、粉土参照砂壤土取值。

3) 坡度因子按式 (5.38) 计算：

$$S_{ky} = (\theta/25)^{d_2} \tag{5.38}$$

式中　d_2——上方无来水工程堆积体坡度因子系数，按表 5.18 的规定取值。

4) 坡长因子按式 (5.39) 计算：

$$L_{ky} = (\lambda/5)^{-f_2} \tag{5.39}$$

式中　f_2——上方无来水工程堆积体坡长因子系数，按表 5.18 的规定取值。

表 5.18　　　上方无来水工程堆积体坡度因子、坡长因子系数取值表

坡 度 因 子		坡 长 因 子	
土质类型	d_2	土质类型	f_2
砂壤土	1.501	砂壤土	−0.902
壤土	1.787	壤土	−0.869
黏土	3.208	黏土	−0.472

注　黏壤土参照壤土取值，砂土、粉土参照砂壤土取值。

5.3.2.5　水土流失量预测

(1) 水力侵蚀土壤流失量预测。

水土流失量预测按式 (5.40) 计算，当预测单元侵蚀强度恢复到原地貌土壤侵蚀模数以下时，不再计算。

$$W = \sum_{j=1}^{2} \sum_{i=1}^{n} (F_{ji} M_{ji} T_{ji}) \tag{5.40}$$

式中　W——土壤流失量，t；

　　　j——预测时段，$j=1,2$，即指施工期（含施工准备期）和自然恢复期两个时段；

　　　i——预测单元，$i=1,2,3,\cdots,n-1,n$；

　　　F_{ji}——第 j 个预测时段、第 i 个预测单元的面积，km^2；

　　　M_{ji}——第 j 个预测时段、第 i 个预测单元的土壤侵蚀模数，$t/(hm^2 \cdot a)$；

　　　T_{ji}——第 j 个预测时段、第 i 个预测单元的预测时长，a。

(2) 弃土 (渣) 流失量预测。

对于弃土 (渣) 流失量的预测，同样以不采取任何措施为前提，如前所述，这里指的是以主体工程设计为依据，并不是没有任何边界条件。现将主要预测方法和注意事项简述如下：

1) 将堆土 (渣) 体分成坡面和平面 (顶面)，并按相应的面积 (投影面积)、土壤侵蚀模数和堆放时间的乘积来估算流失量。计算公式为

$$Z = \sum_{i=1}^{n} (S_{1i} \times M_{1i} + S_{2i} \times M_{2i}) \times T_i \tag{5.41}$$

式中 Z——弃土（渣）流失量，t；
i——预测单元，$i=1,2,3,\cdots,n-1,n$；
S_{1i}——第 i 个预测单元堆渣体坡面的投影面积，km^2；
S_{2i}——第 i 个预测单元堆渣体顶面的投影面积，km^2；
M_{1i}——第 i 个预测单元堆渣体坡面的土壤侵蚀模数，$t/(km^2 \cdot a)$；
M_{2i}——第 i 个预测单元堆渣体顶面的土壤侵蚀模数，$t/(km^2 \cdot a)$；
T_i——第 i 个预测单元的预测时段长度，a。

这里需强调的是：随着弃土（渣）量的增加，相应弃土（渣）外表面积逐年发生变化时，应分年度进行计算和预测，此时单元预测时段长度为 1a；预测参数选取时宜采用相似地区科研资料分析确定，没有资料的地区需类比实测。对于缺乏资料地区，也可采用专家估判与实测相结合的方法获取。

2）不提倡采用流弃比法来估算弃土（渣）的流失量，如若使用流弃比法，则需说明参数取值来源，并应结合工程堆土（渣）时序与堆渣数量以及随时间变化的实际情况进行估算。

3）未经河道部门批准将土、渣弃于河滩、沟道的，属非法行为；若经批准堆置于河滩，但因超过设防标准导致弃渣被洪水冲刷者，应列入水土流失灾害性事故的预测评估中，不作为水土流失处理。

5.3.3 预测时段

(1) 预测时段应分施工期（含施工准备期）和自然恢复期。

(2) 各预测单元施工期和自然恢复期应根据施工进度分别确定；施工期为实际扰动地表时间；土壤侵蚀强度自然恢复到扰动前土壤侵蚀强度所需要的时间，应根据当地自然条件确定，一般情况下湿润区取 2 年，半湿润区取 3 年，干旱半干旱区 5 年。

(3) 施工期预测时间应按连续 12 个月为一年计；不足 12 个月，但达到 1 个雨（风）季长度的，按 1 年计；不足 1 个雨（风）季长度的，按占 1 个雨（风）季长度的比例计算。

5.3.4 预测结果

1. 扰动地表面积

根据该项目设计资料结合主体施工扰动程序，确定扰动地表面积。

2. 弃土（石、渣）量预测

根据弃土（石、渣）来源、类型及物质组成特征，分析现阶段弃土（石、渣）的情况，并预测项目生产和建设过程中新产生的弃土（石、渣）情况。

3. 可能产生的水土流失量

(1) 施工期水土流失预测。该项目施工期水土流失面积，原地表水土流失量，可能造成的水土流失量，新增水土流失量。

(2) 建设期水土流失预测。该项目造地建设期水土流失面积，原地表水土流失量，可能造成的水土流失量，新增水土流失量。

(3) 自然恢复期水土流失预测。该项目自然恢复期水土流失面积（其中第 1~2 年、第 3~4 年、第 5~6 年等），原地表水土流失量，可能造成的水土流失量，新增水土流失量。

(4) 水土流失总量及新增水土流失总量。通过对项目施工期、自然恢复期和造地建设期水土流失预测，该项目建设可能造成水土流失总量，新增水土流失量。

表5.19 施工期、建设期及自然恢复期水土流失量预测表

项目组成		土壤侵蚀背景值 /[t/(km²·a)]	扰动侵蚀模数 /[t/(km²·a)]				侵蚀面积/hm²				侵蚀时间/a				背景流失量/t	预测流失量/t	新增流失量/t
一级分区	二级分区		建设期	造地建设期	自然恢复期		第1~2年	第3~4年	第5~6年	第7~8年	建设期	造地建设期	自然恢复期				
			第1年	平均侵蚀3.5年	第1年	第2年					第1年	平均侵蚀3.5年	第1(3、5、7)年	第2(4、6、8)年			
	预测时段																
造地复垦区	建设期																
	造地建设期																
	自然恢复期																
拦挡工程区	1号挡土墙工程区	建设期															
		自然恢复期																
	2号挡土墙工程区	建设期															
		自然恢复期																
	3号挡土墙工程区	建设期															
		自然恢复期																
建设期合计																	
造地建设期合计																	
自然恢复期合计																	
合计																	

本 章 思 考 题

1. 生产建设项目水土流失的危害应该从哪几个方面分析？
2. 生产建设项目水土流失分区的原则是什么？
3. 生产建设项目水土流失预测单元如何划分？
4. 生产建设项目水土流失预测时段如何确定？
5. 简述水土流失预测单元施工期和自然恢复期确定方法。

第6章 生产建设项目水土流失防治措施

6.1 水土流失防治责任范围

6.1.1 定义

水土流失防治责任范围是指生产建设单位依法应承担水土流失防治义务的区域，应包括项目永久征地、临时占地（含租赁土地）以及其他使用和管辖区域。

6.1.2 防治责任范围界定

水土流失防治责任范围界定的原则和要求如下：

（1）贯彻"谁开发谁保护，谁造成水土流失谁负责治理"的原则。

（2）根据主体设计文件，项目水土流失防治责任范围应以主体工程布置、施工组织设计、工程建设征地与移民安置规划为基础，通过查阅资料、图纸量算和调查确定。

（3）水土流失防治责任范围及面积应按县级行政区确定，对跨县级以上行政区的项目应予以文件说明并附防治责任范围表。

（4）涉及移民安置的，集中建村建镇安置所需的征用地面积应计入防治责任范围，分散、插户、货币安置的则不计入。

（5）经对主体工程水土保持分析评价，弃土（石、渣）场、取土（石、砂）场、工程布置等需增加或减少的征地面积和区域，相应核增（减）水土流失防治责任范围。

（6）对应水土流失防治一级分区，应逐一列出相应水土流失防治责任范围（面积），二级分区仅需说明数量。

6.2 水土流失防治区划分

6.2.1 分区目的

水土流失防治分区是指根据项目组成、平面布置、功能布局、施工组织及水土流失特点等对生产建设项目建设范围进行的区域划分，分区的目的是合理布设防治措施，便于有差异性地进行水土流失分析和防治措施布设，便于分区分类进行典型措施设计，便于与主体工程设计有效衔接。

6.2.2 分区依据

在水土流失防治责任范围内，根据项目组成、繁简程度、功能布局、建筑物型式、工程总体布置和施工布置、施工扰动方式和时序、地形地貌、气候类型及水土流失特点与危

6.2 水土流失防治区划分

害影响等对生产建设项目建设范围进行区域划分。点型工程宜按工程总体布置和施工布置划分。线型工程宜按地形地貌、水土流失类型及工程项目组成确定分级体系，其中一级防治分区宜根据土壤侵蚀类型、地形地貌、气候类型、水土流失类型划分，二级防治分区及其以下分区宜按工程布置、施工布置划分。

6.2.3 分区原则

1. 差异性原则

各防治分区之间的自然条件、造成水土流失的影响因素、水土流失特点要具有显著的差异性。

2. 相似性原则

同一防治分区内造成水土流失的主导因子和拟采取的防治措施布局或方向应相近或相似。

3. 整体性和协调性原则

各防治分区要覆盖整个防治责任范围，并考虑各分区的相对集中和完整。工程规模大、建设内容组成复杂时，分区宜与主体工程项目划分相协调。

4. 系统性和关联性原则

各级分区应层次分明，具有系统性和关联性。防治区可划分为一级或多级，一级分区应具有控制性、整体性、全局性，二级分区及其以下分区应根据防治措施设计的需要，结合工程占地性质和扰动特点进行逐级分区。

6.2.4 分区方法

生产建设项目水土流失防治分区主要采取实地调查勘测、资料收集与数据分析相结合的方法。

1. 实地调查勘测

采用GPS定位仪、全站仪、无人机等测量工具，结合项目区实测地形图、遥感影像图，实地调查项目区土地利用现状，植被覆盖程度和类型，水土保持设施数量和面积，工程建设占地、扰动面积，工程土石方挖填数量、面积，弃土（石、渣）量及堆放面积等。

2. 资料收集

收集与项目区水土流失防治分区相关的资料，如项目区水土流失程度分区，地形地貌、土壤侵蚀、气候、植被覆盖类型，流域水系、水文气象特点，降雨量、降雨历时和降雨强度，水土保持现状设施的数量和面积等。

3. 数据分析

对项目区实地调查和收集资料进行分析统计，得出水土流失分析结果，为项目区水土流失防治分区提供依据。

6.2.5 分区结果

结合项目实际，根据分区依据、原则和方法，采用文字简述水土流失防治分区情况，辅以图、表说明。常见生产建设项目水土流失防治一级分区可参考表6.1。

第6章　生产建设项目水土流失防治措施

表6.1　　　　　　　常见生产建设项目水土流失防治一级分区参考

项目类别	水土流失防治一级分区
水利水电工程（含航电枢纽）	枢纽工程区、永久办公生活区、引（供）水工程区、灌溉工程区、发电厂房区、输电线路区、交通道路区、料场区、渣场区、施工生产生活区、移民安置及专项设施复（迁、改）建区、水库淹没区、附属系统区
风力发电项目	风机区、升压站区、集电线路区、交通道路区、附属系统区、施工生产生活区、料场区、渣场区
光伏电站项目	光伏阵列区、交通道路区、集电线路区、升压站区、施工生产生活区、附属系统区
火电站	办公生活区、生产区、灰场区、施工生产生活区、道路工程区、供水工程区
高速公路	路基工程区、桥梁工程区、隧道工程区、线路交叉工程区、沿线设施区、互通工程区、施工生产生活区、料场区、渣场区、移民安置及专项设施迁改建区
航运工程	停靠点工程区、航道治理区、航标工程区、交通道路区、施工生产生活区、料场区、弃渣场区、服务区
井采矿项目	办公生活区、生产及辅助生产区、风井地区、排渣（矸、土、石）场区、交通道路区、附属系统区、废弃场地区
露采矿项目	工业场地区、露天开采区、交通道路区、排渣（矸、土、石）场区、附属系统区、施工生产生活区
输气（油）工程	站场区、输气（油）管线区、交通道路区、施工生产生活区、附属系统区
输变电工程	变电站区、塔基区、人抬便道区、牵张场地区、施工生产生活区、拆除塔基区
污水处理厂	污水处理厂区、污水管网、污泥堆放区、交通道路区、施工生产生活区
垃圾填埋工程	填埋场区、管理区、调节池区、渗滤液处理站区、取土场区、进场道路区、附属系统区
生物质能源项目	生产厂区、办公生活区、运料道路区、附属系统区、渣场区、料场区
水泥厂	办公生活区、厂区、矿山区、交通道路区、附属系统区
工业与民用建筑项目	原则上分区应连片，有组团的优先组团一级分区，其他可按功能、组成分区
洗选项目（如洗煤厂）	办公生活区、生产区、原料堆放区、排矸场区、附属系统区

6.3　水土流失防治措施总体布局

6.3.1　水土流失防治目标及标准

1. 防治目标

（1）项目建设范围内的新增水土流失应得到有效控制，原有水土流失得到治理。

（2）项目区水土保持设施应安全有效。

（3）项目区水土资源、林草植被应得到最大限度的保护与恢复，生态环境应得到改善。工程管理范围植物措施标准应兼顾区域规划、运行管理要求，工程穿越城镇区域应兼顾城市规划要求。

2. 防治标准

项目水土流失防治标准应按照水土流失防治分区，根据项目建设需要，分区、分时段

6.3 水土流失防治措施总体布局

制定,定量与定性相结合。其中水土流失治理度、土壤流失控制比、渣土防护率、表土保护率、林草植被恢复率、林草覆盖率六项定量指标应符合《生产建设项目水土流失防治标准》(GB/T 50434—2018)的规定,并根据《生产建设项目水土保持技术标准》(GB 50433—2018),对无法避让水土流失重点预防区和重点治理区的生产建设项目,需提高植物措施标准,林草覆盖率应提高1%~2%。

6.3.2 措施总体布局要求

水土保持措施总体布局应根据工程区位条件、工程任务和规模、自然条件,结合工程实际、工程总体布置、项目特征和项目区域水土流失特点,因地制宜,因害设防,拟定措施总体布局,确定综合防治措施体系。

水土保持措施总体布局应结合主体工程水土保持分析评价、水土流失预测内容及结论,拟定措施总体布局。

项目建设区除建(构)筑物、道路等硬化地面外,各类开挖面、填筑面、弃渣场、料场、闲置地等土壤流失强度超过容许土壤流失量的区域均应进行水土流失治理,布置相应水土保持措施。

6.3.3 措施总体布局原则

1. 预防为主、保护优先

水土保持措施布局应坚持"预防为主、保护优先"原则,在保护中开发,在发展中保护。水土保持措施布设应具有前瞻性,加强水土流失重点区域的预防和治理,以水土流失类型区划分为基础,针对其水土流失特点,充分借鉴当地水土保持的实施经验,趋利避害、合理配置、科学设计。

2. 因地制宜、因害设防

根据项目建设可能造成的水土流失情况,本着"宜林则林、宜草则草、宜工程防护则工程防护"的原则合理布局,并注重水土流失防治措施体系的协调性,形成有效的综合防护措施体系。

3. 分类布局、分区防治

充分研究主体工程设计资料,结合现场调查勘测,根据各防治区的差异性和功能的不同,分类布局、分区设计,力求使各项措施设计更为合理、可行。

4. 尊重自然、生态优先

水土保持措施总体布局应突出生态优先理念,工程建设应尽量减少对原地貌和地表植被的破坏。在措施布局上,将生态环境保护与恢复作为水土保持的一项治本工作,优先考虑林草植被恢复,控制水土流失与合理利用水土资源、保护和恢复土地生产力有机结合起来,尽可能考虑项目区周边自然环境因素,尽量用植物措施替代防护标准较低的工程措施,减少工程防护措施数量,使新增水保措施与周边环境浑然一体、协调一致。

5. 统筹安排、整体防护

充分研究主体工程设计资料,从全面系统的角度,统筹考虑新增水土保持措施与主体设计的衔接,互为补充,工程措施、植物措施和临时防护措施有机结合,形成一个整体的综合防治系统。

6. 突出重点、技术经济

(1) 通过水土流失预测划分重点防治区，综合配套工程措施、植物措施和临时防护措施，防治方案力求合理、经济、适用。

(2) 注重施工期的临时防护布设，充分发挥临时措施的先导作用，对临时堆土、裸露地表应及时防护。

(3) 减少建设及运行过程中人为扰动和弃土（石、渣）的数量与占地，注重弃土（石、渣）场、取土（石、砂）场的防护，弃土（石、渣）应优先考虑综合利用。

(4) 兼顾生态保护、防灾减灾和主体工程安全需要，使水土保持措施布局、主体工程建设和项目区社会经济发展融为一体。

(5) 注重表土资源保护。

(6) 注重降水排导、集蓄利用以及排水与下游的衔接，防止对下游造成危害。

(7) 注重地表防护，防止地表裸露，优先布设植物措施，限制硬化面积。

(8) 注重耕地、林地、草地和农田排灌水渠的恢复，保护和改善项目区农业生产条件。

6.3.4 水土流失防治措施体系

6.3.4.1 水土流失防治措施体系内容及要求

水土流失防治措施体系应包含主体工程已有的水土保持措施，应同4.3节"主体工程设计中水土保持工程的分析评价"内容相对应。

水土流失防治措施布设应结合各防治分区特点和各类水土保持措施的适用条件，在各区内不同部位布设相应的水土保持措施，分工程措施、植物措施和临时措施。在项目水土保持评价基础上，通过现场调查，结合工程实际，借鉴当地类似项目的水土流失防治经验，提出需补充、完善和细化的防治措施，形成水土流失防治措施体系，按末级分区编制项目水土流失防治措施体系表，绘制项目水土流失防治措施体系框图，明确反映主体设计的水土保持措施和新增的水土保持措施。

6.3.4.2 常见水土流失防治分区措施体系布设重点

1. 主体工程区

(1) 工程措施应与主体设计相衔接和协调，布设拦挡、护坡、截排水、土地整治等措施。

(2) 在分析主体工程总体布置和建筑物及道路等设施占地情况的基础上，确定配置植物措施的区段，并根据各区段水土流失防治及运行管理的要求、立地条件确定植物措施的布局。

(3) 主体工程区内的临时设施宜永临结合，统筹布设临时防护措施。

2. 办公生活区

根据运行管理和景观的要求，结合项目区自然条件，进行草坪建植、喷播绿化、植生袋绿化、观赏乔灌花卉种植、雨水集蓄利用、配套灌溉等措施的布局。

3. 弃渣场区

(1) 综合工程安全、施工条件、材料来源等因素，从防护措施类型、防护效果、投资等方面进行方案比选，提出推荐方案。

6.3 水土流失防治措施总体布局

(2) 根据弃渣场位置、类型、地形、渣体稳定及周边安全、弃渣场后期利用方向等因素，结合弃渣土石组成、气候条件等因素，选择与布置水土流失防治措施。

(3) 耕地紧缺的农村地区，弃渣场顶部应优先复耕，复耕困难或离居民点距离较远不便耕种时应布设水土保持植物措施。

(4) 对有可利用表土资源的弃渣场，应在弃渣前剥离表土层，暂存并采取相应临时拦挡、临时排水和临时覆盖等措施。

4. 料场区

(1) 料场应结合地形地貌、地质、覆盖层、土地利用现状及植被生长情况，会同施工组织设计、建设征地与移民安置等，拟定开采方式、取料厚度、边坡坡度、无用层剥离及表土保护、征地性质及后期恢复利用方向。

(2) 料场应采取分台阶开采方式，不能利用台阶式开采的，应当自上而下分层顺序开采。对于稳定性差的岩石坡面应采取喷浆固坡、锚杆支护、喷锚加筋支护等防护措施，有条件的应与植物措施相结合。

(3) 根据当地降水条件和周边来水情况布置截排水设施。

(4) 料场应根据覆盖层厚度及组成、土地利用现状、后期利用方向布设土地整治、复耕和植被恢复措施，以及必要的表土剥离及防护措施；表土剥离应与无用层剥离相结合，还可根据具体情况布设临时拦挡、苫盖、排水等措施。

(5) 料场开采过程中的废弃料应设相应的水土流失防治措施。

5. 施工营地区

(1) 根据施工期及季节、降水条件、占地面积、地形条件，在其周边及场区内布设临时排水措施；场区内的堆料场应布设临时拦挡或覆盖措施；施工期较长的，临时生活区可采用临时绿化措施；对永临结合的生活区可采用绿化美化措施。

(2) 根据施工生产生活区的占地类型及土地最终利用方向，应采取土地整治、复耕和植被恢复措施；对于西北风沙区，应布设必要的压盖措施。

6. 道路工程区

(1) 涉及山体开挖的施工道路，应布设边坡防护、弃渣拦挡、截排水及植被恢复等措施。

(2) 临时施工道路应根据地形条件、降水条件、对周边的影响等布设临时排水、挡护措施。结合后期利用方向，布设土地整治、植被恢复或复耕措施。

(3) 永临结合的施工道路宜布设永久性排水和植物措施，涉及山区道路及上堤（坝）道路的应布设道路上边坡和下游侧坡面的防护。

(4) 西北风沙区施工期较长的施工道路两侧宜采取砾石压盖、草格沙障等防护措施。

6.3.5 措施总体布局成果

水土流失防治措施总体布局应按末级分区逐一说明各项措施布设情况，分主体设计的水土保持措施和新增水土保持措施进行描述，包括工程措施、植物措施和临时防护措施，具体如下：

(1) 工程措施名称、布置位置、结构形式、数量（表土剥离面积、拦挡措施长度、排水措施长度、边坡防护面积、土地整治面积等）。

第6章 生产建设项目水土流失防治措施

（2）植物措施布设位置、类型（乔、灌、草）、数量（面积及规格）。

（3）临时防护措施名称、布设位置、结构形式、数量（临时拦挡措施长度、临时排水措施长度、临时边坡防护面积、临时苫盖面积等）。

（4）绘制措施总平面布置图。

（5）点型防治区应分区绘制措施总体布局图，一个防治区内涉及多个区块的应分区块绘制措施总体布局图，比例尺不应小于1：10000。

（6）线型防治区应选择典型地段，结合典型措施布设绘制典型地段措施总体布局图，一个防治区内涉及多个区块的应分区块绘制措施总体布局图，比例尺不应小于1：2000。

6.4 分区措施布设

6.4.1 表土保护措施

表土保护包括表土资源调查、剥离、堆存及利用过程，每一过程均采取了相应的方法、手段和措施对表土资源予以保护，明确表土剥离的范围、厚度、数量和堆存位置，并提出各项表土保护措施的布设位置、数量和投资，视需要绘制有关表土保护的设计图，如表土资源分布图、表土临时堆放场防护措施总平面布置图及断面图等。

6.4.1.1 表土资源调查

1. 调查内容

在项目占地范围内进行表土资源调查的内容主要为土壤类型、土壤厚度、可剥离范围及面积，还包括项目区地界分布、地形坡度、土地利用方式、植物长势、道路状况、地表水、地下水位、土层深度、可视杂物及周边环境等内容。

2. 调查方法

根据现场土壤资源情况，利用卫星定位，绘制表土资源分布图；或采用人工标记表土的地界分布，用测绘方法记录于地形图上。

根据调查区域内地形地貌特点和不同的土地类型，在典型区域或地段采用探坑、探槽方式和进行必要的试验揭露表土层埋置情况，经量测和统计分析，确定不同土地利用类型可剥离表土的范围及厚度，剥离厚度一般控制在0～30cm之间；若土壤符合质量要求，可放宽到50～80cm甚至更深。

6.4.1.2 表土剥离

项目建设区开挖扰动范围内可剥离的表土资源均应剥离，按"可剥、应剥、尽剥"的原则对有效表土层进行剥离和收集，剥离的范围和厚度应符合表土资源调查实际，结合现场调查情况确定，包括剥离区域、剥离地类、各种地类面积与可剥离厚度等，计算统计表土剥离量。

根据项目建设区自然条件、表土资源分布范围内的地形特征和实施季节，按对土壤破坏程度最小的原则，确定表土剥离的施工工艺和方法，明确采用机械剥离、人工辅助机械剥离、人工剥离等方式，以及各种方式所采用的剥离和运输机械（机具）、剥离顺序等。

表土剥离前应进行地表植被、可视杂物的清表工作，对临时占地范围内扰动深度小于

6.4 分区措施布设

20cm 的表土可不剥离（宜采取铺垫、苫盖等适宜保护措施）。

表土剥离的时机选择应合理，一般应在土壤适耕性较好的时段进行剥离，当土壤处于可塑状态则不宜进行剥离，且应避免在雨雪天或雨雪后立即剥离。

6.4.1.3 表土堆存

剥离的表土资源须进行集中堆放和防护，对不能及时利用的已剥离表土，需选择合适的堆放场，线状工程应优先分散堆放于占地地界的沿线两侧，点状工程应优先集中堆放于占地地界内。

当表土量较大或堆放时间较长时，需设置专门堆放场地，结合项目土石方处置要求，优先考虑堆放于新建渣场一角，或堆放于需复垦的新、旧取土场。

表土堆存位置应根据《生产建设项目水土保持技术标准》（GB 50433—2018）中有关弃土（石、渣、灰、矸石、废石、尾矿）场设置的约束性规定，开展选址合理性评价，堆放场地应考虑地基承载力与周边环境安全，远离建（构）筑物、河道、地下管道和基坑等敏感区域，确保符合安全防护距离要求。

表土临时集中堆存需做好临时防护措施。结合项目实施计划，明确表土临时堆放期，根据所选表土堆放场地形地貌条件、水文气象和工程地质条件，采取临时拦挡、苫盖、排水等防护措施。当堆存时间少于半年的应采取临时苫盖措施，堆存时间超过半年的应考虑临时绿化措施。

表土的堆放高度应满足堆场地基承载力要求，堆土体边坡坡度可根据工程经验确定，一般堆高不宜超过 4m，堆体边坡不宜陡于 1∶2。

表土临时拦挡可采用堆土袋码砌护脚；临时排水一般采用挖土（石）沟，视需要进行适当砌护；临时苫盖可采用彩条布、生态型密目网、可降解无纺布等。

6.4.1.4 表土利用

生产建设项目土石方平衡分析中应对表土-回覆单独进行平衡，经分析后确定各区域可剥离表土量和后期覆土绿化所需表土量。

剥离的表土应回覆到绿化、复耕或土地整治改良、修复区域，用于植被恢复和植树造林，以改善生活、生产、人居等生态环境。

对剩余表土则不能作为工程弃方，应明确利用方向，如提供给其他项目用于覆土整治等。对项目剥离表土不能满足项目覆土需求时，不足表土需明确处置方式，如就地土壤改良、绿化分包或关联工程表土外借、外调、外购等，对外购或外借表土需确保其来源和依据的合理性、可靠性、充分性。

6.4.2 拦挡工程

生产建设项目水土保持拦挡工程具体指弃渣拦挡措施，主要建筑物类型有挡渣墙、拦渣坝、拦渣堤，应根据不同弃土（石、渣）场类型、堆置方案（堆置规划）、地形、地质、水文气象、建筑材料、施工机械等因素，合理选型。

根据《生产建设项目水土保持技术标准》（GB 50433—2018）、《水土保持工程设计规范》（GB 51018—2014）、《水利水电工程水土保持技术规范》（SL 575—2012）、《水工挡土墙设计规范》（SL 379—2007），结合工程实际，拦挡工程布置设计内容包括设计依据、工程布置、结构设计、设计计算、布设成果等。

6.4.2.1 设计依据

1. 现行技术标准

(1)《水土保持工程设计规范》(GB 51018—2014)。

(2)《生产建设项目水土保持技术标准》(GB 50433—2018)。

(3)《水土保持工程调查与勘测标准》(GB/T 51297—2018)。

(4)《水利水电工程水土保持技术规范》(SL 575—2012)。

(5)《水工挡土墙设计规范》(SL 379—2007)。

(6)《堤防工程设计规范》(GB 50286—2013)。

(7) 其他有关坝工设计规范。

2. 设计标准

(1) 拦挡工程级别。根据《水土保持工程设计规范》(GB 51018—2014),弃渣拦挡工程建筑物级别应按所在渣场级别确定,并随拦挡工程建筑物类型的不同而有所不同,见表6.2。其中当挡渣墙高度超过15m,弃渣场级别为1级、2级时其级别可相应提高1级。

表 6.2 弃渣拦挡工程建筑物级别

渣场级别	拦挡工程		
	挡渣墙	拦渣坝	拦渣堤
1	2	1	1
2	3	2	2
3	4	3	3
4	5	4	4
5	5	5	5

根据《生产建设项目水土保持技术标准》(GB 50433—2018),对无法避让水土流失重点预防区和重点治理区(简称"两区")的生产建设项目,拦挡工程级别应提高1级(拦渣坝、拦渣堤防洪标准实际上也相应提高)。

(2) 防洪标准。拦渣坝、拦渣堤防洪标准应根据其相应建筑物级别按表6.3确定,并应符合下列规定:

1) 拦渣坝、拦渣堤工程仅考虑设计标准,不设校核标准,拦渣堤防洪标准还应满足河道管理和防洪要求。

2) 拦渣坝、拦渣堤工程失事可能对周边及下游工矿企业、居民点、交通运输等基础设施造成重大危害时,2级以下拦渣坝(堤)设计标准应按表6.3的规定提高1级。

表 6.3 弃渣拦挡工程设计防洪标准

拦渣坝(堤)工程级别	防洪标准[重现期(年)]	
	山区、丘陵区	平原区、滨海区
1	100	50
2	100~50	50~30
3	50~30	30~20

6.4 分区措施布设

续表

拦渣坝（堤）工程级别	防洪标准［重现期（年）］	
	山区、丘陵区	平原区、滨海区
4	30~20	20~10
5	20~10	10

(3) 稳定安全标准。

1) 刚性结构拦挡工程抗滑、抗倾覆稳定及基底应力标准。

刚性结构拦挡工程是指砌筑或浇筑材料为浆砌石、混凝土或钢筋混凝土的拦挡建筑物，挡渣墙、拦渣坝一般采用这种结构，拦渣堤有时也采用此结构。基底或软弱滑动面抗滑稳定安全系数不应小于表6.4规定的允许值。

抗倾覆稳定安全系数不应小于表6.5规定的允许值。

表 6.4　　弃渣拦挡工程基底或软弱滑动面抗滑稳定安全系数（刚性结构）

计算工况	土质地基						岩石地基					按抗剪断公式计算时
	拦挡工程级别						拦挡工程级别					
	1	2	3	4	5		1	2	3	4	5	
正常运用	1.35	1.30	1.25	1.20			1.10	1.08	1.05			3.00
非常运用Ⅰ	1.10			1.05			1.00					2.30
非常运用Ⅱ	1.15	1.10	1.05									—	—

注　沿软弱土体整体滑动，按瑞典圆弧或折线滑动法计算时采用非常运用Ⅱ工况。

表 6.5　　弃渣拦挡工程抗倾覆稳定安全系数（刚性结构）

计算工况	土质地基					岩石地基				
	拦挡工程级别					拦挡工程级别				
	1	2	3	4	5	1	2	3	4	5
正常运用	1.60	1.50	1.45	1.40		1.45			1.40	
非常运用	1.50	1.40	1.35	1.30		1.30				

基底应力计算应满足：平均基底应力不应大于地基允许承载力；最大基底应力不应大于地基允许承载力的1.2倍；最大基底应力与最小基底应力之比不应大于2.0，砂土宜取2.0~3.0。

2) 土石结构拦挡工程边坡抗滑稳定及安全超高标准。

土石结构拦挡工程是指填筑材料采用土料、石料、风化料或土石混合料的拦挡建筑物，一般有拦渣堤，拦渣坝、挡渣墙很少采用这种结构。

当采用计条块间作用力的计算方法时，其边坡抗滑稳定安全系数不应小于表6.6规定的允许值。如采用不计条块间作用力的瑞典圆弧法计算边坡抗滑稳定安全系数时，正常运用条件最小安全系数应比表6.6规定的数值减小8%。

拦渣堤堤顶高程应满足挡渣和防洪要求，与防洪堤起同等作用的拦渣堤堤顶高程应按设计洪水位加堤顶超高确定。安全超高值应按表6.7规定确定。

表 6.6　　　　　弃渣拦挡工程边坡抗滑稳定安全系数（土石结构）

拦挡工程级别	1	2	3	4	5
正常运用	1.35	1.30	1.25	1.20	
非常运用	1.15		1.10	1.05	

表 6.7　　　　　　　拦渣堤工程的安全超高值

拦渣堤工程级别		1	2	3	4	5
安全超高值/m	不允许越浪的拦渣堤工程	1.0	0.8	0.7	0.6	0.5
	允许越浪的拦渣堤工程	0.5	0.4		0.3	

（4）抗震设防标准。

拦挡工程抗震设防标准，应在区域构造稳定分析的基础上确定场区地震基本烈度，对基本烈度为Ⅶ度及Ⅶ度以上的应进行抗震设防验算。

3. 设计基础资料

（1）项目区所属敏感区情况。收集相关资料，调查拦挡工程所在区域是否属于水土流失重点预防区和重点治理区，是否涉及生态红线、基本农田、饮用水水源保护区、水功能一级区的保护区和保留区、自然保护区、世界文化和自然遗产地、风景名胜区、地质公园、森林公园及重要湿地等，涉及的应说明与拦挡工程建筑的位置关系。

（2）水文气象。

1）收集工程附近雨量站或水文站长系列实测资料，若无实测资料，则说明选取的相关参证站情况，介绍资料来源和系列长度。描述项目区所处流域，主要河流水系情况。简述项目区气候类型、汛枯季节时段、多年平均气温、年降雨量、历史暴雨洪水情况等。

2）收集或通过相关水文气象资料分析计算与拦挡工程设防标准相应的，涉及河（沟）道的洪水流量及洪水位、流速、防洪规划等资料。

（3）地形地貌。针对拦挡工程布置，描述地形走势、地貌特征、地面坡度和地物地类分布情况。采用 1/500~1/2000 的实测局部地形图进行拦挡工程布置设计，局部地段根据情况可适度加大测图比例。

（4）工程地质与水文地质。

1）拦挡工程地质与水文地质勘察执行《水土保持工程调查与勘测标准》（GB/T 51297—2018）规定，勘察深度应与主体工程设计深度相适应，可行性研究阶段进行地质调查，初步设计及施工图设计阶段应对弃渣拦挡工程布置区进行勘察。

2）阐述场区工程地质和水文地质条件，介绍区域地质构造、地震烈度情况，查明、查清地层岩性、岩石或结构面产状、覆盖层组成及厚度等，评价存在的工程地质问题，明确拦挡措施基础性质和开挖坡比等，说明工程区域是否存在大的崩塌、滑坡危险区、泥石流易发区、松散堆积体和大的断裂构造等不利地质条件。说明拦挡工程设计所需岩（土）体物理力学参数的取值依据，如基底承载力、摩擦系数、岩层抗剪系数、黏聚力等。对按规定未进行地质勘察的，相关物理力学参数的选择可根据有关规范或类似工程经验选用。

6.4.2.2　工程布置

水土保持工程弃土（石、渣）应符合"先拦后弃"原则，结合渣场堆渣规划，在堆渣

6.4 分区措施布设

体下游或周边设置相应拦挡措施,结合防洪排水、土地整治工程统筹设计。其中拦挡工程布设规模应根据地形地质条件,尽可能降低拦挡工程高度,利于稳定、节省投资。拦渣坝、拦渣堤还需满足防洪要求。

挡渣墙轴线平面走向宜顺直,转折处应采用平滑曲线连接,沿线墙基宜为新鲜岩石或紧密的土基,土基中的含水量和密度应相对均匀单一,避免地基不均匀沉降引起墙基和墙体断裂等形式的变形。

拦渣坝轴线应垂直沟道流向或与之大角度相交,平面走向宜顺直,沟道两岸地形应适宜,坝基宜为新鲜岩石或紧密的土基,无断层破碎带,无地下水出露。

拦渣堤一般布置在顺河道或沟道两侧较低的台地、阶地或滩地,宜选择在河道或沟道较宽处,且尽可能位于相对较高的地面以减轻洪水影响,轴线平面走向宜顺直,转折处应采用平滑曲线连接,涉河的还应符合河道治导规定。

6.4.2.3 结构设计

确定弃渣拦挡工程类型后,其结构设计的主要内容是结合设计计算成果、地形地质条件、建筑材料、施工条件等,确定其断面结构形式和尺寸,选择结构衬砌、砌筑或填筑材料,确定基础型式。

1. 挡渣墙

挡渣墙按受力条件主要分为重力式、悬臂式和扶壁式三种类型,应根据弃渣堆置方式、地形地质条件、建筑材料来源等,经技术经济比较综合进行选择。

对岩基或经过人工加固处理的坚实基础,适用于各种不同类型的挡渣墙,但应考虑结构材料强度和应力的约束条件;对土基上的挡渣墙,一般选择适应地基能力较强的悬臂式或扶壁式挡渣墙,如基础承载力和结构稳定满足要求也可采用重力式挡渣墙。

重力式挡渣墙由底板和置于底板上的墙身构成,主要依靠自身重量与基底摩擦力维持稳定,适用于地基条件较好的情况,一般在岩基条件下应用普遍,墙体砌筑或衬砌材料采用浆砌石或混凝土。按挡渣侧墙背布置又可细分为俯斜式、仰斜式、垂直式和衡重式,如图 6.1 所示,其中衡重式挡渣墙较适用于地形陡峻坡面上的弃渣拦挡。

悬臂式挡渣墙由底板及固定在底板上的墙身构成,主要靠墙后底板以上的填土重量维持结构稳定,当墙身较高(一般超过 5.0m)、基础地质条件较差(土基)时,为改善基础受力条件采用此结构,如图 6.2 所示。衬砌材料为钢筋混凝土,墙体及底板截面厚度需要根据结构强度要求确定。

扶壁式挡渣墙由底板及固定在底板上的墙身和扶壁构成,主要靠墙后底板以上的填土重量维持结构稳定,适用于防护要求高、墙高超过 10m 且基础地质条件较差(土基)的情况,为悬臂式挡渣墙的改进型,除能改善基础受力条件外,增设的扶壁可提高墙体刚度和挡渣的整体稳定性,衬砌材料为钢筋混凝土,底板、墙体及扶壁截面厚度需要根据结构强度要求确定。示意图如图 6.3 所示。

挡渣墙断面尺寸应通过抗滑稳定、抗倾覆稳定和基底应力计算以及结构强度计算等确定,基础埋置深度和型式应根据地形地质条件、结构应力稳定计算和地基整体稳定条件等确定,在寒冷地区还应考虑冰冻因素。

第6章 生产建设项目水土流失防治措施

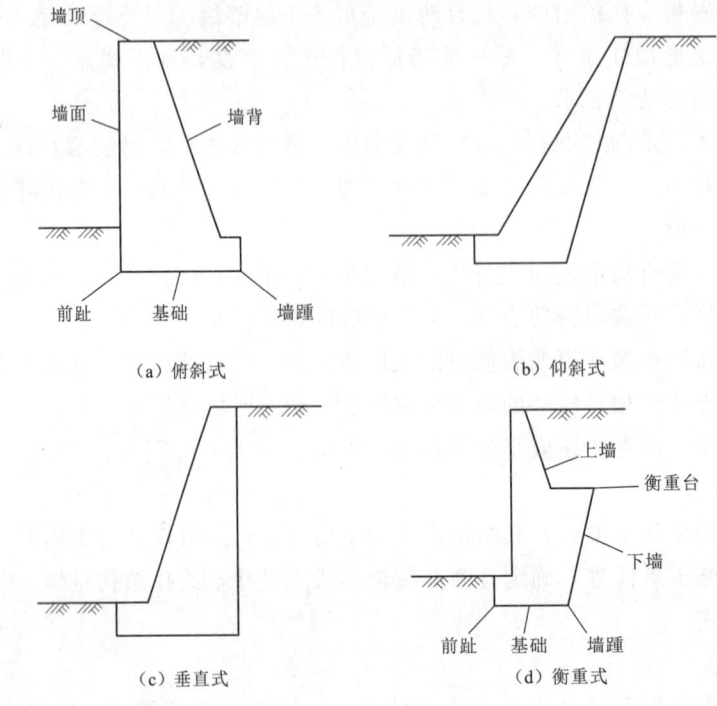

图6.1 重力式挡渣墙形式

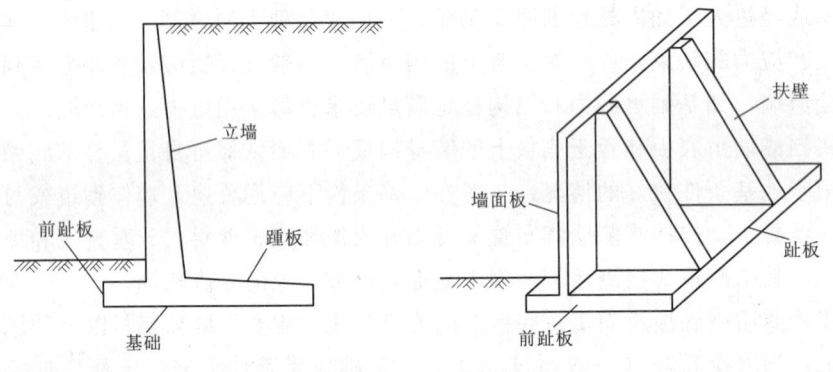

图6.2 悬臂式挡渣墙形式　　　　图6.3 扶壁式挡渣墙形式

挡渣墙为刚性结构，为适应基础或结构变形，纵向每隔10～15m设置变形缝（沉降缝、伸缩缝），并在其轴线转折处、地形变化大、地质条件、荷载和结构断面变化处加密增设。

2. 拦渣堤

拦渣堤堤型一般有混凝土或钢筋混凝土堤、石堤、土堤或土石混合堤等，应根据地形地质条件、水文气象条件、筑堤材料来源、施工条件，结合弃渣岩土组成和性质、堆渣量等，综合分析确定拦渣堤堤型。在贵州山区，通常拦渣堤易受地形限制而大多采用刚性结构的混凝土或钢筋混凝土堤、砌石石堤，其余堤型则应用较少。刚性结构的拦渣堤又可称为防洪墙，类似于挡渣墙，区别仅在于其临河侧需考虑洪水影响。

当地基为坚硬完整的新鲜基岩，弃石中不易风化块石较多，或块石料易获得，宜选择石堤；如块石料不易获得，而砂石料相对容易获取，则宜选择混凝土堤。

当地基条件较差（软基、覆盖层深、有地质缺陷等），地形开阔、宽缓，工程区适合筑堤的土料丰富，宜选择土堤；如土料缺乏，则应充分利用弃土、弃石、弃渣等修筑土石混合堤，以降低工程造价。

拦渣堤堤顶高程的确定须同时考虑防洪与拦渣的双重要求，选取两者中的最大值以确定拦渣堤堤顶高程。

拦渣堤体型及断面尺寸应根据不同坝型采用相应的稳定计算方法、经技术经济比较确定，基础埋置深度和型式应根据地形地质条件、结构应力稳定计算和地基整体稳定条件等确定，在寒冷地区还应考虑冰冻因素。对土堤或土石混合堤还须布置防渗体，减少渗流，防止产生管涌和流土等渗透变形破坏，保证土堤安全。

3. 拦渣坝

拦渣坝布置在滞洪式渣场堆渣体下游挡渣壅水，坝型一般有砌石坝、混凝土坝、土坝或土石坝等，应根据地形地质条件、水文气象条件、建筑材料来源、施工条件，结合弃渣岩土组成和性质，综合分析确定拦渣坝坝型。

当地基为坚硬完整的新鲜基岩，弃石中不易风化块石较多，或块石料易获得，宜选择砌石坝；如块石料不易获得，而砂石料相对容易获取，则宜选择混凝土坝。

当地基条件较差（软基、覆盖层深、有地质缺陷等），地形开阔、宽缓，工程区适合筑坝的土料丰富，坝体填筑量对渣场库容影响不大时，宜选择土坝；如土料缺乏，则应充分利用弃土、弃石、弃渣等修筑土石混合坝，以降低工程造价。

拦渣坝坝体体型及断面尺寸应根据不同坝型采用相应的稳定计算方法、经技术经济比较确定，基础埋置深度和型式应根据地形地质条件、结构应力稳定计算和地基整体稳定条件等确定，在寒冷地区还应考虑冰冻因素。

4. 拦洪坝

拦洪坝又称截洪墙、截渗墙，布置在沟道型渣场堆渣体上游，以拦截沟谷来水并将水流导向排洪工程，其工作方式有拦洪和拦洪挡渣两种，应按坝工结构要求进行设计，当既拦洪又挡渣时，除考虑上游侧挡水工况外，还须考虑下游侧挡渣的荷载组合，其结构体型、断面尺寸、基础处理措施等应根据具体情况，分别按相关坝工设计规范进行确定。

6.4.2.4 设计计算

生产建设项目水土保持工程弃渣拦挡措施类型较多，计算内容繁杂。弃渣拦挡建筑物大多为挡渣墙，其次为拦渣堤，拦渣坝很少采用。因此，以下主要针对挡渣墙和拦渣堤相关设计计算内容进行介绍，具体涉及拦渣坝时可按相应坝工设计规范进行。

1. 挡渣墙

挡渣墙高度一般较低，设计计算主要包括抗滑稳定、抗倾覆稳定和基底应力等三项内容，施工图阶段视需要进行抗渗稳定计算和结构应力计算。挡渣墙稳定和基底应力计算应明确计算方法及公式、计算工况、计算参数、计算简图及计算断面选取，计算成果应明确分析评价结论。

对采用计算机软件进行计算的，应说明计算机软件的名称、编号、版本号和适用技

第6章 生产建设项目水土流失防治措施

标准情况,确保所采用的计算软件的合规性和有效性。

(1) 荷载组合。作用在挡渣墙上的荷载可分为基本组合和特殊组合两类,分别对应于正常运用和非常运用两种工况。应根据各种荷载同时作用的实际可能性,选择计算中最不利的荷载组合。对分期施工的挡渣墙应按相应的荷载组合分期进行计算。

1) 基本组合荷载,即正常挡渣情况,主要荷载有:

a. 结构及底板以上填筑材料和永久设备自重。

b. 挡渣墙墙后填土破裂体范围内的车辆、人群等附加荷载。

c. 挡渣墙墙后相应于正常挡渣高程的土压力。

d. 挡渣墙墙后正常地下水位情况下的水重力、静水压力和扬压力。

e. 冰冻情况下还要考虑土的冻胀力和冰压力。

2) 特殊组合荷载。

施工情况:

a. 结构及底板以上填筑材料和永久设备自重。

b. 挡渣墙墙后填土破裂体范围内的车辆、人群等附加荷载。

c. 挡渣墙墙后相应于正常挡渣高程的土压力。

d. 施工过程中各阶段的临时荷载。

长期降雨情况,需考虑渣体饱和含水,主要荷载有:

a. 结构及底板以上填筑材料和永久设备自重。

b. 挡渣墙墙后填土破裂体范围内的车辆、人群等附加荷载。

c. 挡渣墙墙后相应于正常挡渣高程的土压力。

d. 挡渣墙墙后正常地下水位情况下的水重力、静水压力和扬压力。

e. 冰冻情况下还要考虑土的冻胀力和冰压力。

地震情况:

a. 结构及底板以上填筑材料和永久设备自重。

b. 挡渣墙墙后相应于正常挡渣高程的土压力。

c. 挡渣墙墙后正常地下水位情况下的水重力、静水压力和扬压力。

d. 地震荷载。

(2) 荷载计算。

1) 挡渣墙结构及底板以上填筑材料自重应按其几何尺寸及材料重度计算确定。永久设备应采用铭牌重量。

2) 挡渣墙墙后填土破裂体范围内的车辆、人群等附加荷载,可按国家现行有关标准的规定确定。

3) 作用在挡渣墙上的土压力应根据渣体性质、挡渣高度、渣体内地下水位、墙顶渣面坡角等计算确定。对于有向外侧移动或转动趋势的挡渣墙,按主动土压力计算;对于挡渣墙前有岩(土)埂(坎)或开挖范围内采用弃渣土回填的,可计算增加安全裕度的被动土压力。各种结构型式挡渣墙的土压力计算详见《水工挡土墙设计规范》(SL 379—2007)中附录A。

4) 作用在挡渣墙底板上的水重应按其实际体积及水的重度计算确定。

6.4 分区措施布设

5) 作用在挡渣墙上的静水压力应根据不同运用情况时的墙前、墙后水位组合条件计算确定。

6) 作用在挡渣墙基底面的扬压力应根据地基类别、防渗与排水布置及墙前、墙后水位组合条件计算确定。

7) 作用在挡渣墙上的冰压力、土的冻胀力、地震荷载以及其他荷载，可按国家现行有关标准的规定计算确定。施工过程中各阶段的临时荷载应根据工程实际情况确定。

(3) 抗滑稳定计算。

水土保持工程挡渣墙抗滑稳定计算一般采用抗剪公式：

$$K_c = \frac{f \sum G}{\sum H}$$

式中 K_c——挡渣墙沿基底面的抗滑稳定安全系数；

f——挡渣墙基底面与地基之间摩擦系数，可由试验或根据类似地基的工程经验确定，方案编制阶段在无试验资料的情况下可按《水工挡土墙设计规范》(SL 379—2007) 条文说明中的表 4 进行选用；

$\sum G$——作用在挡渣墙上全部垂直于水平面的荷载，kN；

$\sum H$——作用在挡渣墙上全部平行基底面的荷载，kN。

(4) 抗倾覆稳定计算。

挡渣墙抗倾覆稳定计算公式：

$$K_0 = \frac{\sum M_V}{\sum M_H}$$

式中 K_0——挡渣墙抗倾覆稳定安全系数；

$\sum M_V$——对挡渣墙基底前趾的抗倾覆力矩，kN·m；

$\sum M_H$——对挡渣墙基底前趾的倾覆力矩，kN·m。

对衡重式挡渣墙，应验算衡重平台板向后倾覆的稳定性，计算公式详见《水工挡土墙设计规范》(SL 379—2007) 中附录 B。

(5) 基底应力计算。

挡渣墙基底应力采用计算公式：

$$P_{\min}^{\max} = \frac{\sum G}{A} \pm \frac{\sum M}{W}$$

式中 $P_{\min}^{\max}$——挡渣墙基底应力的最大值或最小值，kPa；

$\sum G$——作用在挡渣墙上全部垂直于水平面的荷载，kN；

$\sum M$——作用在挡渣墙上的全部荷载对于水平面平行前墙墙面方向形心轴的力矩之和，kN·m；

A——挡渣墙基底面的面积，m^2；

W——挡渣墙基底面对于基底面平行前墙墙面方向形心轴的截面矩，m^3。

2. 拦渣堤

刚性结构拦渣堤设计计算主要应考虑堤顶高程计算和抗滑稳定计算、抗倾覆稳定计算和基底应力计算。对土石结构拦渣堤的渗流稳定、堤坡稳定、堤身沉降等计算内容主要在施工图阶段进行。

拦渣堤应力稳定计算方法等同于挡渣墙，其堤顶高程应同时满足挡渣和防洪要求，按设计洪水位加堤顶超高确定，计算公式如下：

$$Y=R+e+A$$

式中　Y——拦渣堤堤顶超高，m；

　　　R——设计波浪爬高，m，可按《堤防工程设计规范》（GB 50286—2013）中附录C计算确定；

　　　e——设计风壅增水高度，m，可按《堤防工程设计规范》（GB 50286—2013）中附录C计算确定；

　　　A——拦渣堤安全超高值，m；

因此，拦渣堤堤顶高程即为设计洪水位＋堤顶超高（Y）。

6.4.2.5　布设成果

明确挡渣墙（拦渣堤、拦渣坝）布置位置、等级标准、控制高程、结构断面型式及尺寸、砌筑或衬砌材料等；明确挡渣墙（拦渣堤、拦渣坝）分缝止水等构造设计、基底埋置深度、基础开挖及处理设计等要求；明确挡渣墙（拦渣堤、拦渣坝）相应工程数量、投资，绘制相应措施布设平面图及纵、横断面图。

6.4.3　边坡防护工程

生产建设项目水土保持边坡根据其边坡坡度，分为一般边坡（5°～45°）和高陡边坡（45°～70°），在开挖或回填边坡稳定的基础上采取的边坡防护工程包括植物护坡、工程护坡、工程与植物措施相结合的综合护坡，其中植物护坡类型有植草、种树；工程护坡有混凝土、块石或预制块砌护；工程与植物措施相结合的综合护坡有格构梁、框格梁护坡、植草。

根据《生产建设项目水土保持技术标准》（GB 50433—2018）、《水利水电工程水土保持技术规范》（SL 575—2012）、《水利水电工程边坡设计规范》（SL 386—2007），结合工程实际，边坡防护工程布置设计内容包括设计依据、布置设计、布设成果等。

6.4.3.1　设计依据

1. 现行技术标准

(1)《生产建设项目水土保持技术标准》（GB 50433—2018）。

(2)《水利水电工程水土保持技术规范》（SL 575—2012）。

(3)《水利水电工程边坡设计规范》（SL 386—2007）。

2. 主体工程设计成果

收集主体工程设计资料，熟悉项目开挖、取料、回填、弃渣堆填等各项建设活动形成的开挖或土石方回填边坡设计情况，了解主体设计的稳定边坡防护措施类型。

3. 设计基础资料

(1) 水文气象。收集工程区域水文气象资料，简述项目区气候类型、汛枯季节时段、多年平均气温、年降雨量、多年平均风速、最大冻土深度、历史暴雨洪水情况等。

(2) 开挖坡面地形地质。收集项目有关地形图、地质图、工程地质和水文地质勘探资料等，描述地形走势、地貌特征、地面坡度和地物地类分布情况。阐述坡面基础岩土体性质、地层岩性、覆盖层组成及厚度、岩石风化情况等。

（3）回填或弃渣堆置资料。根据主体设计的回填体或弃渣堆体来源，分析坡面物质组成、覆土来源、适宜树草种等。

6.4.3.2 布置设计

1. 布置原则

（1）以主体设计的稳定边坡为基础。

（2）应与坡面截排水措施（截水沟、排水沟、马道或平台边沟）以及周边道路、环境建筑物的截排水工程统筹布置、协调设计，宜采取植物护坡措施，或植物与工程相结合的综合护坡措施，高陡完整新鲜的岩体边坡可不专门进行护坡设计。

（3）边坡防护措施应与周边环境协调，贯彻生态优先原则。

2. 护坡类型适宜性

（1）对降水条件（包括人工浇灌）许可的低（或缓）边坡，应布设植物护坡措施。

（2）干旱地区或水土涵养、浇灌水源补给较差的工程区域不宜布设植物措施或坡脚容易遭受水流冲刷的边坡，或当边坡岩体易风化、剥落或有浅层崩塌、滑落及掉块等影响边坡耐久性的，应布设工程护坡措施。

（3）对降水条件（包括人工浇灌）许可的高（或陡）边坡，应布设工程和植物相结合的综合护坡措施。

3. 护坡型式

（1）植物护坡。

植物护坡措施类型有植草、种树，如单独采取本措施的，斜坡坡度不宜陡于1∶0.75，并应根据坡面物质组成、覆土来源与性质，选择适宜的树草种。常见植物护坡如图6.4、图6.5所示。

图6.4 某工程实施植物护坡的过程

图6.5 某工程实施植物护坡后的场景

1）一般边坡（5°～45°）：应选择速生乔灌木树种、攀援植物或低矮匍匐型草种；对土壤母质层较厚的采挖坡面、土质填埋坡面和覆土坡面，要采用鱼鳞坑、反坡梯田、水平阶或水平沟整地。有抗旱拦蓄要求的，整地设计应满足林木生长需水要求；应根据边坡的坡度、坡向、土层厚度等条件，采用乔、灌、草或其组合的防护措施，种植条件差的可采用藤本植物护坡。常用坡面植物护坡型式有种草或喷播植草、铺草皮、种植灌草、喷混植生、客土植生、植生袋、植生毯等。

2) 高陡边坡（45°～70°）：宜采取客土绿化、喷播绿化、生态植生袋等林草措施。客土绿化措施适用于我国大部分地区，干旱应配套施灌设施，常用坡面客土绿化措施类型有框格、平台或沟穴、种植槽或钢筋混凝土框架等；喷播绿化措施主要适用于800mm降水量以上地区，以及具备持续供给养护用水能力的其他地区，如水力喷播植草、挂网喷播植草等；生态植生袋绿化适用于坡比小于1∶0.35的土质边坡和风化岩石、沙质边坡，特别适宜于不均匀沉降、冻融、膨胀土地区和刚性结构等难以开展边坡绿化的区域，当坡度较缓时可直接堆放，坡度较大时应采用钢索拦挡固定或与框格梁结合，以灌草为主，多树种、多草种混播，并视需要进行滴灌、微灌。

（2）工程护坡。

工程护坡措施有混凝土、块石或预制块砌护等，护坡材料多样，如干砌石、浆砌石、混凝土预制块、喷混凝土、草皮以及其他柔性防护网等。喷混凝土护坡如图6.6所示。

工程护坡措施首先应保持自身的稳定，也可与坡面稳定护坡措施结合布设。主要适用于干旱缺水或边坡坡脚易遭受水流冲刷以及边坡岩体易风化以致剥落、崩塌、滑落及掉块等的影响边坡，以保障边坡坡面固土、防水，其主要特点是增强边坡正常运用的耐久性，属贴坡护面型。

（3）工程与植物护坡相结合的综合护坡。

工程与植物护坡相结合的综合护坡措施有格构梁、框格梁、混凝土或砌石拱型护坡等，并配合适生种植草。常见综合护坡如图6.7所示，其主要特点是利用格构、框格或拱形刚性结构固坡，然后于空格间覆土、码砌植生袋等种草，形成环保、生态的综合护坡，属镶嵌固土型。

图6.6 工程护坡措施

图6.7 综合护坡措施

浆砌石或混凝土格构形式有方形、菱形、人字形、城门洞形或弧形等。格构应设变形缝，缝间距不宜大于20m。浆砌石格构间距不宜大于3m，断面高度可为400～500mm，宽度可为300～450mm；混凝土格构间距不宜大于5m，断面高度可为300～400mm，宽度可为200～300mm。

6.4.3.3 布设成果

明确边坡防护工程布设范围、护坡类型和结构型式（配置植草）、结构断面型式、砌筑或衬砌材料等；明确边坡防护措施面积和投资，根据典型设计需要绘制相应措施布设平面图及纵、横断面图。

6.4.4 防洪排导工程

生产建设项目水土保持防洪排导工程分为截排水工程和排洪工程，其中截排水工程建筑物主要有截排水沟，排洪工程建筑物在此具体指沟道型弃渣场的排洪沟（渠）、排洪涵管（洞），应结合项目具体情况和所在区域特点，根据不同弃土（石、渣）场类型、堆置方案（堆置规划）、地形、地质、水文气象、建筑材料、施工机械等因素，因地制宜合理选择。

根据《生产建设项目水土保持技术标准》（GB 50433—2018）、《水土保持工程设计规范》（GB 51018—2014）、《水利水电工程水土保持技术规范》（SL 575—2012）、《灌溉与排水工程设计标准》（GB 50288—2018），结合工程实际，防洪排导工程布置设计内容包括设计依据、工程布置、结构设计、设计计算、布设成果等。

6.4.4.1 设计依据

1. 现行技术标准

(1)《水土保持工程设计规范》（GB 51018—2014）。
(2)《生产建设项目水土保持技术标准》（GB 50433—2018）。
(3)《水土保持工程调查与勘测标准》（GB/T 51297—2018）。
(4)《水利水电工程水土保持技术规范》（SL 575—2012）。
(5)《灌溉与排水工程设计标准》（GB 50288—2018）。
(6)《溢洪道设计规范》（SL 253—2018）。
(7)《堤防工程设计规范》（GB 50286—2013）。
(8)《水工隧洞设计规范》（SL 279—2016）。
(9)《公路排水设计规范》（JTG/T D33—2012）。
(10)《贵州省暴雨洪水计算实用手册（修订本）》。

2. 设计标准

(1) 截排水工程等级和标准。

1) 根据《水土保持工程设计规范》（GB 51018—2014），截排水工程设计标准分三个级别（不设校核标准），具体见表6.8。

表6.8　　　　　　　　　截排水工程设计标准

级别	排水标准	安全超高/m	备注
1	5～10年一遇短历时暴雨	0.4	永久排水沟岸顶超高0.2～0.4m
2	3～5年一遇短历时暴雨	0.3	
3	3年一遇短历时暴雨	0.2	

生产建设项目截排水工程主要任务是保护山坡坡面，一般按山坡平均坡度来确定工程级别，坡度越大，坡面径流流速越大，对山坡的冲刷也越大，工程级别也应相应提高。工程经验表明，对坡面坡度超过25°的，应按1级标准确定；坡面坡度在5°～25°的，应按2级标准确定；坡面坡度低于5°的，按3级标准确定。

关于暴雨短历时的确定，由于山区地形坡度较大，降雨后短时间可形成洪峰，各项目区可根据坡面坡度和长度选择短历时暴雨汇流时间。一般挖、填方坡面、路面及施工场地坡面汇流历时均较短，3～5min；山坡坡面汇流历时15～30min。

2) 对弃渣场坡面分散性来水，根据《水土保持工程设计规范》（GB 51018—2014）规定："弃渣场永久性截排水措施的排水设计标准采用3～5年一遇5～10min短历时设计暴雨。"

3) 根据《生产建设项目水土保持技术标准》（GB 50433—2018），对无法避让水土流失重点预防区或重点治理区的生产建设项目，截排水工程等级和排水设计标准应提高一级，此种情况下弃渣场永久截排水设计标准建议按10年一遇10min短历时暴雨设计。

工程实践中，当分属上述不同情况时，排水设计标准的确定应遵循"就高不就低"原则。

(2) 排洪工程等级和标准。

根据《水土保持工程设计规范》（GB 51018—2014），弃渣场排洪工程建筑物级别应与渣场级别一致，防洪标准应按其相应建筑物级别确定，具体见表6.9，并应符合下列规定：

表6.9　　　　　　　　　　排洪工程防洪标准

排洪工程级别	防洪标准［重现期（年）］			
	山区、丘陵区		平原区、滨海区	
	设计	校核	设计	校核
1	100	200	50	100
2	100～50	200～100	50～30	100～50
3	50～30	100～50	30～20	50～30
4	30～20	50～30	20～10	30～20
5	20～10	30～20	10	20

1) 当排洪工程失事可能对周边及下游工矿企业、居民点、交通运输等基础设施造成重大危害时，2级以下排洪工程应按上表规定提高1级。

2) 根据《生产建设项目水土保持技术标准》（GB 50433—2018），对无法避让水土流失重点预防区和重点治理区的生产建设项目，排洪工程级别应提高1级（其防洪标准实际上也相应做了提高）。

3) 排洪工程防洪标准包括设计和校核两种工况，首先根据渣场级别在相应范围内选取；其次对渣场下游的铁路、公路等重要基础设施和居民点、工业场区，须纳入防洪保护对象一并考虑，应满足其防洪标准要求。排洪工程防洪标准的确定应遵循"就高不就低"的原则。

(3) 抗震设防标准。

防洪排导工程抗震设防标准，应在区域构造稳定分析的基础上确定场区地震基本烈度，对基本烈度为Ⅶ度及Ⅶ度以上的应进行抗震设防验算。

6.4 分区措施布设

3. 设计基础资料

(1) 项目区所属敏感区情况。收集相关资料，调查防洪排导工程所在区域是否属于水土流失重点预防区和重点治理区，是否涉及生态红线、基本农田、饮用水水源保护区、水功能一级区的保护区和保留区、自然保护区、世界文化和自然遗产地、风景名胜区、地质公园、森林公园及重要湿地等，涉及的应说明与拦挡工程建筑的位置关系。

(2) 水文气象。

1) 收集工程附近雨量站或水文站长系列实测资料，若无实测资料，则说明选取的相关参证站情况，介绍资料来源和系列长度。描述项目区所处流域，主要河流水系情况。简述项目区气候类型、汛枯季节时段、多年平均气温、年降雨量、历史暴雨洪水情况等。

2) 收集或通过相关水文气象资料分析计算与防洪排导工程设防标准相应的，涉及河（沟）道的实测洪水流量及洪水位、流速、防洪规划、水文手册和暴雨图集（册）等资料。

3) 收集截排水工程汇水区不小于 1/10000 地形图进行汇水面积量算，分析下垫面产汇流影响因素，为径流系数取值提供依据。对岩溶地区还应结合区域地质和水文地质资料实地调查是否存在地下汇流。

(3) 地形地貌。

1) 针对拦挡工程布置，描述地形走势、地貌特征、地面坡度和地物地类分布情况。采用 1/2000～1/500 的实测局部地形图进行拦挡工程布置设计，局部地段根据情况可适度加大测图比例。

2) 针对防洪排导工程布置，描述地形走势、地貌特征、地面坡度和地物分布情况，说明截（排）洪承泄区沟谷凹地特征及排水流向。

3) 防洪排导工程线路布置宜采用不小于 1/2000 实测地形图，进出口部位宜采用 1/500～1/200 实测局部地形图进行布置设计。

(4) 工程地质与水文地质。

1) 防洪排导工程地质与水文地质勘察执行《水土保持工程调查与勘测标准》（GB/T 51297—2018）规定，勘察深度应与主体工程设计深度相适应，可行性研究阶段进行地质调查，初步设计及施工图设计阶段应对弃拦挡工程布置区进行勘察。

2) 介绍区域地质构造、地震烈度情况，查明、查清地层岩性、岩石或结构面产状、覆盖层组成及厚度、排洪隧洞围岩类别及地下水特征等，分析隧洞进出口边坡的稳定性并提出处理建议，说明工程区域是否存在大的崩塌、滑坡危险区、泥石流易发区、松散堆积体和大的断裂构造等不利地质条件。阐述防洪排导工程设计所需岩（土）体物理力学参数的取值依据，如岩基或软基承载力、基底摩擦系数、岩层抗剪或抗剪断系数、黏聚力、隧洞不同围岩类别的弹性抗力系数等。

涉及地下水的，应调查场区地下水类型、埋深、补给来源和泉水出露情况。

6.4.4.2 工程布置

工程布置包括截排水工程和排洪工程布置。截排水工程为场区坡面分散性汇水的导排措施，有截水、排水沟、排水涵管（洞）；排洪工程为沟道型渣场上游集中汇水的导排措施，有排洪沟（渠）、排洪涵洞（管）、排洪隧洞。布设要求如下：

(1) 应根据场区地形走势和地貌、地表建筑情况和地质条件，按就近排泄、自流排放的原则进行线路选择，统筹安排、协调布置，避开滑坡体、危岩体、松散堆积体、大的断裂构造等不利地质地段。

(2) 弃土（石、渣）场的排水应与堆渣规划、拦挡工程布置统筹考虑，与坡面防护措施相结合。在堆渣体外、渣体边坡分级马道、平台及坡脚部位布设截水沟，对不可避免布置于渣体表面的截排水沟应有可靠的结构和基础处理措施。

(3) 沟道型弃渣场堆渣体外的上游及两侧布设的排洪沟（渠）应与区间截排水沟结合布置，避免布置在渣体表面；对上游集中洪水不宜采用地表排洪方式的，通常沿沟底设置排洪涵洞（管）穿越渣体将洪水排至下游沟道；对集中排洪流量较大，不宜通过地表或地下暗涵方式排洪，且存在有利河湾地形或临近沟谷，则可采用排洪隧洞将洪水排至下游河沟或临近沟谷。

(4) 应充分利用自然沟道或人工水道，将拦截的水流顺畅地排入就近沟谷洼地或承泄区，不得直接排入饮用水水源和养殖池、农田等，不得冲淤堵塞洼地落水洞、地下暗河等。出口段因高差大、坡降陡以致流速较高时应设置消能防冲等顺接措施，如陡坡、跌水、挑流或底流消能、急流槽、护坦等建筑物。

(5) 截排水（排洪）沟（渠）的转弯段、连接处和断面变化处应确保水流平顺，连接处或断面变化处须设置渐变段衔接，转弯段凹岸应分析考虑一定的水面壅高，转弯半径不应小于 2.5 倍水面宽；排洪涵洞（管）或排洪隧洞转弯角度不宜大于 60°，转弯半径不应小于 5 倍洞（管）径或洞宽。

(6) 排洪工程进口应根据地形地质条件，在集汇流部位设置相应引流和导入设施，如喇叭口形或八字形导流翼墙、拦洪坝等，底部应设置防冲护坦。

6.4.4.3 结构设计

防洪排导工程结构设计的主要内容是确定断面结构形式和断面尺寸，选择结构衬砌或砌筑材料。

1. 截排水沟

沟底纵比降应根据沿线地形、地质条件以及承泄连接条件，结合水力计算结果，以满足不淤不冲要求进行确定。纵断面应根据基础岩土体性质、施工条件、断面结构型式和温度影响，相应设置沉降缝或伸缩缝，缝间设止水。

排水沟横断面类型一般有矩形、梯形或复式断面，矩形断面适用于各类地形，傍山陡坡地形宜采用复式断面，与等高线垂直或大交角布置的可采用梯形断面，缓坡或平地地形土质基础排水沟可采用梯形断面。排水沟底宽度和深度不宜小于 0.4m，过水断面尺寸和设计水深应根据设计排水流量按明渠无压流计算确定，设计水位以上考虑相应超高要求。

排水沟衬砌结构材料一般采用浆砌石或混凝土，对砌筑厚度不超过 30cm 的小断面结构，宜采用混凝土衬砌，利于质量控制，且厚度可适当减薄。

2. 排洪沟（渠）

设计纵坡应根据沿线地形、地质条件以及承泄连接条件，经水力计算确定。纵断面应根据基础岩土体性质、施工条件、断面结构型式和温度影响，相应设置沉降缝或伸缩缝，缝间设止水。

6.4 分区措施布设

排洪沟（渠）横断面类型一般有矩形、梯形或复式断面，矩形断面适用于各类地形，傍山陡坡地形可采用复式断面，与等高线垂直或大交角布置的可采用梯形断面，缓坡或平地地形土质基础排水沟可采用梯形断面。过水断面尺寸和设计水深应根据设计排洪流量按明渠无压流计算确定，设计水位以上超高可按《灌溉与排水工程设计标准》（GB 50288—2018）中公式 $F_b=\dfrac{1}{4}h_b+0.2$ 计算确定，h_b 为通过设计排洪流量时的水深，m。

排洪沟（渠）衬砌结构材料宜采用浆砌石、混凝土或钢筋混凝土。

3. 排洪涵洞（管）

根据排洪涵洞（管）所在沟道两岸地形、地质条件以及进出口连接条件，其设计纵坡应等于或稍大于沟道纵比降。纵断面应根据基础岩土体性质、工程地质条件、施工条件、断面结构型式和温度影响程度等，相应设置沉降缝或伸缩缝，缝间设止水。涵管应设混凝土或砌石管座，其包角可取 90°～135°。

排水涵管（洞）横断面类型通常采用圆形、矩形或城门拱形。排洪流量较小时宜采用预制圆管涵，涵管（洞）顶填土高度较小时宜选用矩形盖板涵或箱涵，填土高度较大时宜选用城门拱形涵。涵管（洞）过水断面尺寸一般根据设计排水流量按无压流计算确定，水面以上的净空高度不应小于管径或洞高的 1/4 且不应小 0.4m。圆形管涵直径宜 0.8～1.5m，矩形涵、箱涵跨径宜取 2～3m，拱涵矢跨比宜取 1/2～1/8。

排水涵管（洞）衬砌结构材料可根据设计水头、建筑材料及施工条件，选用混凝土或钢筋混凝土衬砌，城门拱形涵可采用砌石砌筑。

4. 排洪隧洞

排洪隧洞宜采取低流速、不产生水跃的无压隧洞布置型式，通常采用开敞式进口。隧洞设计纵坡应根据隧洞工程地质及进出口连接条件，经水力计算确定，但在满足不淤流速的前提下宜缓。纵断面应根据围岩类别、断面结构型式、施工条件和温度影响程度，相应设置沉降缝或伸缩缝，缝间设止水。

排洪隧洞横断面类型一般采用城门洞形，当地质条件较差时可采用圆形。过水断面尺寸一般根据设计排洪流量按无压流计算确定，洞内设计水位以上净空面积不应小于隧洞断面面积的 15%，且高度不应小于 0.4m。当采用钻爆法施工时，城门洞形断面的高度不宜小于 1.8m，宽度不宜小于 1.5m；圆形断面内径不宜小于 2.0m。

排洪隧洞衬砌结构材料宜采用混凝土或钢筋混凝土。

6.4.4.4 设计计算

1. 水文计算

（1）截排水工程设计排水流量。对汇水面积小于 300km² 的小流域，根据工程区水文气象条件和相关水文要素，计算确定排除分散性来水的截排水工程设计排水流量，详见《水土保持工程设计规范》（GB 51018—2014）附录 A、《水利水电工程水土保持技术规范》（SL 575—2012）中水文计算规定，计算公式如下：

$$Q_m=16.67\varphi qF$$

式中　Q_m——设计排水流量，m³/s；

φ——径流系数；

q——设计重现期和降雨历时内的平均降雨强度，mm/min；

F——汇水面积，km²。

（2）排洪工程设计排洪流量。在岩溶、丘陵山区，汇水面积不超过10km²的小流域，为更好适应地区水文气象特点，保证计算成果的可靠性，对集中洪水的排除通常采用《贵州省暴雨洪水计算实用手册（修订本）》给出的公式计算排洪流量。

$$Q_p = 0.481\gamma_1^{0.571} \cdot f^{0.223} \cdot J^{0.149} \cdot F^{0.890} \cdot (C'S_p)^{1.143}$$

式中 Q_p——设计排洪流量，m³/s；

γ_1——汇流参数的非几何特征系数；

F——汇水面积，km²；

f——流域形状系数，$f = \dfrac{F}{L^2}$；

S_p——设计暴雨雨力，mm/h；

C'——特小流域的洪峰径流系数。

2. 水力计算

（1）过流能力计算。根据相关规范规定，结合上述关于防洪排导工程结构设计要求，渣场截排水、排洪工程水流均适宜采用无压流态，相应过流能力计算分为截排水（排洪）沟、排洪涵洞（管）、排洪隧洞等三种情况。其中截排水或排洪沟（渠）计算纵比降应选取最缓段沟（渠）底纵比降进行计算，并进行不冲不淤复核。

1）截排水（排洪）沟。按明渠均匀流公式进行计算：

$$Q = AC\sqrt{Ri}$$

其中

$$C = \dfrac{1}{n}R^{\frac{1}{6}}$$

$$R = \dfrac{A}{\chi}$$

式中 Q——排水沟过流量，m³/s；

A——过水断面面积，m²；

i——沟（渠）纵坡，排水沟沟底纵比降应根据设计布置情况，选取最缓段沟底纵比降；

C——谢才系数，m^{1/2}/s；

R——水力半径，m；

n——糙率，可根据《灌溉与排水工程设计标准》（GB 50288—2018）选用，一般浆砌块石砌筑取$n=0.02\sim0.025$，混凝土衬砌取$n=0.015\sim0.017$；

χ——湿周，m。

根据拟定的排水沟纵横断面及衬砌结构型式，当计算的排水沟过流量大于等于设计排水流量，即$Q \geqslant Q_m$时，则过流能力满足要求。

2) 排洪涵洞（管）。根据《灌溉与排水工程设计标准》（GB 50288—2018）附录 M，无压排洪涵洞（管）过流能力按下列公式进行计算（类似于宽顶堰流）：

$$Q = \sigma \varepsilon m B \sqrt{2g} H_0^{\frac{3}{2}}$$

$$H_0 = H + \frac{\alpha v^2}{2g}$$

$$\sigma = 2.31 \frac{h_s}{H_0}\left(1 - \frac{h_s}{H_0}\right)^{0.4}$$

$$h_s = h - iL \text{（短洞）}$$

式中　Q——排水涵洞（管）过流量，m^3/s；

B——洞宽或管直径，m；

m——流量系数，可近似采用 $m=0.36$；

ε——侧收缩系数，可近似取 $\varepsilon=0.95$；

H_0——包括行近流速水头在内的进口水深，m；

g——重力加速度，$g=9.81m/s^2$；

σ——淹没系数，可按公式计算求得或按表 6.10 查得；

h_s——涵洞（管）进口内水深（m），对短洞可按公式计算求得；对长洞需以出口水深 h 为控制水深，从出口断面向上游推算水面线以确定洞（管）进口内水深；

v——上游行近流速，m/s；

α——动能修正系数，可采用 $\alpha=1.05$。

表 6.10　　　　　　　　　淹 没 系 数 σ 值

h_s/H_0	≤0.72	0.75	0.78	0.80	0.82	0.84	0.86	0.88	0.90	0.91
σ	1.00	0.99	0.98	0.97	0.95	0.93	0.90	0.87	0.83	0.80
h_s/H_0	0.92	0.93	0.94	0.95	0.96	0.97	0.98	0.99	0.995	0.998
σ	0.77	0.74	0.70	0.66	0.61	0.55	0.47	0.36	0.28	0.19

利用上述公式进行计算时，还应区分长洞与短洞，其判别标准为：当 $L<8H$ 时为短洞；当 $L\geq 8H$ 时为长洞。L 为洞身长度（m），H 为涵洞（管）进口外水深（m）。

根据拟定的排水涵洞（管）纵横断面及衬砌结构型式，当计算的过流量大于等于设计排水流量，即 $Q\geq Q_s$ 时，则过流能力满足要求。

3) 排洪隧洞。根据《水工隧洞设计规范》（SL 279—2016）和《灌溉与排水工程设计标准》（GB 50288—2018）附录 M，开敞式进口无压排洪隧洞的过流能力计算分为长洞与短洞两种情况：

a. 长洞按明渠均匀流计算，采用的计算公式和计算原理与上述排水沟和排洪沟（渠）过流能力计算相同。

b. 短洞按宽顶堰流计算，采用的计算公式和计算原理与上述排洪涵洞（管）过流能力计算相同。

c. 排洪隧洞长洞与短洞的判别标准为：当 $L<8H$ 时为短洞；当 $L\geqslant 8H$ 时为长洞。L 为洞身长度（m），H 为隧洞进口外水深（m）。

根据拟定的排洪隧洞纵横断面及衬砌结构型式，当计算的过流量大于等于设计排洪流量，即 $Q\geqslant Q_s$ 时，则过流能力满足要求。

【例题 6.1】 某工业区设计了一条矩形断面的排水沟，用于排放最大设计降雨量下的雨水。已知该排水沟的设计参数如下：排水沟底宽 $B=1.2\mathrm{m}$，排水沟深度 $H=0.8\mathrm{m}$，设计坡度 $i=0.003$，糙率 $n=0.016$，最大设计排水流量为 $1.2\mathrm{m}^3/\mathrm{s}$，请计算该排水沟过流能力是否满足要求。

解：过水断面面积：$A=B\times H=1.2\times 0.8=0.96$（m²）

湿周：$\chi=1.2+0.8\times 2=2.8$（m）

水力半径：$R=\dfrac{A}{\chi}=0.96/2.8=0.34$（m）

谢才系数：$C=\dfrac{1}{n}R^{\frac{1}{6}}=\dfrac{1}{0.016}\times 0.34^{\frac{1}{6}}=52.21$（$\mathrm{m}^{\frac{1}{2}}/\mathrm{s}$）

过流量：$Q=AC\sqrt{Ri}=0.96\times 52.21\times \sqrt{0.34\times 0.003}=1.60$（m³/s）

经对比，$Q\geqslant Q_m$，该排水沟过流能力满足要求。

(2) 消能防冲计算。

弃渣场水土保持防洪排导工程泄流消能防冲设施有陡坡、跌水、挑流消能、底流消能等，消能防冲计算可依据适宜技术标准进行。具体如下：

1) 陡坡与跌水，可按《灌溉与排水工程设计标准》（GB 50288—2018）附录 N 相应规定进行计算。

2) 挑流消能与底流消能，可按《溢洪道设计规范》（SL 253—2018）相应规定进行计算。

3. 结构计算

(1) 截排水沟或排洪沟（渠）结构计算内容主要有：基底应力计算，提出基础承载力要求；进行边墙抗滑、抗倾覆稳定计算（必要时），确保结构安全。

(2) 排洪涵洞（管）结构计算主要有：基底应力计算，提出基础承载力要求；抗外压稳定计算，按照结构力学和土力学方法进行计算，确保在上覆渣土体压力和水压力作用下结构稳定。

(3) 排洪隧洞结构计算内容主要为衬砌结构计算，确保在山岩压力和外水压力作用下结构稳定。无压隧洞衬砌结构计算极为复杂，目前已普遍采用计算机软件进行计算。

6.4.4.5 布设成果

明确截排水沟、排洪沟（渠）、排洪涵管（洞）布置位置、等级标准、控制点高程、结构断面型式及尺寸、砌筑或衬砌材料、分水点桩号、截排水或排洪流量、流向、长度、进口顺接措施、出口消能防冲及沉沙设施等；明确纵向分缝止水等构造设计、基底埋置深度、基础开挖及处理设计等要求；明确防洪排导工程相应工程数量、投资，绘制相应措施布设平面图及纵、横断面图。

6.4.5 降水蓄渗工程

生产建设项目降水蓄渗工程包括收集设施、过滤沉淀设施、蓄存设施、入渗设施，涉

6.4 分区措施布设

及的具体设施较多。收集设施有屋面集流的收集管、水落管、连接管，路面集流的圬工结构截（汇）流沟；过滤沉淀设施有沉沙池、沉沙井等；雨水蓄存设施有蓄水池、集雨箱、水窖、涝池等；入渗设施有下凹式绿地、地面透水铺装、渗透管、渗井等。设施选择应充分结合区域水文气象、地形地质、建筑材料、施工机械等综合确定。降水蓄渗工程布置设计内容主要包括设计依据、工程布置、结构设计、设计计算、布设成果等。

6.4.5.1 设计依据

1. 现行技术标准

(1)《建筑给水排水设计标准》(GB 50015—2019)。
(2)《给水排水工程管道结构设计规范》(GB 50332—2002)。
(3)《建筑与小区雨水控制及利用工程技术规范》(GB 50400—2016)。
(4)《生产建设项目水土保持技术标准》(GB 50433—2018)。
(5)《水土保持工程设计规范》(GB 51018—2014)。
(6)《水土保持综合治理 技术规范 小型蓄排引水工程》(GB/T 16453.4—2008)。
(7)《雨水集蓄利用工程技术规范》(GB/T 50596—2010)。
(8)《水利水电工程水土保持技术规范》(SL 575—2012)。

2. 设计标准

蓄水工程设计标准通常采用降雨重现期进行反映，不同类型生产建设项目区域的降水集蓄标准可根据当地实际资料计算，一般生产建设项目集雨标准可按1～2年一遇24h降雨量进行设计。入渗工程中，透水铺装地面最低设计标准为2年一遇60min暴雨不产生径流。

3. 设计成果

收集主体工程设计成果，了解主体设计的地下管线和地下构筑物的位置、深度、结构等方面的情况，设计时需进行避让。根据相关图纸梳理潜在的集水面和受水区之间的相对高差，了解潜在集雨面材料、面积等内容。

4. 设计基础资料

(1) 气象水文资料。包括降水、暴雨、气温等水文气象资料，其中降水资料为重点，设计时尽可能利用工程所在地10年以上的气象站或雨量站实测降水数据，当实测数据不满足系列要求时，可利用当地水文手册进行查算。

(2) 地形地质资料。收集项目有关地形图、地质图、工程地质和水文地质勘探资料等，各类图纸的比例尺应满足相应阶段设计要求。调查相关区域滞水层和地下水分布情况，收集土壤类型及渗透系数方面的资料。

(3) 需水资料。收集受水区需水类型、耗水定额及频次资料，若涉及农作物或植被灌溉，还应收集农作物和植被类型、种植面积和耗水定额的资料。

(4) 其他资料。调查已建降水蓄渗工程的种类、数量及结构形式等资料。收集当地社会经济状况、交通、外购材料及当地建筑材料的数量和分布地点等资料。

6.4.5.2 布置设计

降水蓄渗工程的布置需结合项目建设区降水资源、地形地质、集流面条件及社会经济条件等进行综合分析确定。收集设施、过滤沉淀设施、雨水蓄存设施、入渗设施需系统考虑、统一布设。

1. 收集设施

收集设施需根据集流面的不同进行选择布置。利用屋面集流时，收集设施可采用汇流沟或管道系统输送雨水。汇流沟通常布设在屋檐落水下的地面上，管道系统一般包括收集管、水落管和连接管，屋面集流经天沟或檐沟汇集后进入管道系统。其他集流面的收集设施多沿道路或等高线设置，通常利用各部位设置的截、排水（管、渠）沟等。

2. 过滤沉淀设施

过滤沉淀设施布置在收集设施末端，通常包括初期雨水弃流设施、过滤设施和沉淀设施。除屋面外，其他集流面收集的降水通常需要设置雨水弃流设施，天然坡面、地面或路面等集流面收集的雨水含沙量较大时，应在收集设施末端设沉沙池，对于污染程度较高的集流面收集的降水还应设置过滤设施。

3. 雨水蓄存设施

雨水蓄存设施布置应结合集流面积、地形及地质等统筹考虑，构筑物布置应避开宜发生泥石流、滑坡等地质灾害的区域，同时还应保证构筑物周边有足够的集流面积，尽量使降水能自流进入蓄存设施内。

4. 入渗设施

入渗设施种类较多，其中下凹式绿地的布设宜采用分散的、小规模就地处理的原则，尽可能就近接纳雨水径流，一般与地面的竖向高差为50～200mm，布置应距回填土区域不小于0.5m；透水铺装一般仅接纳自身表面来水量，通常布设在人行道、非机动车道的硬质地面或工程管理区不宜采用绿地的区域；渗透管通常用于表层土渗透性较差而下层土透水性良好的区域，多沿道路、广场或建筑物四周布设；渗井多利用在地面可利用空间小的城市项目，适用于表层土壤渗透性差而下层土壤渗透性好的场合。

6.4.5.3 结构设计

1. 收集设施

汇流沟和截、排水（渠）沟多采用圬工结构，通常包括现浇或预制混凝土、砌体衬砌的矩形沟、梯形沟、U形渠等，收集管、水落管、连接管、雨水管等可采用金属或塑料管，其中镀锌铁皮管多为方形，其他管道多为圆形。

2. 过滤沉淀设施

通常在弃流、过滤和沉淀设施输水末端设置格栅或筛网拦截较大的漂浮物。弃流设施断面设计与布置形式可参照蓄水池设计及《建筑与小区雨水控制及利用工程技术规范》（GB 50400—2016）有关规定执行；过滤设施断面多为矩形（图6.8），可采用单层或多层滤池，过滤料可采用的材料较多，有石英砂、无烟煤、果壳、磁铁矿等。单层滤池过滤料多采用粒径较小的材料，多层滤池过滤料按照进水口端至出水口端各层材料粒径逐渐减小的布设结构；沉沙设施断面多为矩形，当泥沙含量较高时，可于沉沙池内迎来水方向设斜墙，延长水流在池内流动时间，以利于泥沙沉淀。弃流、过滤和沉淀设施多采用现浇或预制混凝土、砌体衬砌等结构。

3. 雨水蓄存设施

蓄水池池体结构多采用圆形或矩形，池底和边坡可采用浆砌石、素混凝土或钢筋混凝

6.4 分区措施布设

土衬砌或浇筑，土质蓄水池进水口和溢洪口应设衬砌。集雨箱通常用于工程管理区屋面集流的蓄存，蓄存规模较小，多为定型设备，材料一般采用玻璃钢、金属或塑料。水窖常见的有井式水窖和窖式水窖，井式水窖地面部分包括窖口、沉沙池和进水管，地下窖体包括窖筒、旱窖、水窖（图6.9）；窖式水窖地面部分包括取水口、沉沙池和进水管，地下窖体包括水窖、窖顶、窖门。水窖应重点做好防渗和基础处理工作，根据土质条件选择水泥砂浆抹面、黏土或现浇混凝土进行防渗，水窖应坐落于质地均匀的土层上，对底基土进行翻夯处理。涝池通常为矩形或圆形，根据坐落位置的地质情况可采用土质涝池或砌体砌筑，其中土质边坡坡比宜取1∶1，衬砌边坡坡比宜取1∶0.3。

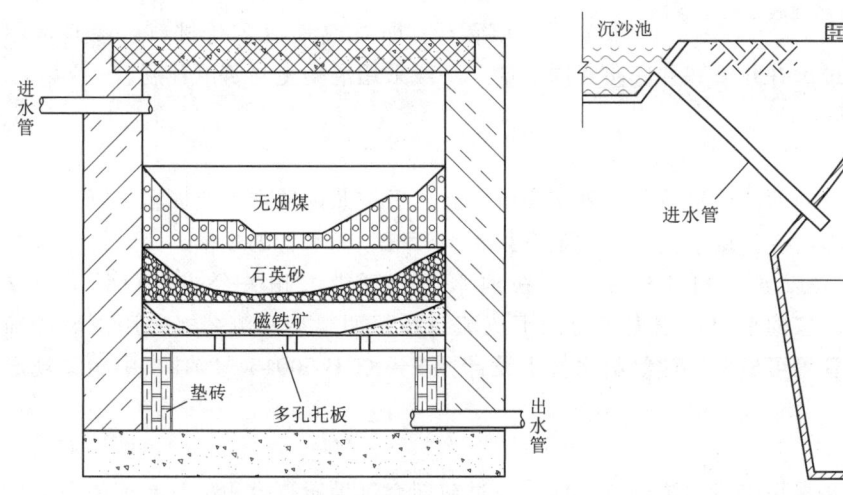

图6.8 过滤池断面结构示意图　　　图6.9 井式水窖典型断面示意图

4. 入渗设施

下凹式绿地适用于土壤渗透系数在$10^{-6} \sim 10^{-3}$m/s之间（图6.10），地下水位距渗透面距离小于1m的区域，绿地周边应布设雨水径流通道，超标雨水经雨水口进入通道后排

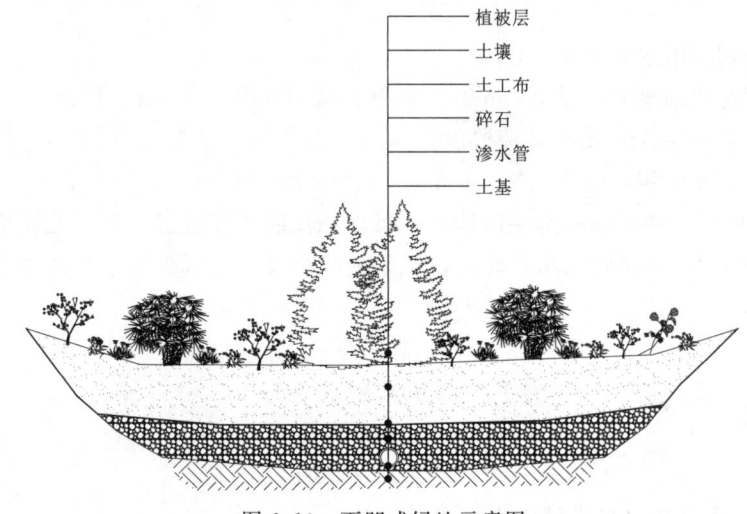

图6.10 下凹式绿地示意图

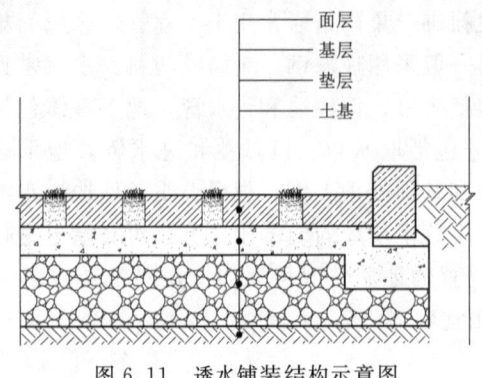

图 6.11 透水铺装结构示意图

出，雨水口一般采用平箅式。透水铺装自上而下一般由面层、基层、垫层和土基组成（图 6.11），面层可选用多孔沥青、透水水泥混凝土、透水砖和草皮砖等材料；基层宜选用级配碎石、透水水泥混凝土、透水水泥稳定碎石基层；垫层宜选用中砂或粗砂。渗透管由中心渗透管、管周填充材料和外包土工布组成，中心管可采用 PVC 穿孔管、钢筋混凝土穿孔管或无砂混凝土管等，管材周围回填砾石、卵石或其他多孔材料。渗井常用的为浅井，雨水通过渗井井壁和井底向四周渗透，一般采用混凝土浇筑或预制。

6.4.5.4 设计计算

1. 收集设施

集水（沟）管槽断面的计算首先要确定集流面，然后按照区域内汇流面积、降雨强度等进行汇流流量计算，再根据汇流流量确定各集水沟管槽、输水管的规模。集水面上降雨高峰历时内汇集的径流流量可参照工程所在地水文计算中的相关公式进行计算，集水（沟）槽断面、底坡的拟定可根据求得的汇流流量按照明渠均匀流公式采用试算法确定，集水管、输水管等可根据《建筑给水排水设计标准》（GB 50015—2019）中相关规定进行计算。

2. 过滤沉淀设施

初期径流装置通常采用容积法进行设计，通过初期弃流量所需容积推算弃流池断面尺寸，具体可参照蓄水池设计及《建筑与小区雨水控制及利用工程技术规范》（GB 50400—2016）的有关设计规定。采取容积法对初期径流装置进行设计，重点在于初期径流弃流量的计算。初期雨水弃流量通常按照建设用地实测收集雨水的污染物浓度变化曲线和雨水利用要求确定，计算式为

$$W_i = 10\delta F$$

式中 W_i——初期雨水弃流量，m^3；

δ——初期雨水弃流厚度，mm，屋面弃流可采用 2～3mm 径流厚度，地面弃流可采用 3～5mm 径流厚度；

F——汇水面积，m^2。

生产建设项目沉沙设施多选用沉沙池，沉沙池按照水流从进入沉沙池开始，所携带的设计标准以上的泥沙，流到池出口时正好沉到池底来设计，沉沙池结构尺寸可按以下公式进行计算：

$$L = (2Q/V_c)^{1/2}$$
$$V_c = 0.563 D_c^2 (\gamma - 1)$$
$$B = L/2$$
$$H = 1.5 \sim 2.0 \text{m}$$

式中 Q——上游排水沟设计雨水流量，m^3/s；

6.4 分区措施布设

V_c——设计标准下粒径的沉降速度，m/s；

D_c——设计标准粒径，mm；

γ——泥沙颗粒密度，g/m³；

L、B、H——沉沙池的长、宽、深。

过滤设施一般用于处理初期雨水弃流后剩余的悬浮物固体颗粒、胶体物质等，通常按经验进行设置，可分为单层滤池和多层滤池，其中单层滤池厚度通常为80~120mm，滤料粒径多为0.5~1.2mm。多层滤池过滤料按照进水口端至出水口端各层材料粒径逐渐减小的布设结构，各层材料厚度及粒径随材料的不同有所不同，多层滤池通常设置为3层，各层搭配材料多为无烟煤、石英砂和磁铁矿，其中无烟煤粒径0.8~2.0mm，石英砂粒径0.5~1.0mm，磁铁矿粒径0.25~0.50mm。

3. 雨水蓄存设施

雨水蓄存设施较多，涉及的计算主要为蓄水设施容积计算，通过容积反推设施断面尺寸，具体计算时一般采用简化的容积系数法，通过以下公式进行计算：

$$V = KW_j/(1-\alpha)$$

$$W_j = \sum_{i=1}^{n} F_i k_i p_p /1000$$

$$p_p = k_p p_0$$

式中 V——蓄水设施容积，m³；

K——容积系数，为蓄水容积与全年供水量的比值，半干旱地区灌溉供水工程取0.6~0.9，湿润半湿润地区取0.25~0.4；

α——蓄水工程蒸发、渗漏损失系数，取0.05~0.1；

W_j——年可集雨量，m³；

n——材料种类；

F_i——第 i 种材料的集雨面积，m²；

k_i——第 i 种材料的径流系数，可参照《建筑与小区雨水控制及利用工程技术规范》（GB 50400—2016）进行取值；

p_p——保证率 P 时的年降雨量，mm；

k_p——径流系数，即保证率为 P 时全年降雨量与降水量之比值，供水保证率可按50%~75%计取；

p_0——多年平均年降水量，mm。

4. 入渗设施

入渗设施计算主要确定设施渗透面积，透水铺装厚度问题。入渗设施渗透面积可对设施进水量、渗透量、有效容积进行计算，进而确定设施长度、宽度等尺寸；透水铺装厚度需结合地区降雨强度、降雨持续时间、工程所在地的土基平均渗透系数、透水铺装地面结构层平均有效孔隙率进行计算。

（1）设施进水量按下式计算：

$$W_c = 1.25[60 \times q/1000 \times (F_y \Psi_m + F_0)] t_c$$

式中 W_c——降雨历时内，进入渗透设施的设计总降雨净流量，m³；

q——渗透设施产流历时对应的暴雨强度，L/(s·hm²)；
F_y——渗透设施服务面积，hm²；
Ψ_m——平均径流系数；
F_0——渗透设施直接受水面积，hm²；
t_c——降雨历时，min。

（2）设施渗透量按下式计算：

$$W_s = \alpha K J A_s t_s$$

式中　W_s——渗透量，m³；
　　　α——综合安全系数，可取 0.5~0.8；
　　　K——土壤渗透系数，m/s，土壤渗透系数应以实测数据为准，无实测数据可参照表 6.11 取值；
　　　J——水力坡降，一般取 1.0；
　　　A_s——有效渗透面积，m²；
　　　t_s——渗透时间，s。

表 6.11　　　　　　　　　　土 壤 渗 透 系 数

地 层	地 层 粒 径		渗透系数 K/(m/s)
	粒径/mm	所占重量/%	
黏土			$<5.7\times10^{-8}$
粉质黏土			$5.7\times10^{-8} \sim 1.16\times10^{-6}$
粉土			$1.16\times10^{-6} \sim 5.79\times10^{-6}$
粉砂	>0.075	>50	$5.79\times10^{-6} \sim 1.16\times10^{-5}$
细砂	>0.075	>85	$1.16\times10^{-5} \sim 5.79\times10^{-5}$
中砂	>0.25	>50	$5.79\times10^{-5} \sim 2.31\times10^{-4}$
均质中砂			$4.05\times10^{-4} \sim 5.79\times10^{-4}$
粗砂	>0.50	>50	$2.31\times10^{-4} \sim 5.79\times10^{-4}$
圆砾	>2.00	>50	$5.79\times10^{-4} \sim 1.16\times10^{-3}$
卵石	>20.00	>50	$1.16\times10^{-3} \sim 5.79\times10^{-3}$
稍有砾隙的岩石			$2.31\times10^{-4} \sim 6.94\times10^{-4}$
砾隙多的岩石			$>6.94\times10^{-4}$

（3）设施有效贮水容积按以下公式计算：

$$V_s \geqslant W_p / n_k$$
$$W_p = \max(W_c - W_s)$$

式中　V_s——有效贮水容积，m³；
　　　W_p——产流历时内的蓄积水量，产流历时宜小于 120min，m³；
　　　n_k——存贮层材料的孔隙率，应不小于 30%，无填料的情况取 1。

（4）透水铺装地面结构总厚度按下式计算：

$$H = (0.1i - 3600q)t/(60v)$$

式中 H——透水铺装地面结构总厚度，不包括垫层厚度，cm；

i——土基的平均渗透系数，m/s；

q——降雨强度，mm/h；

t——降雨持续时间，min；

v——透水铺装地面结构层平均有效孔隙率，%。

6.4.5.5 布设成果

可研阶段确定收集设施、过滤沉淀设施、蓄存设施、入渗设施的大体位置或布设区域，绘制平面图和典型剖面图，并有一定的文字说明；初步设计阶段确定需水量和可集水量，复核降水蓄渗工程的位置、类型、结构形式及主要尺寸，绘制平面图、主要剖面设计图和结构图，复核降水蓄渗工程工程量；施工图阶段绘制降水蓄渗工程平面布置图、结构图、细部构造图等。

6.4.6 土地整治工程

生产建设项目土地整治内容主要包括土地平整及翻松、表土回覆、田面平整和犁耕、土壤改良及必要的灌溉设施建设等。根据《生产建设项目水土保持技术标准》（GB 50433—2018）、《水土保持工程设计规范》（GB 51018—2014）规定，结合工程实际，其布置设计内容包括设计依据、土地利用方向的确定、布置设计、布设成果。

1. 设计依据

（1）标准规范。

1)《灌溉与排水工程设计规范》(GB 50288—2018)。

2)《生产建设项目水土保持技术标准》(GB 50433—2018)。

3)《水土保持工程设计规范》(GB 51018—2014)。

4)《水土保持综合治理 技术规范 小型蓄排引水工程》(GB/T 16453.4—2008)。

5)《生态公益林建设 技术规程》(GB/T 18337.3—2001)。

6)《泵站设计规范》(GB/T 50265—2022)。

7)《雨水集蓄利用工程技术规范》(GB/T 50596—2010)。

8)《水利水电工程水土保持技术规范》(SL 575—2012)。

9)《土地复垦质量控制标准》(TD/T 1036—2013)。

（2）设计成果。指收集主体工程设计成果，了解主体设计的项目组成、占地地类、占地性质、扰动范围分布、扰动后立地条件情况。

（3）设计基础资料。

1) 气象水文资料。包括降水、气温、灌溉水源等水文气象资料。

2) 地形地质资料。包括地形图、地质图及必要的测量图件。

3) 其他资料。包括地面物质组成与覆土资料。

2. 土地利用方向的确定

土地利用方向应符合法律法规规定，需根据占地性质、原土地利用类型、立地条件和最终使用者需求进行综合确定，并与区域自然条件、社会经济发展和生态环境建设相协调，宜农则农、宜林则林、宜牧则牧、宜建设则建设。

永久占地范围内裸露土地和未扰动土地尽量恢复为林草地，工程临时占地范围内原地貌为耕地的可恢复耕地，原地貌为非耕地的可恢复为林草地，也可按土地利用规划进行整治。实际土地整治中，也有恢复为水面养殖、景观或其他用地的情况。

3. 布置设计

（1）扰动占压土地的平整及翻松。

1）粗平整。粗平整一般通过推土机、挖掘机、推土铲或其他机械设备进行，需对扰动区域或裸露地表的土地采取削凸填凹。粗平整包括成片平整、局部平整和阶梯式平整三种形式。成片平整多用于3°以下的土地，一般恢复方向为耕地；局部平整主要对局部堆脊进行削平，多用于3°～5°的土地，一般恢复方向为林地或果园；阶梯式平整一般对坡度相对较大的土地进行平整，整治为阶梯状，平台上可恢复耕地、林地，边坡通常恢复为草地。

2）精细平整。弃土（石、渣）场或取土场粗平整以后，通常会存在细部结构不符合要求的情况，这就需要进行精细平整，通常包括边坡、拐角和边缘等修整工作，可采用小型机械或人工进行处理，精细平整应保证再塑土地稳定，防治水土流失。

3）翻松。施工生产生活场地、临时道路等区域经施工占压后，土壤压实度较高，为给恢复耕地或林草地创造更好的立地条件，需采用挖掘机或推土机等对土壤进行翻松，局部拐角或边缘区域可考虑人工翻松处理，翻松厚度一般为0.2～0.3m。

（2）表土回覆。土地整平工作结束后，应采取表土回覆工作，覆土厚度结合土地利用方向及项目所在区域立地条件综合考虑，可参考表6.12进行取值。

表6.12　　　　　　　　各地区覆土厚度参考值

分　区	覆　土　厚　度/m			
	农　地	林　地	草地（不含草坪）
西北黄土高原区的土石山区	0.60～1.00	≥0.60	≥0.30
东北黑土区	0.50～0.80	≥0.50	≥0.30
北方土石山区	0.30～0.50	≥0.40	≥0.30
南方红壤区	0.30～0.50	≥0.40	≥0.30
西南土石山区	0.20～0.50	0.20～0.40	≥0.10

注　1. 黄土覆盖深厚地区不需覆土。
　　2. 采用客土造林、栽植带土球乔灌木、营造灌木林可视情况降低覆土厚度，或不覆土。
　　3. 铺覆草坪时覆土厚度不小于0.10m。

（3）田面平整和犁耕。

1）田面平整。田面平整包括坡面平整和平台面平整。

坡面平整可采取水平沟整地、穴状整地、反坡梯田整地等。水平沟整地主要适用于坡面条播；穴状整地主要适用于穴播；反坡梯田整地后，田面坡向与原始边坡坡向相反，具有较强的蓄水保土能力。

平台面平整通常先在平台四周和内部修建田埂，然后根据土地利用方向的不同采取不同的整地内容。对于土地利用方向为耕地的，主要整地方式有全面整地和块状整地，整地应符合耕作要求，并结合当地常用的耕作机械及工程实际进行田间生产路、水渠、林带、田块规格的规划及设计。对于土地利用方向为林草地的，主要整地方式有全面整地、块状

6.4 分区措施布设

整地、穴状整地及水平沟整地，整地规格可参考《生态公益林建设 技术规程》（GB/T 18337.3—2001）执行。

2）犁耕。土地恢复利用方向为耕地的，需采取机械或人工辅助机械进行犁耕，犁耕是保障粮食产量的重要环节，耕翻土壤要全面。土壤犁耕可改善土壤结构、增加土壤通气性和水分渗透能力，犁耕深度需根据拟种植作物进行调整。耕地的有效土层厚度需符合土地复垦有关标准的规定。

结合工程实际，有条件的区域鼓励进行生态型犁耕深翻，实施秸秆生态犁耕深翻还田，可以改善秸秆机械化还田的深度和均匀度，减少耕作层的秸秆比例，提升耕地地力，并有效解决土壤板结问题。

（4）土壤改良。土壤改良方案根据土地利用方向及扰动区立地条件进行综合确定。有一定土壤并恢复为耕地的，应增施有机肥、复合肥或其他肥料；恢复为林草地的，优先选择具有根瘤菌或其他固氮菌的绿肥植物，工程管理范围内的绿化区应在田面细平整后增施有机肥、复合肥或其他肥料；地表为风沙土、风化砂岩时，可添加污泥、河泥、湖泥、木屑等进行改良；pH值超标土地可添加黑矾、石膏、石灰等进行改良；盐渍化土地可采取灌水洗盐、排水压盐、客土等方式进行改良。

土壤改良鼓励采用新工艺、新方法，如生物炭技术、内生菌根技术、农林废弃物堆肥技术等。实践过程中，可结合工程实际选择不同的土壤改良方法。

（5）灌溉设施建设。缺水、降雨量不足、恢复为水田或水浇地、拟种植的作（植）物需水规模较大的区域，应对工程破坏的水利设施进行恢复及配套建设灌溉设施。灌溉设施通常由水源工程和输配水工程组成。水源工程主要有蓄水工程、引水工程、提水工程等组成；输配水工程主要包括渠道或管道系统。灌溉设施设计需符合《雨水集蓄利用工程技术规范》（GB/T 50596—2010）、《灌溉与排水工程设计规范》（GB 50288—2018）、《泵站设计规范》（GB/T 50265—2022）、《水土保持综合治理 技术规范 小型蓄排引水工程》（GB/T 16453.4—2008）、《水土保持工程设计规范》（GB 51018—2014）等规范的相关规定。

4. 布设成果

可研阶段初步确定土地整治位置、面积、整治内容，提出土地整治相关技术要求，绘制土地整治工程典型设计图；初步设计阶段复核土地整治位置、面积和整治内容，覆土土地整治要求，绘制土地整治平面图、主要剖面设计图，复核土地整治工程量；施工图阶段绘制土地整治平面图和剖面图。

6.4.7 植被恢复与建设工程

生产建设项目在实施过程中对地面植被的破坏性大，对土壤及岩层扰动严重，同时产生大量的松散堆积物，水土流失严重，对项目区及周围的生态环境产生较大的影响。应该采取切实的水土保持措施，包括水土保持工程措施、水土保持林草植被措施和水土保持农业技术措施。根据水土保持各类措施本身的特点和防治重点不同，它们往往相互配合、相互促进，以形成一个综合的水土流失防治体系。植物措施在生产建设项目水土保持工作中起着非常重要且其他措施无法替代的作用，是通过林草植被对地面的覆盖保护作用、对降雨的再分配作用、对土壤的改良作用，以及植被根系对土壤的强大固结作用来防治水土流失,且兼顾生物资源合理生产利用的生态工程措施。生产建设项目水土保持中的植被建设工程既包括对弃渣场、取土场、取石场及各类开挖破坏面的林草恢复工程,也包括对项目建设区范围内的裸露地、闲置地、废弃地、各类边坡等一切能够用绿色植物覆盖的地面所进行的植被建设和绿化美化工程,如生活区、厂区、管理区及道路等植被绿化。

6.4.7.1 基本原则和设计要求

1. 基本原则

(1) 生产建设项目应通过选线、选址及工程总体布置等方案的比选,尽量避让开人工片林、天然林,以及自然保护区、草原保护区及湿地区等的自然植被;应尽量减少征占、压埋地表和植被的范围。对具有特殊功能的植被应采取局部保护措施加以保护。

(2) 植物措施与工程措施相配合,植被建设工程的设计必须与景观设计、土地整治工程设计紧密结合,不同区域和不同生产建设项目,应分别确定植被建设目标设计不同措施,同时兼顾防护和绿化美化的要求,考虑生态效益和景观效益。

(3) 遵循恢复生态学理论,植物配置应根据工程不同,采用不同的绿化物种配置,种草与植树结合,适地适树、适地适草、因地制宜,依据树种和草种的生态学和生物学特性。同时兼顾生物多样性与植物乡土化,选择当地优良的乡土树种和草种,或多年栽培、适应性较强的树种和草种为主。

(4) 植物配置密度的确定应以植被建设目的、树种与草种特性、立地条件等为依据,按照《水土保持综合治理 技术规范》确定,主要兼顾适生造林树种的初植密度。

2. 设计要求

(1) 可行性研究阶段。

1) 在前期调查基础上,初步确定水土保持植被恢复与绿化的范围、任务和规模,对主体工程提出植被保护的相关建议。

2) 分析预测植被恢复与建设可能出现的限制因子和需采取的特殊措施。

3) 结合主体工程设计分区,基本确定植被恢复与绿化的标准,比选论证植被恢复与绿化总体布局方案。应根据项目主体建设的要求,研究项目对绿化的特殊要求,并比较论证提出可行的绿化方案。

4) 初步确定植被恢复与绿化的立地类型划分、树种选择、造林种草的方法,做出典型设计,并进行工程量计算和投资估算。

(2) 初步设计阶段。

1) 根据水土保持方案和主体工程可行性研究,调整与复核植被恢复与绿化方案,确定分区绿化功能、标准与要求。

2) 划分植被恢复与绿化的小班(地块),分析评价各小班的立地条件。对特殊立地需要改良的,提出相应的改良方案。

3) 根据林草工程的设计要素与要求,对每一地块做出具体工程措施设计与人工植物群落的优化配置的设计。

6.4.7.2 植物措施设计关键技术

1. 立地条件分析评价

立地条件是指待恢复和重建植被场所中,所有与植被生长发育有关的环境因子的综合,包括气候条件、地形条件和土壤条件,立地条件的分析、评价和改良对于克服植物生长限制性因子,有效快速地恢复植被具有重要作用,是生产建设项目植被恢复过程中的重要环节。

由于生产建设项目对原地面植被的破坏,对原地表形态及地面组成物质的强烈扰动,往往造成立地条件的恶化,限制性因子相互叠加,给植被恢复和重建带来较大困难,存在的问题不仅仅是水土流失及其带来的干旱和贫瘠,同时还会存在区域生态环境恶化、水文条件的改变和污染等一系列问题。因此,生产建设项目水土保持植被恢复要比原地貌的水土保持植物工程要求更高、技术性更强,这就要求对立地条件的分析要比原地貌更具体和更具针对性,主要分析项目区的气候、地形、土壤、水文、大气污染物及生物因子等,确定项目区地块的主要类型,如荒坡,包括草坡、灌草坡、灌木坡;荒地,包括河滩地、盐碱地、沙地、其他退化劣地;农耕地;工矿区闲置地等。同时对不同生产建设项目立地条件存在的问题采取具体针对性和有效性的立地条件改良方法,如土壤培肥、熟化、施肥、增加土壤有机质含量及换土等。

2. 植物种的选择

生产建设项目由于对原有植被破坏严重,对地面扰动较大,因而其立地条件往往比较差。由于条件的改变,即使当地原生植被生长也会受到限制,因而生产建设项目区植被恢复与重建的植物选择必须遵循"适地适种"的原则,结合植物种的生态学和生物学特性,"适地适种"可以由以下两条途径实现:一是选树(草)适地或改树(草)适地,即根据待恢复植被场地的立地条件选择或引进对各种限制因子有抗性的先锋植物首先定居,随着先锋植物的生长和繁殖,生境逐渐得以改善,同时其他植物种也会逐渐入侵,如植物种选择合理,种植和养护技术较好,最终会形成稳定群落;二是改地适种,即有目的地人为改善立地条件,使其适合植物生长,各类生产建设项目中大部分土地理化性质较差,基本上都需要进行立地条件的改良。这两种途径都是生产建设项目植被恢复的重要途径,但两者并非相互独立,在生产实践中只有将两者结合起来,植被恢复才会取得好的效果。虽然不同的建设项目为植物提供的生境条件并不相同,但根据生产建设项目水土保持的任务,植物种的选择应遵循以下原则:

(1)适应当地的气候条件,尤其要适应当地的灾害性天气(高温、低温等)。

(2)适应当地的土壤条件(水分、pH值、土壤性质以及贫瘠、盐碱、毒害等),成活率高。

(3)具有较强的抗逆性(包括抗旱性、抗热性、抗寒性、抗贫瘠性、抗病虫害性等)。

(4)尽量选择有固氮能力植物,以缓解土壤养分的不足。

(5)根系发达,须根性强,能网络固持土壤,地上部分生长迅速,枝叶繁茂,能在短期内覆盖地面。

(6)越年生或多年生。

(7)种子或种苗容易获得,或容易繁殖,且适应粗放管理。

天然生长的乡土植物通过不同种间的竞争已适应了当地的生存环境,它们比外来的植物种对当地气候的适应能力更强。因此,植物种的选择应首选乡土植物,但同时应该注意到经工程建设影响后的种植条件与原生境条件的不同。适合我国亚热带地区生产建设项目的植物种很多（表6.13），具体选择时还应进行不同植物种的选择和配合方案的对比分析研究，最终筛选出最佳的植物种及配置。

表6.13　　　　　　　　部分亚热带地区常用植物种的生态特性表

生长型	序号	树（草）种	生 长 习 性	适用部位及用途
乔木	1	黄槐	半落叶小乔木、喜温、全年开花	行道树、观赏
	2	湿地松	常绿大乔木，在中性以至强酸性红壤丘陵地，较耐旱，在干旱贫瘠低山丘陵能旺盛生长；抗风力强；为最喜光树种，极不耐阴	防风带、荒山绿化
	3	大叶相思	常绿乔木，可以在贫瘠、干燥、坚硬的土壤上正常生长，又能抵抗强风	绝佳的防风及造林树木。树冠茂密，可抑制树下的植物生长，常被种植作隔火林
灌木	1	夹竹桃	常绿大灌木，喜光，喜温暖湿润气候，不耐寒，忌水渍；适生于中性土壤，对土壤要求不严，耐烟尘，抗有毒气体	造景、抗污染树种
	2	小叶女贞	常绿灌木、适应性强、耐贫瘠、易修剪	绿篱、抗污染树种、隔离带、路边
草本	1	结缕草	适应性较强，喜温暖气候，喜阳光；耐高温、抗干旱、耐荫	优良的草坪植物，良好的固土护坡植物
	2	地毯草	多年生草本，耐酸性土壤和贫瘠的土壤环境	常作为斜坡或路边水土保持用草
	3	狗牙根	多年生，生命力强，繁殖迅速，蔓延快，成片生长，不怕践踏	固土护坡绿化材料种植
	4	百喜草	多年生，根系发达，对土壤要求不严，在肥力较低、较干旱的沙质土壤上生长能力仍很强，耐践踏	斜坡和道路护坡、水土保持绿化植物
藤本	1	爬山虎	多年生大型落叶木质藤本植物，适应性强，性喜阴湿环境，但不怕强光，耐寒，耐旱，耐贫瘠，气候适应性广泛；对二氧化硫等有害气体有较强的抗性	垂直绿化的优选植物
	2	金银花	半常绿藤本，喜温和湿润气候，喜阳光充足，耐寒、耐旱、耐涝，对土壤要求不严，耐盐碱，但以土层深厚疏松的腐殖土栽培为宜	垂直绿化
	3	常春藤	常绿木质藤本，性喜温暖、荫蔽的环境，忌阳光直射，但喜光线充足，较耐寒，抗性强，对土壤和水分的要求不严，以中性和微酸性为最好	垂直绿化

3. 植被的布局与配置模式

生产建设项目水土保持植物措施的布局与配置模式要根据各类再塑地貌或废弃场地的特点及土地利用方向而定，在保证其稳定性及保持水土的前提下可考虑其他用途。

(1) 常见造林植物配置与密度。

1) 树种组成。组成有纯林、混交林（乔-乔、乔-灌、乔-草、灌-草、乔-灌-草）。

2) 树种结构。树种混交结构以有利于主要树种生长且以达到措施目的为原则，常用

126

6.4 分区措施布设

的混交方法有株间混交、行间混交、带状混交、块状混交、星状混交等。

3) 种植密度。常用的乔木株行距为 2m×2m、2m×3m 或 3m×3m，大型移植乔木株行距为 (4~6)m×(4~6)m；灌木株行距为 1m×1m，1m×1.5m 或 2m×2m。

(2) 常见生产建设项目水土保持植物配置模式。

1) 以林业利用为主的煤矸石山的植物配置模式。

煤矸石是煤炭开采和加工过程中排放的固体废弃物，是煤矿生产的必然产物，包括巷道掘进过程中的掘进矸石，采煤过程中从顶板、底板及夹层里采出的矸石，以及洗煤过程中的洗矸石，均是矿区主要的污染源之一。

煤矸石山的绿化技术分直接绿化和覆盖绿化两大类。直接绿化为不覆盖绿化，就是将植物直接栽种于矸石山表面，采取挖鱼鳞坑填土种植植物或用柳条筐、草袋装土后栽种植物的办法，但对黑色矸石山不宜采取直接绿化的方法。覆盖绿化则是在矸石山表面覆盖土层、粉煤灰等，其优点是改善了植物生长环境，成活率有所提高。

煤矸石山的植被恢复大部分以林业利用为主，主要目的是改善矿区景观和生态环境，宜栽植乔木为主，配以适当的草灌，其布局和配置模式可参考图 6.12。

2) 以农林复合生态系统为主的露天矿排土场植物布局与配置模式。

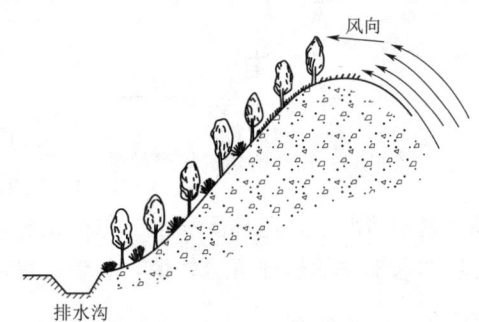

图 6.12 煤矸石山植物布局与配置模式

露天矿排土场平台和边坡相间分布，平台一般坡度小（<3°~5°），宽阔平坦，若条件覆土，可考虑用于农业，如种植作物、蔬菜、果树等；边坡多陡峭（30°~40°），遇降雨极易产生强烈的水土流失，只能用于林业。因此，总体上形成一个保护性林业和自给性农业相结合的植物布局和配置模式（图 6.13）。如果土源缺乏，无覆土条件，则可全部作为林牧业用地，其中边坡部位应根据斜坡水土流失规律，植被沿等高线布置，一般在坡体中上部为灌木与豆科、禾本科牧草混播的灌草结构，中下部为乔木、灌木为主的乔灌草混交林结构。

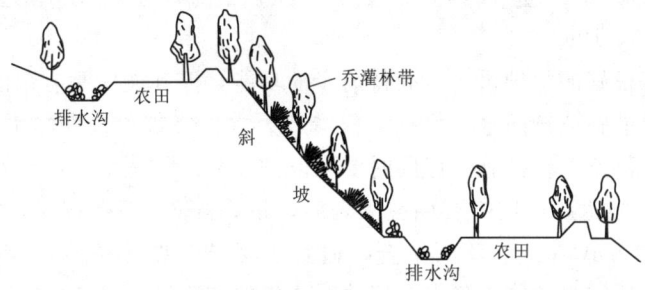

图 6.13 露天排土场农林复合系统结构布局与配置模式

3) 以防护为目的的道路边坡及周围地带植物布局与配置模式。

道路边坡包括路堑和路基，分别属于挖损地形和堆垫地形，坡度较陡，极易产生细沟状面蚀、浅沟侵蚀以及崩塌和滑坡等重力侵蚀，配置植物应以防止坡面水土流失，增加坡面的稳定性为主要目的，兼具美化路容、协调环境，形成特定景观的作用。可植树、种草或铺草皮，配置上应根据立地条件合理选择乔灌草种类及混交形式。

a. 全部种草。这类护坡模式适合于边坡比不大于1∶1的坡面（径流流速小于0.6m/s）。若土壤结构坚实，最好多种混播，如不宜播种，可铺5～10cm土层进行种植。

b. 铺草皮。对于边坡较陡，坡面径流流速快（0.6～1.8m/s），冲刷严重的坡面，可采用铺草皮的方法进行坡面绿化，根据具体条件其铺设方式有平铺（草皮平行于坡）、水平叠置、垂直坡面或与坡面成一半坡角的倾斜叠置草皮，还可采用片石铺砌成方格、拱式边框或混凝土框架，在方格或框内铺草皮。

c. 植树。当道路边坡为堤岸、河岸或滩岸时，可根据条件配置边坡护岸、护滩林；在路堑滑体上可先筑天沟排水，然后在滑体上营造乔灌树种，局部或全部造林均可。如图6.14所示。

一般情况下，当道路边坡为比较平缓的河岸时，在岸坡上可采用根蘖性强的乔灌木树种来营造大面积的混交林（图6.15）。在岸坡侵蚀和崩塌严重的情况下，造林要和水土保持工程措施结合起来，河岸上部比较平坦的地方应采用速生和深根性的树种营造林带，林带边缘距河岸边应留3～5m的崩塌空地（图6.16）。

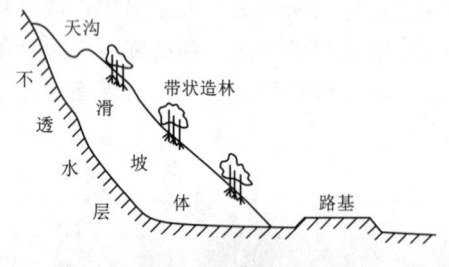

图6.14 路堑滑体造林配置图

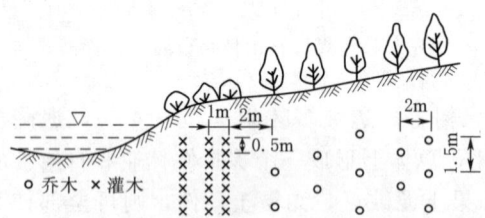

图6.15 平缓河岸护岸林配置图

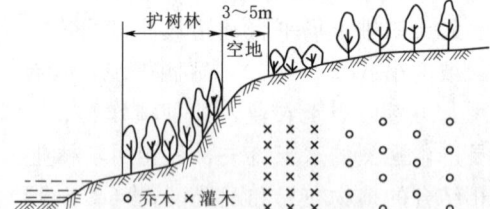

图6.16 侵蚀崩塌严重的河岸护岸林配置图

如果河岸比较陡峭，则往往侧蚀冲刷严重，易产生崩塌，因此在陡岸上造林，除考虑河水冲刷外，还应考虑重力崩塌。如果岸边较高，还应在岸边留出一定距离（图6.17）（高志义，1996）。

植被虽然具有很好的保护水土、固持河岸的功能，但其能力是有限的。当水流的冲淘作用很大时，护岸措施应转向水土保持工程措施为主，修筑永久性的水利工程，如防堤、护岸、丁坝等水土保持工程措施，但同时要配以护堤林。如图6.18所示。

d. 植物工程。当道路边坡需要稳坡固表时，植物配置宜乔灌草结合，并采取相应的工程措施，主要的方式有：①草灌结合，适宜于缓坡，坡体基本稳定［图6.19（a）］；②草灌护埂结合，适宜于坡体欠稳定，但冲刷均匀的坡面［图6.19（b）］；③柴束固土护坡，即斜坡面置柴束，再加土钉，上下空档栽植乔、灌或乔木，适宜于陡坡，易发生浅层滑坡的边坡［图6.19（c）］；④桩篱加固，即用柔软的枝条或藤条编成篱网，联桩固定在土体中，桩篱空档内植草灌或小乔，适宜于径流不均，侵蚀强度较大的坡面［图6.19

6.4 分区措施布设

(d)］；⑤石垛固坡，垛边筑石垛，垛内种植，适宜于典型土石山区坡面和石质裸坡［图6.19（e）］；⑥挂网喷播，在弱风化的岩石地区，且工程坡面大于70°的高陡边坡上采用挂网（土工网、铁丝网等），再将草种、纤维质、营养基质、保水剂等物质混合后高压喷植草坪［图6.19（f）］。一般应用于弱风化岩石边坡、坡度陡峭大于70°以上，土壤和营养成分极少的情况。以上方法对于堆垫体坡面、挖损地坡面亦可选择使用。

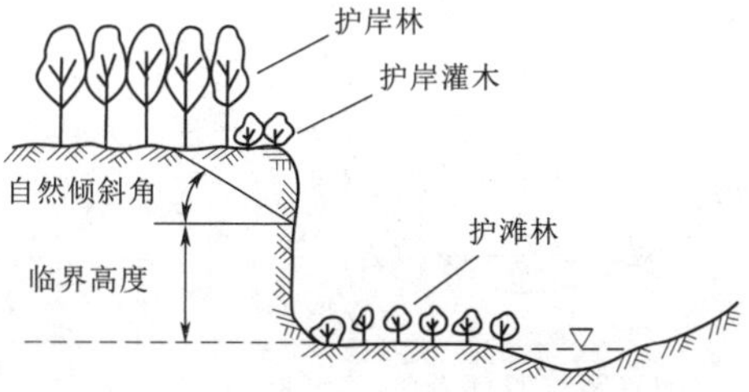

图6.17 陡峭河岸护岸林配置图 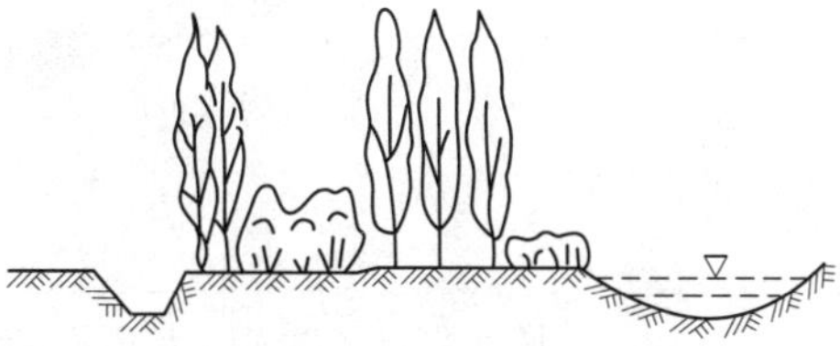　　图6.18 堤岸护岸护滩林配置图

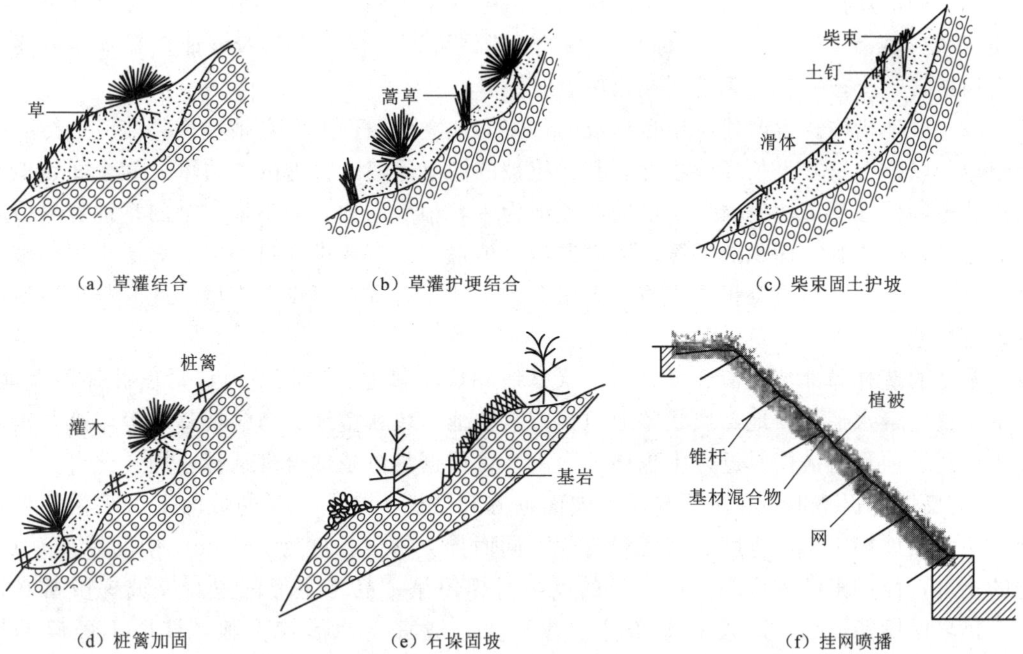

(a) 草灌结合　　(b) 草灌护埂结合　　(c) 柴束固土护坡

(d) 桩篱加固　　(e) 石垛固坡　　(f) 挂网喷播

图6.19 边坡植物工程配置示意

4) 以综合生产防护为目的的水库周围防护植物布局和配置模式。

水电站在水工程中具有典型代表意义，其植被恢复和重建包括两个方面：一是水工程施工建设造成的废弃地（取土场、取石场、开挖边坡等）的植被恢复和重建；二是水库建成以后配置在水库周围的防护植物。前者根据具体情况应首先对废弃地进行充填或非充填平整，有条件可覆土，平整结束后可根据立地条件、防蚀、景观、生产等要求进行配置。后者一般包括以下内容。①坝坡植被防护：若坝坡为浆砌石防护可不考虑；若为土质坝坡，可参照道路边坡的植物配置。②坝前坡地改良：主要选择耐水湿、抗逆性强的植物种全面种植。③进水沟道挂淤林：可以乔灌混交或纯灌木，带状布置在沟道内，或与拦泥谷坊相结合形成森林生态工程。④沿岸防浪灌木林带：以耐水湿的植物种为主，通常从水库常水位略低一点开始布置，如选择两栖榕（湖榕）、水翁、李氏禾等。⑤岸坡植物防护与利用配置：可根据条件配置乔灌混交、乔灌草混交或栽植经济林木（图6.20）。

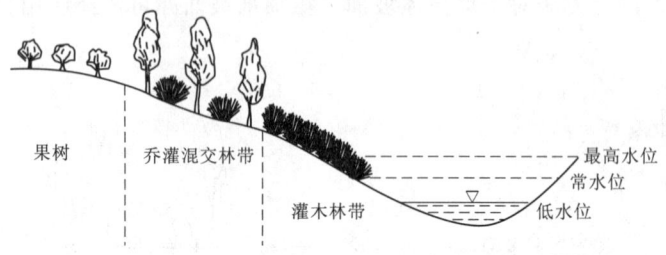

图 6.20 水库周围防护植物布局与配置图（于怀良等，1993）

4. 植被的营造与管理

（1）种苗规格要求。用于水土保持植物措施的苗木和草种必须是一级苗和一级种，并且要有"一签、三证"，即要有标签、生产经营许可证、合格证和检疫证。乔木质量要求是无病虫害、土球完整、无破裂或松散。

（2）整地措施。生产建设项目形成的待恢复地立地条件差，在植被恢复前应进行必要的整地，以改善植被生长环境条件，利于植被的恢复重建。整地的方法可分为全面整地和局部整地，但在生产建设项目中以局部整地为主，很少用到全面整地，全面整地容易引起水土流失，除非有大面积的平缓地形需要恢复植被。生产建设项目一般对表层土壤的破坏很大，有些矿渣、石块等粗质物质与土壤混为一体，有些甚至没有土壤，此时整地措施可以说是造地。

常见的造林局部整地措施可分为带状整地和块状整地。带状整地包括反坡梯田整地、水平阶整地、水平沟整地，块状整地包括穴状整地、块状整地、鱼鳞坑整地等，这些措施在生产建设项目植被恢复过程中也比较适用，可根据具体条件合理选择应用。

1）反坡梯田整地。在土层深厚，坡面整齐和坡度为$10°\sim35°$的坡面上可采用这种整地方法，反坡梯田田面宽度随坡度和树种不同而异。梯田长度为$5\sim6m$，中间留出$0.5m$宽的土垣，修成田面坡度为$10°\sim15°$的反坡，梯田呈"品"字形配置。反坡梯田蓄水保土、抗旱保墒能力强，改善立地条件的作用大，适宜于地形较平整，坡面不破碎的地方（图6.21）。

2）水平阶整地又称水平条，是沿等高线将坡面修筑成狭窄的台阶状台面。阶面水平或稍向内倾斜，有较小的反坡阶面宽度因地区而异，石质坡面较窄，土石坡面及土质坡面较宽，阶的外缘培修土埂或不修土埂，阶长视地形而定（图6.22）。

3）水平沟整地。水平沟是沿等高线挖沟用来种植植被的整地措施，沟的断面多呈梯形，其大小、深度和间距视径流量的大小而定，苗木应栽植于沟埂内侧坡的中部（图6.23）。

4）穴状整地为圆形坑穴，穴面与原坡面基本持平或水平。灌木整地穴直径$30\sim40cm$，深度$30\sim40cm$；乔木整地穴直径$50\sim60cm$，深度$50\sim60cm$。

6.4 分区措施布设

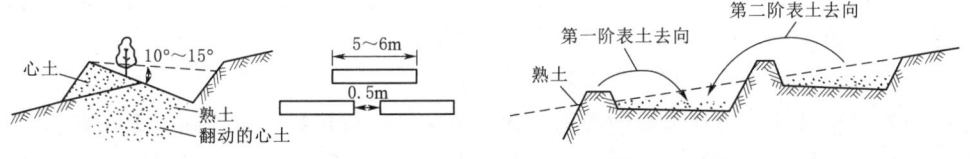

图 6.21 反坡梯田整地   图 6.22 水平阶整地

5) 块状整地为正方形或长方形坑穴，穴面与原坡面基本持平或水平。灌木整地穴长度 30~40cm，宽度 30~40cm，深度 30~40cm；乔木整地穴长度 50~60cm，宽度 50~60cm，深度 50~60cm。

6) 鱼鳞坑整地。鱼鳞坑即沿等高线自上而下开挖的形似半月形的坑穴（图 6.24）。一般长径（横向）0.8~1.5m，短径 0.6~1.0m，深为 40~50cm，外侧用生土修筑半圆形、高于穴面 20~25cm 的边埂。坑面水平或稍向内倾斜，坑与坑成"品"字形排列，利用保土蓄水。

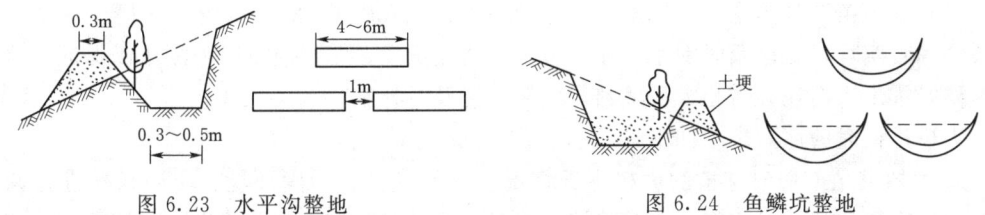

图 6.23 水平沟整地   图 6.24 鱼鳞坑整地

栽植乔灌树种以穴状整地和块状整地为主；种植绿篱以开沟整地为主，挖沟槽宽 25~50cm，槽深 25~40cm，槽宽和槽深根据苗木高度确定；在建植草坪的绿化地块，对土壤要求较高，播前应全面整地。立地条件较差时，如地表为建筑垃圾、灰渣土或土壤贫瘠，需客土栽植，表层覆土厚 30~80cm。

(3) 种（栽）植技术。生产建设项目植被恢复的类型可根据立地条件和利用方向分为农作物种植、果树或经济林种植和林草植被建设，但在生产实践中应用较多的还是水土保持林草植被的建设。生产建设项目水土保持林草植被的人工营造方法有直播、移植和营养繁殖三种。

1) 直播。直播是用种子直接播种培育苗木和灌草的一种比较简便、省工的方法，适合于一些发芽迅速或发芽时需水较少的种子，多用于草灌种植，乔木少用。为保证种子适时出土、出土整齐，苗株健壮，在播前必须对种子进行消毒、浸种和催芽处理。直播的技术要点：一是要确定合理的播种量；二是选择合适的播种方法。播种量的确定应在发芽率测定的基础上，考虑气候、地质、施工方法、植物之间的竞争和人为目的，合理确定播种量。播种方法除了常规的条播、点播和撒播外，在生产建设项目中由于存在很多无覆土的砾质土、石质土，有些甚至为裸岩或边坡陡峭，立地条件非常恶劣，植物生长难，此时需采取特殊的播种方法。

2) 移植是将已经培育好的苗木栽植到造林种草地上继续培育的方法，所采用的苗木可以是大田育苗、容器育苗、塑料大棚育苗和组织培养育苗等，在一些特殊地段（如公路边坡、河堤等）也可以用已育好的草皮进行覆盖。苗木移植通常在春季或秋季进行，草皮或移栽草本植物可不受季节限制。生产建设项目形成的废弃地立地条件恶劣，播种对树木来说速度慢、效果差，幼苗抗逆能力差，极易因旱、酸、碱和盐等限制因子的影响而死亡，不易成林，故乔木和大部分灌木的种植以移植为主。

生产建设项目林草植被建设中所用绿化苗木应选择树形好、抗性强、无病害、根系完整的优质壮苗，常绿树种及大中型苗木移植时带土坨。移植过程中从起苗、运输、假植、栽植都应层层把关，特别要注意以下几个技术问题：①容器苗栽植。容器苗根系应保存完整，维持原状，栽植后无缓苗期，抗逆性强，造林成活率高，尤其是在立地条件较差的地方。②客土栽植。再塑土体一般多为生土或贫瘠的废岩土堆，新栽苗常因不适应恶劣环境而死亡。因此，栽植时苗木带土球定植，能够缓和根系对不良环境的不适应，提高成活率。若有条件最好是栽植坑内填客土、施肥进行客土栽植。③及时浇水。生产建设项目废弃地大部分蓄水保水能力很差，干旱往往成为移植苗木成活的限制因素，因此，在苗木移栽后要及时浇水，并在苗木完全成活，根系可以吸收深层土壤水分，而且土壤具有一定的保水能力之前，密切观察苗木的生长状况，防止干旱死亡。

以春季植苗造林为主，一边整地一边造林，在坑穴底部铺 10～20cm 厩肥。保持根系伸展，深栽实埋，栽后及时灌水，灌后覆土，防止蒸发。草坪应及时喷洒水以保证土壤湿润。要安排专人巡视，防止人畜践踏，同时注意及时补栽。

大树移植时的注意事项如下：

a. 大树移植前应对移植的大树生长情况、立地条件、周围环境、交通状况进行调查研究，制定移植的技术方案。当需移植大树时，移植时间宜一年前确定，移植前应分期断根、修剪，做好移植准备。

b. 地上部枝干截口涂保护剂，主干用草绳缠紧，以减少水分蒸发。

c. 移栽后做牢支护，防止倒伏。

d. 移栽后切忌连续浇大水，防止因土壤通气不良造成烂根。

e. 浇水一定要配合施用生根粉，以促使萌生新根。

f. 移植后，两年内应配备专职技术人员做好修剪、剥芽、喷雾、施肥、浇水、防寒、防病虫害等养护管理工作，且建立技术档案，其内容包括实施方案、施工和竣工记录、图纸、照片或录像资料以及管护技术措施和验收资料。

3）营养繁殖是将植株的某一部分培育成苗木的方法，营养繁殖法根据所用的育苗材料和具体方法分为插条、埋条、插根、根蘖、嫁接及压条等，在生产建设项目植被恢复与重建过程中可以采用容易生根发芽的树木枝条、树干和易产生根蘖的苗木进行，这类种植技术具有投资小、苗木成活后适应性强等特点。

(4) 抚育管理。抚育管理包括灌水，松土、除草、施肥，补植，幼树管理，整形修剪，草坪养护等。

1）灌水。生产建设项目植被营造后应根据当地情况按适时适量的原则，及时补灌。

2）松土、除草、施肥。造林后及时进行松土、除草、施肥。松土与扶苗等结合进行，连续进行 3～5 年，每年 2～3 次，以后每年 1 次。在有条件的地方，结合松土除草给苗木施肥，施肥以复合肥为主。

3）补植。在造林后当年或第二年，根据苗木成活情况，进行补植。对成活率低于

85%的或有成片死亡的都需要补植，补植苗采用同树种、同规格的优质苗。

4）幼树管理。根据不同的林种和树种，按要求适时进行除蘖、修枝、整形等抚育工作。对萌蘖能力强的及因干旱、冻害、机械损伤、病虫危害造成生长不良的树种，应及时平茬复壮。对易受冻、旱害的树种，当年冬季应做好防寒（旱）措施，如封冻前灌足冬水，依树种特性、苗木大小分别采用埋土、盖草、塑料棚等防寒措施。同时做好林木的病虫害防治工作。

5）整形修剪。对应控制高度的树木定期整形修枝。特别是对道路两侧，要做好幼树期的整形修剪，修枝以晚秋和早春为宜，修枝强度根据树种、年龄、树冠发育状况而定，间隔期2～3年。

6）草坪养护。草坪建植后加强抚育管理，夏季应一周浇一次水，冬季在冻前浇一次透水。注意经常清除杂草，适时追肥，定期修剪，保持整齐美观。成活率不合格的草地，或个别地段有成片死亡的应及时补播。灰场植草区选用低养护草，成活后一般不再采取抚育管理措施。

5. 林草措施与工程措施的结合

水土流失的复杂性和广泛性决定了水土保持三大措施没有任何一项措施能够单独完成治理水土流失的艰巨任务，各项水土保持措施必须合理分工、互相促进，形成一个完整的体系，发挥其群体防护效果，才能全面有效地控制不同地形部位和不同形式的水土流失。因此，水土保持综合治理，实际上就是不同治理措施的有机组合以及在不同地形部位的合理配置，其形式有工程措施与林草措施结合、工程措施与农业技术措施结合、林草措施与农业技术措施结合、三大措施有机结合等多种形式。生产建设项目水土保持措施的配置也不例外，必须合理地选择治理措施，充分发挥各类措施的优势，达到各类措施优势互补、短期和长期兼顾，三大措施有机结合，这样才能达到有效防治水土流失的目的。

6.4.8 临时防护工程

生产建设项目施工期容易造成水土流失的各类施工扰动区域主要包括临时堆土（料、渣）、弃土（石、渣）场、取土（石、渣）场、施工场地、坡面土石方开挖和回填带（段）的下侧等裸露区域或可能的影响区域，以及渣（土）运输进出场车辆等。

根据《生产建设项目水土保持技术标准》（GB 50433—2018）、《水利水电工程水土保持技术规范》（SL 575—2012）规定，水土保持临时防护工程措施类型主要有临时拦挡、苫盖、排水、沉沙、铺垫、植草等，结合工程实际，其布置设计内容包括设计依据、布置设计、布设成果。常见临时防护工程如图6.25所示。

1. 设计依据

（1）技术标准（现行，不限于）。

1)《生产建设项目水土保持技术标准》（GB 50433—2018）。

2)《水利水电工程水土保持技术规范》（SL 575—2012）。

图6.25 临时防护工程

（2）主体工程设计成果。收集主体工程设计资料，如工程施工组织设计、施工方案，熟悉项目开挖、取料、回填、弃渣堆填等各项建设活动在施工期的临时堆土（料、渣）、弃土（石、渣）场、取土（石、渣）场、施工场地等裸露区的范围，了解项目施工组织设计的相关工程部位实施计划、土石方施工方法、弃土（石、渣）运输方式、进出场及交通道路情况、临时堆置位置等。

（3）设计基础资料。主要是收集工程区域水文气象资料，简述项目区气候类型、汛枯季节时段、多年平均气温、年降雨量、多年平均风速等。

2. 布置设计

（1）布置原则。

1）土建施工过程应有临时防护措施，根据施工期扰动区域裸露时间、所处工程部位、降雨、风速等因素选择适宜的临时防护措施。

2）开挖裸露地表应及时防护，减少裸露时间和范围，防止或减轻水力侵蚀。

3）填筑土石方应随挖、随运、随填、随压。

4）采取的临时防护措施应与主体工程施工同步实施，并应明确施工期结束后对临时防护措施的拆除要求。

5）施工期施工活动造成的水土流失危害一般在施工结束后终止，如后续仍然继续存在，则应永临结合进行布设，及时防护。

（2）临时防护措施类型适宜性。

1）临时堆土（料、渣）、取（弃）土（石、渣）应布设拦挡、苫盖、截排水措施。

2）施工场地应布设临时排水、沉沙措施。

3）相对固定的裸露场地宜布设临时铺垫或苫盖措施，裸露时间超过半年的应布设临时植草措施。

（3）临时防护工程型式。

1）临时拦挡。临时拦挡措施形式包括袋装土（石、渣）、砌石、砌砖墙、修筑土埂和钢围挡等，应结合具体情况选定。

在山坡坡面进行土石方开挖和回填带（段）的下侧山体坡面应事先布设临时拦挡措施，避免土（石、渣）体滚落、滑塌、溜坡等破坏地表植被。

傍山道路土石方开挖的坡面和土质边坡下缘应布设临时拦挡措施。施工场地有下游河道的，可根据需要设置拦渣滚水堰等临时设施，以减少施工区下泄径流携带的泥沙对下游河道的影响。

2）临时排水。临时排水沟宜采用梯形断面土质排水沟、急流段应采取防雨布衬垫、素混凝土衬抹面、土袋叠砌、砌石等防冲措施。

临时排水沟设置应布设在工程占地范围内，并与周边排水沟渠连通。

临时排水沟断面尺寸可根据区域工程经验确定，必要时设置尾部沉沙池。

土石方开挖或运输进出场车辆应设置车轮冲洗的洗车池（槽）。

3）临时苫盖。表土存放场、临时堆料场等应结合具体情况，可采用苫盖、彩条布、密目网和防尘网等苫盖。

应根据施工时序安排，对临时苫盖材料应合理重复利用，对使用时间长的应优先采用生态型覆盖材料。

相对固定且时间较长的裸露场地可采用透水砖、块石或网状结构物铺垫，以防止或减轻土壤侵蚀。

渣（土）运输车辆车厢应密封遮盖。

风沙强烈的地区在施工中的裸露地表宜采用砾石覆盖以减少流失。

4）临时植草。对裸露时间超过半年的区域应布设临时植草绿化措施，可选用适生花灌木和普通绿化用草，时间较短的亦可采用撒播小麦、谷类等防蚀防尘。

位于生态敏感区、脆弱区以及其他植被稀少、自然恢复困难地区的项目，宜将施工场地内原地表覆盖的草皮等植被集中移栽假植，并在施工结束后回植。

3. 布设成果

明确临时防护工程布设范围、措施类型和结构形式（配置植草）、结构断面型式、砌筑或衬砌材料等；明确临时防护措施工程数量和投资，根据典型设计需要绘制相应措施布设平面图及断面图。

6.4.9 弃土（石、渣）场及其防护工程设计

6.4.9.1 渣场类型及其防护措施体系

按照弃渣场地形条件、与河（沟）相对位置、洪水处理方式、堆渣方式和汇水量大小等，弃渣场类型可分为沟道型、坡地型、临河型、平地型、库区型。当具有两种及以上类型特征的，应综合相应类型弃渣场特性确定其适用条件。常见弃渣场见图6.26。

相应于不同渣场类型，拦挡工程建筑物主要有挡渣墙、拦渣坝、拦渣堤等。

弃渣场防洪排导工程分为截排水工程和排洪工程。其中截排水工程目的是拦截或排除坡面分散性汇水，如截水沟、排水沟；排洪工程主要是沟道型弃渣场上游集中洪水的导排措施，如拦洪坝、排洪沟（渠）、排洪涵洞（管）等。

图6.26 某工程弃渣场

弃渣场堆渣边坡防护工程主要有植物护坡（如植草、种树）、工程与植物措施相结合的综合护坡（如格构梁、框格梁护坡、植草）等。

弃渣场类型及其防护措施（拦挡工程、防洪排导工程）体系见表6.14。

6.4.9.2 设计依据

1. 主体工程设计成果

收集主体工程设计资料，根据相关技术标准，按照土石方平衡分析成果和施工组织设计要求，与项目建设各方充分沟通，进行选址合理性评价，经技术经济比较选定弃渣场，并征得有关部门同意。

2. 技术标准（现行，限于）

(1)《水土保持工程设计规范》（GB 51018—2014）。

表 6.14　　弃渣场类型及其防护措施（拦挡工程、防洪排导工程）体系

弃渣场类型		特　征	适用条件	渣场防护措施体系		
^^^	^^^	^^^	^^^	拦挡工程	防洪排导工程	
^^^	^^^	^^^	^^^	^^^	截排水工程	排洪工程
沟道型	截洪式	弃渣堆放在沟道内，堆渣体将沟道全部填埋，上游洪水可通过拦洪坝、排洪渠（沟）、排洪隧（涵）洞、排洪管（箱）涵等将来水排泄至渣体下游或临近沟谷	适用于沟底平缓、肚大口小的沟谷弃渣，在西南山区应用较为普遍	挡渣墙	截水、排水沟	拦洪坝、排洪沟（渠）、排洪涵洞（管）、排洪隧洞
^^^	滞洪式	弃渣堆放在沟道内，堆渣体将沟道全部填埋，在堆渣体下游侧布设拦渣坝，一般配套溢洪、消能等设施，具有一定的调蓄库容	适用于将弃渣直接堆放于深窄沟谷中、施工不便的情况，但由于受投资及地质条件限制，应用较少	拦渣坝	截水、排水沟	与拦渣坝配套的溢洪、消能设施
^^^	填沟式	弃渣堆放在沟道内，堆渣体将沟道全部或部分填埋，在堆渣体下游末端布设挡渣墙，年均降雨量大于 800mm 的地区应布置截排水沟，否则适当布置一些截排水措施即可	适用于无汇水或汇水很小，受洪水威胁较低的支毛沟谷弃渣	挡渣墙	截水、排水沟	
坡地型		弃渣堆放在缓坡地、河流或沟道两侧较高台地上，堆渣体底部高程高于河（沟）中弃渣场设防洪水位，或渣场部位河（沟）历史最高洪水位	沿稳定山坡堆放渣体，地形坡度一般大于 5°但不宜大于 25°	挡渣墙	截水、排水沟	
临河型		弃渣堆放在河（沟）道两岸较低台地、阶地和河滩地上，堆渣体临河（沟）侧底部低于设防洪水位，渣脚全部或部分受洪水影响	适用于河（沟）道流量大且两岸有较宽台地、阶地或河滩地	拦渣堤	截水、排水沟	
平地型		弃渣堆放在宽缓平地、河（沟）道两岸阶（平）地上，堆渣体渣脚受洪水影响或不受洪水影响	适用于地形平缓、开阔的场地，地形坡度一般小于 5°	挡渣墙	排水沟	
库区型		弃渣堆放在主体工程水库库区内河（沟）道两岸台地、阶地和河滩地上，水库建成后渣体全部或部分被库水淹没	对于山区、丘陵区无合适堆渣场地，同时未建成水库内有合适弃渣场地的情形	拦渣堤、挡渣墙	截水、排水沟	

(2)《生产建设项目水土保持技术标准》(GB 50433—2018)。

(3)《水土保持工程调查与勘测标准》(GB/T 51297)。

(4)《水利水电工程水土保持技术规范》(SL 575—2012)。

(5)《灌溉与排水工程设计标准》(GB 50288—2018)。

(6)《溢洪道设计规范》(SL 253—2018)。

(7)《堤防工程设计规范》(GB 50286)。

(8)《水工隧洞设计规范》(SL 279—2016)。

6.4 分区措施布设

(9)《公路排水设计规范》(JTG/T D33—2012)。
(10)《贵州省暴雨洪水计算实用手册(修订本)》。
(11)《水工挡土墙设计规范》(SL 379—2007)。
(12)其他有关坝工设计规范。

3. 设计标准

(1)渣场级别。根据《水土保持工程设计规范》(GB 51018—2014),弃渣场级别应根据堆渣量、最大堆渣高度以及弃渣场失事后对主体工程或环境造成的危害程度,按表6.15的规定确定。

表 6.15　　　　　　　　　　弃 渣 场 级 别

渣场级别	堆渣量 V/万 m³	最大堆渣高度 H/m	渣场失事对主体工程或环境造成的危害程度
1	2000≥V≥1000	200≥H≥150	严重危害
2	1000>V≥500	150>H≥100	较严重危害
3	500>V≥100	100>H≥60	不严重危害
4	100>V≥50	60>H≥20	较轻危害
5	V<50	H<20	无危害

注 1. 根据堆渣量、最大堆渣高度以及弃渣场失事后对主体工程或环境造成的危害程度确定的渣场级别不一致时,就高不就低。
2. 弃渣场失事对主体工程的危害指对其施工和运行的影响程度,渣场失事对环境的危害指对城镇、乡村、工矿企业、交通等环境建筑物的影响程度。
3. 严重危害:相关建筑物遭到大的破坏或功能受到大的影响,可能造成人员伤亡和重大财产损失。
4. 较严重危害:相关建筑物遭到较大破坏或功能受到较大影响,需进行专门修复后才能投入正常使用。
5. 不严重危害:相关建筑物遭到破坏或功能受到影响,及时修复可投入正常使用。
6. 较轻危害:相关建筑物受到影响很小,不影响原有功能,无须修复即可投入正常使用。

(2)稳定安全标准。

1)采用简化毕肖普法、摩根斯-普赖斯法计算时,抗滑稳定安全系数不应小于表6.16规定的允许值。

表 6.16　　弃渣场抗滑稳定安全系数(简化毕肖普法、摩根斯坦-普赖斯法)

拦挡工程级别	1	2	3	4	5
正常运用	1.35	1.30	1.25	1.20	
非常运用	1.15		1.10	1.05	

2)采用瑞典圆弧法、改良圆弧法计算时,抗滑稳定安全系数不应小于表6.17规定的允许值。

表 6.17　　弃渣场抗滑稳定安全系数(瑞典圆弧法、改良圆弧法)

拦挡工程级别	1	2	3	4	5
正常运用	1.25	1.20		1.15	
非常运用	1.10		1.05		

(3) 抗震设防标准。弃渣场及其防护工程抗震设防标准，应在区域构造稳定分析的基础上确定场区地震基本烈度，对基本烈度为Ⅶ度及Ⅶ度以上的应进行抗震设防验算。

4. 设计基础资料

(1) 渣场所属敏感区情况。收集相关资料，调查弃渣场所在区域是否属于水土流失重点预防区和重点治理区，是否涉及生态红线、基本农田、饮用水水源保护区、水功能一级区的保护区和保留区、自然保护区、世界文化和自然遗产地、风景名胜区、地质公园、森林公园及重要湿地等，涉及的应说明与渣场的位置关系。

(2) 水文气象。

1) 收集工程附近雨量站或水文站长系列实测资料，若无实测资料，则说明选取的相关参证站情况，介绍资料来源和系列长度。描述项目区所处流域，主要河流水系情况。简述项目区气候类型、汛枯季节时段、多年平均气温、年降雨量、历史暴雨洪水情况等。

2) 收集或通过相关水文气象资料分析计算与弃渣场及其防护工程设防标准相应的、涉及河（沟）道的洪水流量及洪水位、流速、防洪规划等资料。

3) 收集截排水工程汇水区不小于1/10000地形图进行汇水面积量算，分析下垫面产汇流影响因素，为径流系数取值提供依据。对岩溶地区还应结合区域地质和水文地质资料实地调查是否存在地下汇流。

(3) 地形地貌。

1) 针对弃渣场及其防护工程布置，描述地形走势、地貌特征、地面坡度和地物分布情况，说明截（排）洪承泄区沟谷凹地特征及排水流向。

2) 应采用1/1000～1/5000的实测地形图进行渣场总布置设计；应采用1/500～1/2000的实测局部地形图进行拦挡工程布置设计，局部地段根据情况可适度加大测图比例；防洪排导工程线路布置宜采用不小于1/2000实测地形图，进出口部位宜采用1/200～1/500实测局部地形图进行布置设计。

(4) 工程地质与水文地质。

1) 弃渣场工程地质与水文地质勘察执行《水土保持工程调查与勘测标准》（GB/T 51297—2018）规定，勘察深度应与主体工程设计深度相适应，可行性研究阶段对4级及以上弃渣场应进行勘察，5级弃渣场应进行地质调查；初步设计及施工图设计阶段应对弃渣场及其防护工程布置区进行勘察。

2) 介绍区域地质构造、地震烈度情况，查明、查清地层岩性、岩石或结构面产状、覆盖层组成及厚度、排洪隧洞围岩类别及地下水特征等，进行渣场场址稳定性和适宜性评价，分析隧洞进出口边坡的稳定性并提出处理建议，说明工程区域是否存在大的崩塌、滑坡危险区、泥石流易发区、松散堆积体和大的断裂构造等不利地质条件，渣场是否处于采空区等。利用岩溶洼地弃渣的，还应介绍是否因堆渣诱发岩溶顶板塌陷或渣库库岸坍塌等地质灾害。阐述设计所需物理力学参数的取值依据：

　　a. 弃渣场：基底岩土的黏聚力、内摩擦角、基础承载力等。

　　b. 拦挡工程：基底承载力、摩擦系数、岩层抗剪或抗剪断系数、黏聚力等。

　　c. 截排水工程：岩基或软基承载力、基底摩擦系数、岩层抗剪或抗剪断系数、黏聚力、隧洞不同围岩类别的弹性抗力系数等。

6.4 分区措施布设

d. 对未进行地质勘察的5级弃渣场，相关物理力学参数的选择可根据有关规范或类似工程经验选用。

(5) 渣体基础资料。根据土石方平衡分析成果，说明渣场堆渣来源、组成、物理力学参数，如渣体内摩擦角、弃渣容重等。

设计时若弃渣物理力学参数无法或不必要通过取样试验分析获取，则可根据弃渣岩性和岩土组成，参考有关岩土物理力学选用。

6.4.9.3 渣场选址

1. 选址规定

（1）严禁在对公共设施、基础设施、工业企业、居民点等有重大影响的区域设置弃渣场。严禁在对人民群众生命财产安全及行洪安全有重大影响的区域布设弃渣场。弃渣场不应影响河流、沟谷的行洪安全；弃渣不应影响水库大坝、水利工程取用（泄）水建筑物、灌（排）渠（沟）功能。

（2）弃渣场选址应在主体工程施工组织设计土石方平衡基础上，综合弃渣场容量、弃渣组成及排放方式、运输条件与运距、占地类型与面积、弃渣防护及后期恢复利用等因素，与主体工程设计协调同步，在满足水土保持要求的同时做到经济合理。

（3）弃渣场不宜设置在河道、湖泊管理范围内，确需设置的应符合河流防洪规划和防洪治导线规定，符合河道管理和防洪行洪要求，并采取措施保障行洪安全。

（4）弃渣场应避开滑坡体、地下采空区和岩溶洼地易塌陷等不良地质地段，不宜设置在泥石流易发区。确需设置的应采取必要防治措施确保弃渣场稳定。

（5）弃渣场不宜设置在汇水面积和流量大、沟谷纵坡陡、出口不易拦截的沟道。确需设置的应采取安全防护措施。

（6）弃渣场设置应充分利用取土（石砂）场、废弃采坑、沉陷区等场地。

（7）弃渣场选址应遵循"少占压耕地，少损坏水土保持设施"的原则。山区、丘陵区弃渣场宜选择在工程地质和水文地质条件相对简单，地形相对平缓的沟谷荒地、支毛沟、凹地、坡台地、阶地等。

（8）弃渣场宜靠近主体工程布置，充分利用地形、因地制宜，具备条件的可与施工场地布置相结合，并综合考虑弃渣结束后的土地利用。

2. 选址内容

（1）场址稳定性：阐述渣场地形、地貌、工程地质和水文地质条件，是否处于滑坡体、堆积体、深厚覆盖层等不良地质地段和泥石流易发区，渣场范围内是否存在大的断裂构造、洼地渣场深部是否存在不利岩溶空腔等。

（2）渣场周边制约性因素（尤其是渣场下游和低于渣面的区域）：对弃渣场附近的主体建筑物、公路、铁路等重要基础设施、居民房屋、河道、水源工程等，应量化反映与渣场相对位置关系，如上下游、左右侧、距离、高差等。结合渣场地物、地形地貌和采取的水保措施，必要时辅以图示，分析预测渣场失稳后果。临河型弃渣场应附防洪影响评价审批文件。

（3）社会效益：占地类型与面积、涉及安置人数与专项设施数量及其投资，应避免占用生态红线、基本农田和二级及以上林地。

(4) 经济性：弃渣场容量、运距、运渣道路、防护措施及投资。
(5) 环境效益：损坏水土保持设施数量及可能造成的水土流失危害。
(6) 节约土地资源：弃渣场后期利用方向。
综上，明确渣场选址结论：合理或不合理。

6.4.9.4 渣场布置

1. 渣场总体布置

(1) 根据渣场地质条件、库容、弃渣岩土组成及物理力学参数，在满足渣场整体稳定的前提下确定堆置要素。

(2) 根据渣场类型，选择弃渣拦挡建筑物类型（挡渣墙、拦渣堤、拦渣坝），并相应配套截排水或排洪建筑物［排水沟、排洪沟（渠）、排洪涵管（洞）、排洪隧洞］，确定拦挡渣、截排水、排洪建筑物布置位置及走线。

(3) 利用河流、沟（谷）弃渣的应不影响行洪安全。

(4) 岩溶区渣场堆置应避免破坏地下暗河和溶洞等地下水系。

2. 弃渣堆置方式及安全防护距离

(1) 根据渣场地形地质条件、弃渣特性，按有利于弃渣场稳定的要求进行分区、分层堆置。

(2) 弃渣场宜采取自下而上的方式堆置；弃渣堆置总高度小于 10m 时，在采取安全挡护措施前提下也可采取自上而下的方式堆置。

(3) 渣体堆放应遵循"先拦后弃、挡排结合"的原则，拦挡工程未完建严禁弃渣；截排水或排洪工程未完建前不宜弃渣，否则应考虑施工期临时度汛措施（不界定为水保措施）。

(4) 在靠近拦渣设施一定范围内宜堆放透水性较强的大块径石渣（类似于排水棱体，目的是通畅排水、降低渣体浸润线），一般要求在拦挡渣设施后 10～20m 范围内堆放，大块径石渣最小边块径不宜小于 20cm，且不易风化。

(5) 弃渣场选址确定后，弃渣场与重要基础设施之间应留有安全防护距离（即施工期间防止滚石等危害防护对象的控制距离），用于弃渣场坡脚线起点设计（非选址合理性要素），根据《水利水电工程水土保持技术规范》(SL 575—2012)，按表 6.18 确定，并应同时满足相关行业要求。

表 6.18　　　　　弃渣场与保护对象之间的安全防护距离

保　护　对　象	安全防护距离
干线铁路、公路、航道、高压输变线路、铁塔等重要设施	$1.0H\sim1.5H$
水利水电枢纽生活管理区、居住区、城镇、工矿企业	$\geqslant 2.0H$
水库大坝、水利工程取用水建筑物、泄水建筑物、灌（排）干渠（沟）	$\geqslant 1.0H$

注　1. H 为弃渣场设计堆置总高度。
　　2. 安全防护距离的计算：弃渣场以坡脚线为起始界线，铁路、公路、道路建构筑物由其边缘算起，航道由设计水位线岸边算起；工矿企业由其边缘或围墙算起。
　　3. 规模较大的居住区（人口大于 0.5 万人）和有建制的城镇应适当加大。

3. 弃渣场堆置要素

弃渣场堆置要素主要包括：堆渣量、堆渣总高度、分级马道设置（台阶高度和平台宽

6.4 分区措施布设

度)、堆渣坡比与综合坡度、占地面积等。

(1) 堆渣量。应以自然方为基础,按弃渣组成折算为松方,无试验资料的,松散系数可按表 6.19 选取,可根据堆渣工艺、沉降因素进行修正。

表 6.19　　　　　　　　　　土（石、渣）松散系数

种类	砂	砂质黏土或黏土	带夹石的黏土	最大边长度小于 30cm 的岩石	最大边长度不小于 30cm 的岩石
松散系数	1.05～1.15	1.15～1.2	1.2～1.3	1.25～1.4	1.35～1.6

(2) 堆渣高度与台阶高度。

1) 最大堆渣高度(容许值)按弃渣初期基底压实到最大承载能力来确定,可依据如下式进行计算:

$$H = \pi C \cot\varphi \left[\gamma \left(\cot\varphi + \frac{\pi\varphi}{180} - \frac{\pi}{2} \right) \right]^{-1}$$

式中　H——弃渣场的最大堆渣高度,即堆渣最高点与最低坡脚的高差,m;
　　　C——弃渣场基底岩土的黏聚力,kPa;
　　　φ——弃渣场基底岩土的内摩擦角,(°);
　　　γ——弃渣场弃渣的容重,kN/m³。

2) 堆渣高度与台阶高度应根据弃渣物理力学性质、施工机械设备类型、地形、工程地质、气象及水文等条件确定,其中原地表坡度和地基承载能力为主要因素。分级台阶高度一般为 6～10m,台阶顶部平台宽度不宜小于 2m。

(3) 堆渣坡比。渣场堆渣坡比应根据弃渣场稳定计算结果确定。5 级弃渣场,当缺乏工程地质资料时,稳定堆渣坡度不应大于弃渣堆置自然安息角除以渣体正常工况时的安全系数。弃渣堆置自然安息角根据弃渣岩土组成,可参考《水利水电工程水土保持技术规范》(SL 575—2012) 表 10.3.6 确定。

(4) 占地面积。弃渣场占地面积应综合堆渣量、地形、堆置要素、拦挡渣及截排水措施布设等因素确定,堆渣规划应立足于节省征占地。

6.4.9.5 弃渣场稳定计算

1. 计算内容

弃渣场稳定计算包括渣体边坡及其地基的抗滑稳定计算。应根据弃渣场级别、地形地质条件,以及弃渣堆置形式、堆置高度、弃渣组成、弃渣物理力学参数等选择有代表性的断面进行计算。

弃渣用于填塘、填坑的,不存在失稳可能,无须进行稳定计算。

2. 计算工况

弃渣场抗滑稳定计算分为正常运用工况和非常运用工况。

(1) 正常运用工况。正常持久运用,弃渣场处在最终弃渣状态时,渣体无渗流或稳定渗流。

渣体无渗流主要是指地下水较深,弃渣后渣体内无水;稳定渗流是指渣体内存在稳定的地下水流或渣场临水面水位较稳定,变幅较小。

(2) 非常运用工况。正常工况下遭遇Ⅶ度及以上地震。多雨地区连续降雨工况的抗滑稳定安全系数按非常运用工况采用。

3. 计算方法

根据《水土保持工程设计规范》(GB 51018—2014)、《生产建设项目水土保持技术标准》(GB 50433—2018)、《水利水电工程水土保持技术规范》(SL 575—2012)，渣体边坡抗滑稳定计算：堆渣体大多为非均质体，一般采用不计条块间作用力的瑞典圆弧滑动法；对均质渣体，宜采用计及条块间作用力的简化毕肖普法。

渣体地基抗滑稳定计算：对基底存在软弱夹层或不利结构面的渣场，宜采用满足力和力矩平衡的摩根斯顿-普赖斯法进行抗滑稳定计算。

具体计算时，可根据弃渣场及其弃渣组成的实际情况，分别采用相应的计算方法，计算公式及说明详见《水土保持工程设计规范》(GB 51018—2014)中附录B"稳定计算"。对采用计算机软件进行计算的，应说明计算软件名称、编号、版本号和适用技术标准情况，确保所采用计算软件的合规性和有效性。

在方案编制阶段，对5级弃渣场，当缺乏工程地质资料时，渣体边坡稳定可简化计算，其堆渣坡度不应大于弃渣堆置自然安息角除以渣体正常工况时的安全系数。

弃渣拦挡工程设计同本章6.4.2节"拦挡工程"。

防洪排导工程设计同本章6.4.4节"防洪排导工程"。

渣体坡面防护工程设计参考本章6.4.3节"边坡防护工程"。

6.4.9.6 布设成果

明确弃渣场选址结论、布置位置、堆置方式、堆渣工艺及堆置要素（包括弃渣场库容、堆渣量、堆渣总高度、台阶高度、平台宽度、堆渣坡比、综合坡度和占地面积等）、等级标准等；明确弃渣场防护措施建筑物类型及其布置位置、控制点高程、结构型式及断面尺寸、砌筑或衬砌材料、工程量等；成套绘制弃土（石、渣）场堆渣规划平面布置图、拦挡工程平面布置及结构断面图、防洪排导工程平面布置及结构断面图、渣体坡面防护工程平面布置及断面图。

本 章 思 考 题

1. 如何界定水土流失防治责任范围？
2. 水土流失防治分区措施体系应考虑哪些内容？
3. 简述不同类型弃土（石、渣）场的防护措施体系。
4. 简述生产建设项目表土剥离的原则。
5. 弃渣拦挡工程建筑物主要有哪些类型？
6. 挡渣墙按受力条件主要分为哪几种类型？
7. 沟道型弃渣场排洪工程防洪标准确定的基本过程和要求是什么？
8. 不同类型的弃渣场适用的拦挡工程和防洪排导工程建筑物分别有哪些？
9. 弃渣场选址的禁止性规定及选址内容有哪些？

第 7 章　生产建设项目水土保持监测

水土保持监测工作是水土保持生态建设的重要基础性工作,是生态建设的重要基石,在当今社会随着人类对自然环境的日益影响,水土保持工作成了我们面临的重要议题。水土保持监测工作作为水土保持生态建设的基础性工作,更是我们不可忽视的关键环节,水土保持监测工作旨在通过对土壤侵蚀、水土流失情况的监控,以及相关数据的收集、整理和分析,揭示自然环境变化的规律,评估人类活动对水土资源的影响,从而为科学合理的水土保持措施提供依据。

这一工作的意义在于,它能够及时发现水土流失的隐患,预测可能发生的水土流失情况,为预防和治理水土流失提供科学依据;同时,通过监测数据的积累和分析,还可以为生态建设提供决策支持,推动生态文明建设的进程,然而,目前的水土保持监测工作仍然面临着一些挑战,比如:监测技术的落后、数据处理的复杂性,以及人类活动对监测结果的影响等,因此,需要不断创新和完善监测技术,提高数据处理和分析的能力,加强人类活动的监管,以提升水土保持监测工作的准确性和有效性。总的来说,水土保持监测工作是水土保持生态建设的重要基础性工作。只有通过科学有效的监测,我们才能更好地理解自然环境的变化,制定出合理的水土保持措施,推动生态文明建设的进程。让我们共同努力,为保护我们的家园,创造一个和谐、可持续发展的生态环境而奋斗。

随着社会经济的发展,生产建设项目日益增多,然而在追求经济效益的同时,我们不能忽视对水土资料的保护。开展生产建设项目水土保持监测是生产建设单位应当履行的一项法定义务,是生产建设单位及时定量掌握水土流失及防治状况,对项目建设造成的水土流失进行过程控制的重要基础,也是各级水行政主管部门开展生产建设项目水土保持跟踪检查、验收核查等监管工作的依据和支撑。我国水土保持法规定,生产建设单位在生产建设项目实施过程中,应当全面负责水土流失的防治工作,对可能造成严重水土流失的大中型生产建设项目,生产建设单位应当自行或者委托具备水土保持监测资质的机构,对生产建设活动造成的水土流失进行监测,并将监测情况定期上报当地水行政主管部门。这一规定明确了生产建设单位在水土保持工作中的主体责任,为水土保持监测工作的开展提供了法律依据。那么,为何生产建设单位需要开展水土保持监测呢?通过水土保持监测,我们可以了解到什么,又能做什么,如何才能让全社会都充分认识到水土保持监测的重要性?下面章节将具体讲述。

7.1　监测目的与原则

水土流失是许多自然灾害的重要诱因,如水灾、泥石流、滑坡等。通过对水土流失的

第 7 章　生产建设项目水土保持监测

监测，可以及时发现潜在的自然灾害风险，为预警和应对提供有力支持，减少灾害损失。水土保持监测的目的是多方面的，通过对不同地区、不同时间段的水土流失数据进行收集、整理和分析，可以全面了解水土流失的现状、发展趋势及其影响因素，为政府制定相关政策和措施提供科学依据，主要包括评价水土流失状况、预防和减轻水土流失、促进生态文明建设，以及应对自然灾害等。在掌握了水土流失的具体情况和影响因素后，可以采取相应的预防和治理措施，如植树造林、退耕还林、水土保持工程等，以减缓水土流失的速度，保护土地资源和生态环境。通过对水土流失的有效监测和管理，可以实现土地资源的合理利用、生态环境的改善和人民生活水平的提高，为生态文明建设提供有力支撑。

7.1.1　监测目的

1. 及时发现水土流失隐患，提出防治对策建议

通过开展水土保持监测，定量掌握项目水土流失状况及防治效果，及时发现重大水土流失危害隐患，提出水土流失防治对策建议，推进建设单位做好施工过程的水土流失控制。

2. 协助落实水土保持方案，减少人为水土流失

协助建设单位落实水土保持方案，加强水土保持设计和施工管理，优化水土保持措施，协调水土保持工程与主体工程建设进度，减少人为水土流失。

3. 为水土保持监督管理、公众监督等提供依据

通过开展水土保持监测，落实水土保持监测三色评价制度，为水土保持监督管理提供技术依据，为公众监督提供基础信息，为水土保持公告（公报）提供基础数据，促进项目区生态环境的有效保护和及时恢复。

4. 为项目水土保持设施验收提供技术支撑

为项目水土保持设施验收提供扰动范围、措施落实及防治指标值达标情况等技术数据支撑，是了解和掌握项目建设过程水土流失控制的重要依据。

5. 为同类项目水土流失预测和防治措施体系制定提供借鉴

通过开展水土保持监测，总结监测工作实践经验及教训，为同类项目水土流失预测土壤侵蚀模数率定、水土保持防治措施体系制定等提供借鉴。

7.1.2　监测原则

1. 真实性原则

生产建设项目水土保持监测作为项目本身建设过程水土流失防治成效的具体体现，监测过程及成果资料应客观真实。同时，作为水土保持监督管理、公众监督、发布公告（公报）及设施验收的重要技术支撑依据，监测过程及成果资料必须真实可靠。

2. 完整性原则

生产建设项目水土保持监测应全面反映项目建设扰动区域，特别是建设过程中存在的新增建设区域应客观反映并及时提出防治建议，涉及的监测内容应满足规范标准要求，完整不漏项。

3. 准确性原则

生产建设项目水土保持监测成果数据应采用定量分析、定性描述相结合的方法进行综

合反映，数据是否准确关乎成果是否合格。同时，水土保持监测数据作为生产建设项目水土保持问题违法事实鉴定和责任追究的重要核定数据来源，监测数据务必客观准确。

4. 科学性原则

生产建设项目水土保持监测点位布置应科学合理，具有较强的代表性，满足持续观测的要求，监测设备先进高效、监测方式方法应科学有效，使用设备等必须遵守国家规定的统一技术标准、规范和规程。

5. 时效性原则

生产建设项目水土保持监测具有时效性特点，监测工作从施工准备期开始至设计水平年结束，建设过程中每个季度、月等存在的水土流失情况应及时反映并提出建议，相关成果应及时上传相关监督管理数据系统。若监测数据一旦缺漏，势必造成监测成果数据的完善性受影响，即便通过调查或遥感等方式后补数据，也会在数据精度及客观性上大打折扣，对最终监测成果造成影响。

6. 分类监测原则

生产建设项目水土保持监测在监测重点区域、监测方法及监测时段等方面都针对项目类型作出了不同的规定，应严格按照项目分类编制监测实施方案，选取监测重点区域和监测方法，布设监测点位。

7.2 监测范围与时段

水土保持监测是环境保护和资源可持续利用的关键环节，它涉及土地资源的保护、水资源的合理利用以及生态环境的稳定，而水土保持监测的范围和时段则是决定监测效果的两个核心要素。水土保持监测范围决定了监测工作的广度，它通常包括水土流失的重点区域、生态脆弱地区以及人类活动对水土环境产生显著影响的区域，在划定监测范围时，需要综合考虑地理环境、气候条件、土壤类型、植被覆盖、人类活动等多种因素，通过科学的监测范围设定，可以全面了解区域内的水土流失状况，为政府决策、环境保护和资源管理提供有力支持。水土保持监测时段则决定了监测工作的深度。时段的选择应考虑到季节变化、降雨分布、植物生长周期等自然因素，以及人类活动的周期性特征，例如：在雨季和植物生长旺盛期，水土保持的监测工作应当加强，因为这些时期往往是水土流失最为严重的时段；同时，长期的监测数据积累有助于揭示水土流失的规律和趋势，为预防和治理水土流失提供科学依据。在实际应用中，水土保持监测范围与时段的设定需要紧密结合具体情况，进行科学合理的规划，这不仅可以提高监测工作的效率和质量，还能为水土保持工作的深入开展提供有力保障；同时，随着科技的进步和监测手段的不断完善，水土保持监测范围与时段的设定也将更加精准和高效，为我国的水土保持事业发展作出更大贡献。

7.2.1 监测范围及分区

1. 监测范围

生产建设项目水土保持监测范围以责任范围为基础，结合项目实际征占地等情况进行调整，包括工程建设征占、使用和其他扰动区域。一般来说，监测范围应按照水土保持方案确定的水土流失防治责任范围作为项目监测范围开展监测，但项目实际建设过程中，可能存在超出批复水土流失防治责任范围的情况，比如建设场地扰动范围超界或水土流失防治责任范围外新增道路、弃渣场、施工场地等区域，这种情况下应按照实际征占地情况对于监测范围予以调整。

2. 监测分区

生产建设项目水土保持监测分区应以水土保持方案确定的水土流失防治分区为基础，根据建设项目特点划定监测分区。一般划分为主体工程区、取土（石、料）场、弃土（石、渣）场、施工生产生活区、施工道路区和其他附属工程区。

对于跨度大、范围广的大型生产监测项目，比如跨省、流域布设的公路、铁路、供水、输气管道及输变电工程等线型生产建设项目，在划分监测分区时应遵循下列原则：

一级监测分区应按现行行业标准《土壤侵蚀分类分级标准》（SL 190—2007）划定的全国各级土壤侵蚀类型区的二级类型区执行。

二级监测分区应在一级监测分区的基础上，结合工程布局进一步划分。

3. 监测重点区域

生产建设项目水土保持监测重点区域应为易发生水土流失、潜在流失量较大或发生水土流失后易造成严重影响的区域。不同类型、行业的生产建设项目及不同监测时段内都有不同的监测重点。

（1）按项目类型选取。点型、线型生产建设项目水土保持监测重点区域选取要求见表 7.1。

表 7.1　　　　　　不同类型生产建设项目水土保持监测重点区域

类型	水土保持监测重点区域
点型	主体工程施工区、施工生产生活区、大型开挖（填筑）面、取土（石、料）场、弃土（石、渣）场、临时堆土（石、渣）场、施工道路和集中排水区周边
线型	大型开挖（填筑）面、施工道路、取土（石、料）场、弃土（石、渣）场、穿（跨）越工程、土石料临时转运场和集中排水周区周边

注　1. 点型生产建设项目是指建设区域呈"点"状分布，如冶炼工程、火力发电、采矿类等。
　　2. 线型生产建设项目是指建设区域呈"线"状分部，如公路、铁路、输气管道及输变电工程等。

（2）按行业选取。不同行业生产建设项目水土保持监测重点区域选取要求见表 7.2。

表 7.2　　　　　　不同行业生产建设项目水土保持监测重点区域

行业	水土保持监测重点区域
采掘工程	为露天矿的排土（石）场、地下采矿的弃土（石、渣）场和地面沉陷区、铁路和公路专用线、施工道路和集中排水区周边
铁（公）路工程	施工过程中弃土（石、渣）场、取土（石、料）场、大型开挖面、土石料临时转运场、集中排水区下游和施工便道
电力工程	火力发电工程应为弃土（石、渣）场、取土（石、料）场、临时堆土场、施工道路和贮灰场；核电工程应为主体工程施工区、弃土（石、渣）场、施工道路；风电工程应为主体工程施工区、场内外道路；光伏发电工程应为主体工程施工区、场内外道路，输变电工程应为塔基、施工道路和施工场地
冶炼工程	施工中弃土（石、渣）场、堆料场、尾矿（渣）场、施工和生产道路
水利水电工程	施工中弃土（石、渣）场、取土（石、料）场、施工道路、大型开挖面、排水泄洪区下游、施工期临时堆土（渣）场和不稳定库岸

7.3 监测内容和方法

续表

行业	水土保持监测重点区域
管道工程	弃土（渣）场、伴行（临时）道路、穿（跨）越河（沟）道、坡面上的开挖沟道和临时堆土（渣）场
城镇建设工程	施工中的地面开挖、弃土弃渣和土石料临时堆放场
农林开发建设工程	土地整治区、施工道路、集中排水区周边
其他工程	施工或运行中易造成水土流失的部位和工作面

（3）按监测时段选取。生产建设项目不同监测时段水土保持监测重点选取区域要求见表7.3。

表7.3　　　生产建设项目不同监测时段水土保持监测重点选取区域

监测时段	水土保持监测重点区域
施工准备期和施工期	重点监测扰动土地面积、土石方流向、土壤流失量、水土保持措施等
试运行期	重点监测植被措施恢复、工程措施运行及其效果等
生产运行期	重点监测水土流失及其危害、水土保持措施运行情况及其效果

注　生产运行期主要针对建设生产类项目。

7.2.2 监测时段

一般情况下，生产建设项目水土保持监测时段应从施工准备期前开始，至设计水平年结束，但对于建设生产类项目还应增加生产运行期监测。各类项目均应在施工准备前进行本底值监测。

1. 建设类项目

建设类项目水土保持监测时段可分为施工准备期、建设期和试运行期。

2. 建设生产类项目

建设生产类项目水土保持监测应从施工准备期开始至运行期结束。监测时段可分为建设期和生产运行期两个阶段，其中建设期包括施工准备期、建设期、试运行期。

7.3 监测内容和方法

水土保持监测不仅为政府决策提供了科学依据，还为科研研究提供了重要数据支持，而水土保持监测的主要内容和方法则决定了水土保持监测的成败，通过持续监测和评价，可以更好地了解水土流失的规律和趋势，为制定针对性的水土保持政策和措施提供有力支撑，同时，合理的监测内容和得当的方法，才可能成就更为接近实际的监测结果。水土保持实践过程中，需要不断优化和完善水土保持监测体系，提高监测数据的准确性和可靠性；需要继续深化监测研究，提高监测技术水平；此外，还需要加强监测数据的共享和整合，促进跨学科、跨领域的合作与交流，共同推动水土保持事业的发展。

7.3.1 监测内容

生产建设项目水土保持监测的内容主要包括：项目主体工程实施进度，项目施工全过程各阶段扰动土地情况、水土流失状况、防治成效及水土流失危害等方面。

项目主体工程实施进度方面，应重点监测主体工程地表土建部分的实施情况。

扰动土地方面：应重点监测实际发生的永久和临时占地、扰动地表植被面积、表土剥离、永久和临时弃渣量及变化情况等。

水土流失状况方面：应重点监测实际造成的水土流失面积、分布、土壤流失量及变化情况等。

水土流失防治成效方面：应重点监测实际采取水土保持措施类型，监测植物措施的类型、种类、面积、数量及生长情况，监测工程措施及临时措施的类型、布设位置、数量、完好程度和运行情况，以及实施水土保持措施前后的防治效果对比情况等。

水土流失危害方面：应重点监测水土流失对主体工程、居民点、周边重要设施等造成的影响及危害等。

7.3.2 监测方法和频次

1. 监测方法

常用的监测方法主要包括：实地调查法（普查、抽样调查、量测）、地面定位观测法、遥感（卫星、无人机）监测法、视频监控等方法。

2. 方法选取

监测单位应当针对不同监测内容和重点，综合采取卫星遥感、无人机遥感、视频监控、地面观测、实地调查量测等多种方式，充分运用互联网＋、大数据等高新信息技术手段，不断提高监测质量和水平，实现对生产建设项目水土流失的定量监测和过程控制。

3. 监测频次

项目主体工程实施进度应每季度监测1次。

扰动土地情况应每季度监测1次，其中正在使用的取土弃渣场至少每月监测1次；对3级以上弃渣场应当采取视频监控方式，全过程记录弃渣和防护措施实施情况。

水土流失状况应每季度监测1次，发生强降水等情况后应及时加测。其中土壤流失量结合拦挡、排水等措施，设置必要的沉沙池、简易径流小区或控制站，进行定量观测。

水土流失防治成效应每季度监测1次，其中临时措施应至少每月监测1次。

水土流失危害应结合上述监测内容一并开展。

7.4 监测点位布设

水土保持监测点位布设是水土保持监测工作的基础和关键，水土保持监测点位布设应遵循代表性、科学性、可操作性等原则，选择能较好代表区域水土流失状况、便于提高监测数据的准确性和指导水土流失治理的部位或地段布设，通过科学合理地布设监测点位，可以全面反映区域内的水土流失状况，为水土流失防治提供有力支撑。在未来的实践中，应继续加强技术创新、推动监测点位布设标准化、加强国际合作与交流，共同推动水土保持监测事业的健康发展。

7.4 监测点位布设

7.4.1 监测点位分类

根据监测指标及测定方法，监测点位分为观测样点和调查样点。

观测样点应设置固定观测设施设备，定期观测获取监测数据。

调查样点应设立标志，定期调查获取监测数据。

7.4.2 监测点位布设要求

1. 总体要求

每个监测样点都应有较强的代表性，应充分反映项目所在区域的水土流失特征；对所在水土流失类型区和监测重点要有代表意义，原地表与扰动地表应具有一定的可比性。

监测样点应按水土保持监测分区及监测重点布设，考虑交通、通信等条件，应避免人为活动的破坏及干扰，满足持续观测要求，同时兼顾项目所涉及的行政区。

2. 具体要求

点型项目每个土壤侵蚀单元观测样点应不少于 1 个，每种措施类型调查样点应不少于 1 个。

线型项目监测点数量每 10km 不少于 1 个观测样点、1 个工程措施调查样点和 1 个植物措施调查样点，项目涉及多个县级以上行政区时，各行政区内不少于 1 个观测样点、1 个工程措施调查样点和 1 个植物措施调查样点。

每个监测重点对象至少各布设 1 个监测样点。

观测样点宜选用测钎观测小区、插桩观测小区、沉沙池观测小区或坡面径流小区等设施，同类观测样点应不少于 2 个。

7.4.3 观测样点设计

1. 观测样点常用设施

观测样点通常采用径流小区、测钎观测小区、沉沙池观测小区等设施进行观测。

2. 径流小区设计规定

径流小区包括标准小区、全坡面小区和简易小区，可根据具体情况调整规格。岩石风化物、砂砾状物、砾状物其坡长应加长至 25～30m 或更长。标准小区垂直投影长 20m，宽 5m，坡度 5°或 15°，全坡面小区长度为整个坡面长度，宽度不小于 5m，简易小区面积不应小于 10m，形状尽量采用矩形。

若邻近地区有与之相同或相近地貌类型的水土流失观测资料，并能够代表原地貌的水土流失情况时，可不设原地貌（面）观测小区；若无此条件的应分别设置原地貌观测小区和扰动地貌（面）观测小区，原地貌小区应为标准小区，若地形条件限制，面积可根据实际情况适当减小。

径流小区由边埂、小区、集水槽、分流设施（可选构件）、径流和泥沙集蓄设施、保护带及排水系统组成（图 7.1）。

（1）边埂、小区。边埂由水泥板、砖或金属板等材料围成矩形，高出地面 10～20cm，埋入地下 30cm。小区边埂埋设完毕后，应将边埂两侧的土壤夯实，尽量使小区土壤与边埂紧密接触，防止小区内径流直接流出小区或小区外径流流入小区。

（2）集水槽。可设计为矩形或梯形，面积一般不超过小区面积的 1‰。集水槽表面光滑，上缘与地面同高，槽底向下、向中间同时倾斜，以利于径流和泥沙汇集。小区和集流设施之间由导流管或导流槽连接。岩石风化物、砂砾状物、砾状物坡面的集水槽、引水槽

第7章 生产建设项目水土保持监测

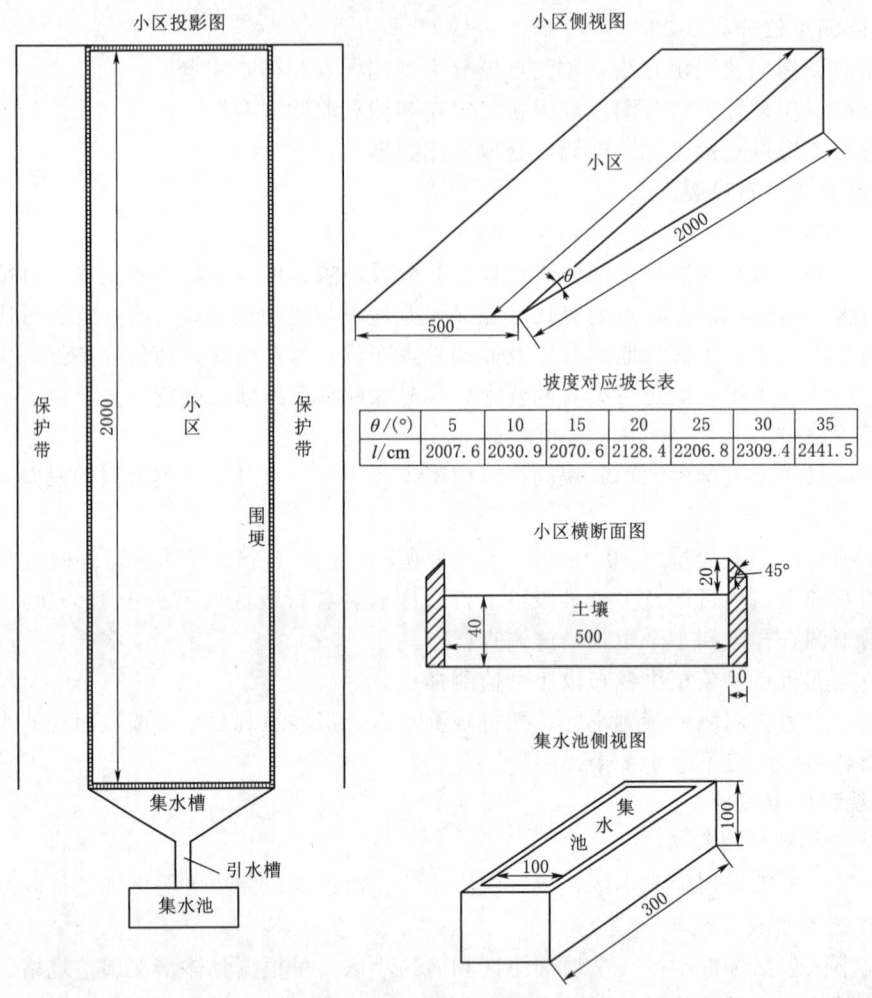

图 7.1 径流小区（单位：cm）

尺寸应加宽，引水槽比降应为 2‰～3‰或更大。

（3）分流设施。分流设施为可选构件，根据降水强度确定是否需要。采用分流设施需计算分流系数，计算产流产沙总量。

（4）径流和泥沙集蓄设施。常用的径流和泥沙集蓄设施有集流桶和集水池，宜采用便于清除沉积物的宽浅池。

3. 测钎观测小区设计规定

测钎观测小区规格一般为 1m×1m 或 1m×2m。

测钎观测小区（专利名称为：一种地表土壤流失厚度测量仪；专利号：ZL2012 2 0113813.8）主要由四根测桩、两块横板、两块竖板、两根连接杆以及十根测钎构成（图 7.2）。

测钎观测小区土壤侵蚀模数的计算公式：

$$M = \sum_{1}^{n}[(h_1-h_2)+(h_2-h_3)+\cdots+(h_{n-1}-h_n)]\gamma$$

式中　M——测钎观测小区土壤侵蚀模数；
　　　n——观测次数；
　　　h——每一次观测的所有测钎平均出露高度；
　　　γ——观测区域的土壤容重。

7.4.4　调查样点设计

1. 调查样点包含样点

调查样点通常包括植物措施调查样点、工程措施调查样点、临时措施调查样点和侵蚀沟调查样点等。

2. 调查样点设计规定

植物措施调查样点面积应根据植物类型确定：

乔木林样方面积：10m×10m～20m×20m。

灌木林样方面积：2m×2m～5m×5m。

草地样方面积：1m×1m～2m×2m。

混交结构林草样方：10m×10m。

图 7.2　测钎观测小区

工程措施调查样点一般选择一项完整的工程措施或其中的一部分作为调查对象。

临时措施调查样点一般选择一项完整的临时措施或其中的一部分作为调查对象。

侵蚀沟样方一般选定在项目开挖、填筑、堆放等形成的人工坡面已经发生侵蚀的区域，样方大小一般选取 3～10m 宽的坡面，并按适当间距（L）确定观测断面，在每个观测断面上分别量测每条细沟的沟宽（b）和沟深（h），推算总侵蚀体积，进而推算出土壤流失量。

$$V = \sum_{1}^{n} \frac{1}{2} [(b_1 h_1 + b_2 h_2) L_{12} + (b_2 h_2 + b_3 h_3) L_{23} + \cdots + (b_{i-1} h_{i-1} + b_i h_i) L_{i-1i}]$$

式中　V——调查区域内的侵蚀沟总体积；
　　　i——量测的断面数；
　　　n——调查区域内量测的侵蚀沟数；
　　　b——侵蚀沟沟宽；
　　　h——侵蚀沟沟深；
　　　L——相邻断面间距。

7.5　监　测　成　果

水土保持监测实施条件与成果是水土保持的关键要素。水土保持监测的实施需要一系列条件的支撑，包括政策支持、科技支撑、项目资金投入以及社会参与等。水土保持监测的成果则是水土保持监测工作的实施，取得了显著的成果。水土保持的实施条件和成果是相互关联、相互促进的。只有在充分满足实施条件的基础上，才能取得显著的成果；而成果的取得又能为进一步优化实施条件提供动力和支持。

7.5.1 监测实施条件

1. 监测任务由来

对编制水土保持方案报告书的生产建设项目（即征占地面积在 5hm² 以上或者挖填土石方总量在 5 万 m³ 以上的生产建设项目），生产建设单位应当自行或者委托具备相应技术条件的机构开展水土保持监测工作。

2. 监测单位职责

承担生产建设项目水土保持监测任务的单位（以下简称监测单位），应当按照水土保持有关技术标准和水土保持方案的要求，根据不同生产建设项目的特点，明确监测内容、方法和频次，调查获取项目区水土流失背景值，定量分析评价自项目动土至投产使用过程中的水土流失状况和防治效果，及时向生产建设单位提出控制施工过程中水土流失的意见建议，并按规定向水行政主管部门定期报送监测情况。

7.5.2 监测成果

1. 成果名称

水土保持监测成果应包括水土保持监测实施方案、水土保持监测报告、水土保持监测图件、水土保持监测数据表（册）、水土保持监测影像资料等。

2. 生产建设项目水土保持监测实施方案

监测单位在施工准备期之前应进行现场查勘和调查，并应根据相关技术标准和水土保持方案编制《生产建设项目水土保持监测实施方案》，水土保持监测实施方案格式应按附录1执行，监测工作开展一月内报送各级水行政主管部门。

3. 水土保持监测报告

水土保持监测报告应包括水土保持监测季度报告表、水土保持监测专项报告和水土保持监测总结报告。

监测期间，监测单位应编制《生产建设项目水土保持监测季度报告表》，该表格式应按附录2执行，须有明确的三色评价结论，三色评价按附录3执行，应于每季度第一月向审批水土保持方案的水行政主管部门报送上一季度的水土保持监测季度报告表。发生严重水土流失灾害事件时，应于事件发生后一周内完成专项报告。

监测工作完成后，监测单位应编制《生产建设项目水土保持监测总结报告》，格式按附录4执行。

水土保持监测季度报告表和水土保持监测总结报告实行水土保持三色评价制度，水土保持监测季度报告表三色评价得分为本季度实际得分，水土保持监测总结报告三色评价得分为全部监测季报得分的平均值。

4. 水土保持监测图件

对点型项目，水土保持监测图件应包括项目区地理位置图、扰动地表分布图、监测分区与监测点分布图、土壤侵蚀强度图、水土保持措施分布图等。

对线型项目，水土保持监测图件应包括项目区地理位置图、监测分区与监测点分布图，以及大型弃土（石、渣）场、大型取土（石、料）场和大型开挖（填筑）区的扰动地表分布图、土壤侵蚀强度图、水土保持措施分布图等。

5. 水土保持监测数据表（册）

水土保持监测数据表（册）应包括水土保持监测原始记录表和汇总分析表。

6. 水土保持监测影像资料

水土保持监测影像资料应包括水土保持监测过程中拍摄的反映水土流失动态变化及其治理措施实施情况的照片、录像等。

7. 监测成果数据录入

建设单位和监测实施单位等参建各方将监测工作产生的水土保持监测实施方案、日常监测记录、监测季度报告表、监测专项报告、监测总结报告、监测意见、整改落实情况等相关数据在数据产生之日起 2 个工作日内录入水土保持大数据系统。

8. 监测成果保存

水土保持监测成果应采用纸质和电子版形式保存，做好数据备份。

本 章 思 考 题

1. 简述生产建设项目水土保持监测的意义。
2. 简述生产建设项目水土保持监测的原则。
3. 生产建设项目水土保持监测方法主要包括哪些？
4. 以采掘项目为例，简述应对哪些区域重点监测？
5. 线型生产建设项目水土保持监测重点区域有哪些？监测点位布设的有哪些要求？
6. 建设生产类项目监测时段如何确定？
7. 简述 3S 技术在监测工作中的应用情况及发展前景。

第8章 生产建设项目水土保持工程概（估）算

8.1 概（估）算基本知识

8.1.1 工程造价含义

工程造价是工程建设过程中，根据不同阶段设计文件及图纸等资料，采用有关定额及标准，计算出全部工程费用的工程经济文件。概（估）算属于工程造价文件类型之一。

我国水利工程建设程序一般分为8个阶段：项目建议书、可行性研究、初步设计、施工准备（包括招标设计）、建设实施、生产准备、竣工验收、项目后评价等阶段。不同建设阶段工程造价文件的名称不同、意义也不同，工程造价文件是工程建设各阶段文件的重要组成部分。

8.1.2 工程造价文件类型及作用

项目在工程建设的每个阶段，由于工作内容深度不同、要求不同，其工程造价文件类型也不同，且与建设阶段一一对应。工程造价文件类型一般可分为投资估算，设计概算，施工图预算，招标控制价、标底和投标报价，施工预算，竣工结算（完工结算）、竣工决算等。

1. 投资估算

投资估算是指在项目建议书阶段、可行性研究阶段对建设工程造价的预测，应充分考虑各种可能的需要、风险、价格上涨等因素，合理预测投资，不留缺口，适当留有余地。投资估算是项目建议书阶段、可行性研究阶段的重要组成部分，是项目法人为选定近期开发项目做出科学决策和进行初步设计的重要依据。

2. 设计概算

设计概算是指设计单位在初步设计或扩大初步设计阶段，根据设计报告、设计图纸、设备清单、概算定额、各项费用取费标准等资料，用科学的方法计算和确定工程全部建设费用的经济文件。

设计概算是设计文件的重要组成部分，是编制基本建设计划，实行基本建设投资大包干，控制基本建设拨款和贷款的依据，也是考核设计方案和建设成本是否经济合理的依据。

设计概算应按建设项目的建设规模、隶属关系和审批程序报请审批。总概算按规定的程序经批准后，就成为国家控制该建设项目总投资额的主要依据，不得任意突破。

根据有关规定，概算经批准后，两年及两年以上工程未开工的，工程项目法人应委托

8.1 概（估）算基本知识

设计单位对概算进行重编，并报原审批单位审批。

建设项目实施过程中，由于设计变更等原因造成工程投资超过批准概算投资的，项目法人可以要求编制调整概算。

3. 施工图预算

施工图预算，又称设计预算。它是在施工图设计阶段，在批准的概算范围内，根据施工图设计文件、施工组织设计、工程预算定额及费用标准等文件编制的工程经济文件。其作用主要是确定单位工程项目造价、签订工程承包合同、实行投资包干和办理工程价款结算，进一步考核设计经济合理性的依据。

4. 招标控制价和投标报价

（1）招标控制价。招标控制价，也称拦标价，是招标人根据国家或省级、行业建设主管部门颁发的有关计价依据和办法，以及根据拟定的招标文件和招标工程量清单编制的招标工程的最高限价。国有资金投资的工程建设项目应实行工程量清单招标，并应编制招标控制价。投标人的投标报价高于招标控制价的，其投标应予以拒绝。招标控制价应在招标时公布。

（2）投标报价。投标报价是指承包人采取投标方式承揽工程项目时，计算和确定承包该工程的投标总价格。它反映的市场价格，体现了企业的经营管理、技术和装备水平。相对国家定价、标准价而言，它反映的是企业平均先进水平。

5. 施工预算

施工预算是承担项目施工的单位根据施工工序而自行编制的人工、材料、机械台班消耗量及其费用总额，即单位工程成本，它主要用于施工企业内部人、材、机的计划管理，是控制成本和班组经济核算的依据。

6. 竣工结算（完工结算）

竣工结算也称完工结算，竣工结算是建设单位（甲方）与施工单位（乙方）之间办理工程价款结算的一种方法，是指工程项目竣工以后甲乙双方对该工程发生的应付、应收款项做最后清理结算（施工过程中的结算属中间结算）。

在调整合同造价中，应把施工中发生的设计变更、费用签证、费用索赔等使工程价款发生增减变化的内容加以调整。竣工结算价款的计算公式为：

竣工结算工程价款＝预算或合同价款＋施工过程中预算或合同价款调整数额－预付及已结算工程价款－质量保证（保修）金。

7. 竣工决算

竣工决算是建设工程经济效益的全面反映，是项目法人核定各类新增资产价值，办理其交付使用的依据。通过竣工决算，一方面能够正确反映建设工程的实际造价和投资结果；另一方面可以通过竣工决算与概算、预算的对比分析，考核投资控制的工作成效，总结经验教训，积累技术经济方面的基础资料，提高未来建设工程的投资效益。

工程竣工决算是指在工程竣工验收交付使用阶段，由建设单位编制的建设项目从筹建到竣工验收、交付使用全过程中实际支付的全部建设费用。竣工决算是整个建设工程的最终价格，是作为建设单位财务部门汇总固定资产的主要依据。

综上所述，从投资估算、设计概算、施工图预算到最后的竣工结算和竣工决算，整个工作是由粗到细、由浅到深，最后确定工程实际总价的一个过程。

水利工程基本建设程序与各阶段的造价文件关系见图8.1。

8.1.3 概（估）算的编制方法

概（估）算编制的基本方法主要有综合指标法、定额法、实物量法。根据目前水利行业的规定及实际情况，水土保持工程概（估）算均采用定额法编制。

定额法是我国一直沿用的编制工程造价的方法，定额法是将建筑安装工程按工程性质、部位等划分为分部工程，其划分一般与采用的定额相适应，根据定额给定的分部分项工程所需人工、材料、机械台班的数量乘以人工、材料、机械台班的价格，求得人工费、材料费、机械使用费，再根据有关规定的其他直接费、间接费、利润、税金的取费

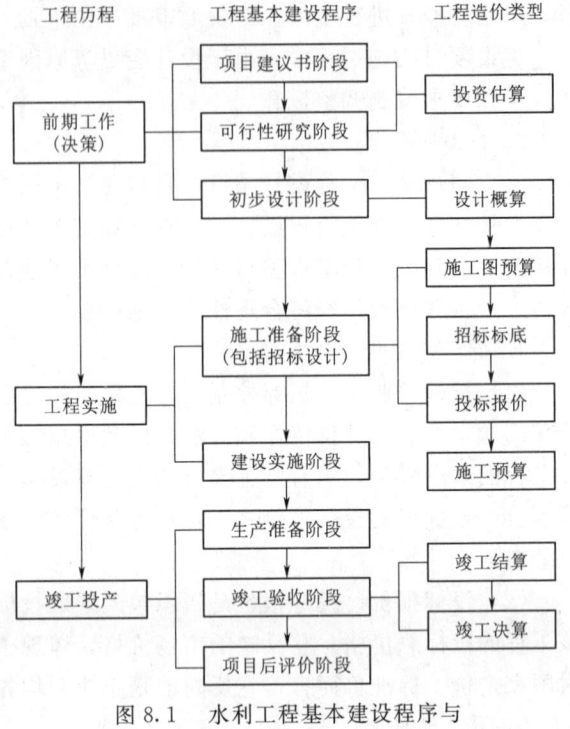

图8.1 水利工程基本建设程序与各阶段的造价文件关系

标准，计算出工程单价。各分部分项工程的工程量乘以相应的工程单价，汇总求和得水土保持工程概（估）算。

8.2 水土保持工程概算定额

8.2.1 工程定额概述

所谓"定额"是由国家、地方、部门或者企业颁发的，反映了一定时间的社会生产水平条件下，预先规定完成合格的单位产品所消耗的人力、物力、财力和时间等的数量标准。工程定额是指在一定的技术组织条件下，预先规定消耗在单位合格建筑产品上的人工、材料、机械、资金和工期的标准额度，是建筑与安装工程预算定额、概算定额、投资估算指标、施工定额的总称。

定额反映一定时期内的社会生产力水平，行业定额应具有社会平均水平。它促进生产者在一定客观条件下，通过主观努力达到或超过定额水平标准。中华人民共和国成立以来，我国各建设、经济部门广泛制定和采用了各定额，为我们的建设事业做出了巨大贡献。

8.2.1.1 定额的表现形式

定额一般有实物量式、金额式、百分率式和综合式4种表示形式。

1. 实物量式

实物量式是以完成单位工程（工作）量所消耗的人工、材料及施工机械台班的数量表

8.2 水土保持工程概算定额

示的定额。如贵州省水利厅、贵州省发展改革委员会发布的《贵州省水利水电建筑工程概算定额》（以下简称《概算定额》）、《贵州省水利水电建筑工程预算定额》（以下简称《预算定额》）、《贵州省水利水电设备安装工程预算定额》（以下简称《安装工程预算定额》）等。这种定额使用时要用工程所在地编制年的价格水平计，如《概算定额》采用实物量定额表示形式，见表8.1。

表 8.1　　　　　1m³ 挖掘机挖一般土方自卸汽车运输　　　　　单位：100m³

适用范围：Ⅲ类土，露天作业。

工作内容：挖装、运输、卸除、空回。

项　　目	单位	运　距/km						每增运 1km
		≤0.5	1	2	3	4	5	
普工	工日	0.71	0.71	0.71	0.71	0.71	0.71	—
零星材料费	%	4.00	4.00	4.00	4.00	4.00	4.00	—
挖掘机　1m³	台班	0.18	0.18	0.18	0.18	0.18	0.18	—
推土机　59kW	台班	0.08	0.08	0.08	0.08	0.08	0.08	—
自卸汽车　5t	台班	1.04	1.30	1.69	2.06	2.40	2.73	0.31
自卸汽车　8t	台班	0.69	0.87	1.11	1.35	1.56	1.76	0.20
自卸汽车　10t	台班	0.66	0.82	1.03	1.23	1.41	1.59	0.16
定额编号		G01018	G01019	G01020	G01021	G01022	G01023	G01024

2. 金额式

金额式是以编制年的价格水平给出完成单位产品的价格。该定额使用比较简便，但必须进行调整，很难适应工程建设动态发展的需要，已逐步被实物量式定额所取代。

3. 百分率式

百分率式是以某一基础的百分率表示的定额。《贵州省水利水电设备安装工程概算定额》（以下简称《安装工程概算定额》）中以费率形式计算，均以设备原价作为计算基础，如发电电压设备的安装工程概算定额以费率形式表示，见表8.2。

表 8.2　　　　　　　　发 电 电 压 设 备　　　　　　　　单位：项

项　　目	单　位	电　压/kV		
		>10.5	10.5	6.3
人工费	%	5.30	4.00	7.80
材料费	%	2.50	2.10	2.90
装置性材料费	%	3.30	3.00	5.30
机械使用费	%	1.30	1.10	1.80
定额编号		AG07001	AG07002	AG07003

4. 综合式

综合式是由两种以上形式组合而成的。如《贵州省水利水电施工机械台班费用定额》（以下简称《台班费用定额》）是一种综合式定额，其一类费用是金额表示，二类费用是实物量式。综合式定额表示形式见表8.3。

表 8.3　　　　　　　　　　　　　运　输　机　械

项目		单位	载重汽车 载重量/t					
			2	2.5	4	5	6.5	8
（一）	折旧费	元	26.50	28.00	38.50	42.50	54.00	84.48
	检修费	元	5.41	5.72	7.86	8.68	11.03	17.25
	维护费	元	30.36	32.08	44.11	48.69	61.86	67.80
	安装拆卸费	元	—	—	—	—	—	—
	小计	元	62.27	65.8	90.47	99.87	126.89	169.53
（二）	机上人工	工日	1.00	1.00	1.00	1.00	1.00	1.00
	汽油	kg	—	—	—	—	—	—
	柴油	kg	17.00	20.00	27.00	30.00	31.00	35.00
	电	kW·h	—	—	—	—	—	—
	风	m³	—	—	—	—	—	—
	水	m³	—	—	—	—	—	—
年工作台班		台班	240.00	240.00	240.00	240.00	240.00	240.00
备注								
定额编号			T3001	T3002	T3003	T3004	T3005	T3006

8.2.1.2　工程定额分类

工程定额种类很多，一般按其生产要素、定额编制程序和用途、费用性质、管理体制和执行范围等的不同进行分类。

1. 按生产要素划分

（1）劳动定额。是指在一定的施工技术组织条件下，工人完成单位合格产品所必需的劳动时间，故又称人工定额。

（2）材料消耗定额。是指在合理的施工条件和使用材料的情况下，生产单位合格产品所需的材料、成品、半成品及配件的合理数量。

（3）台班费用定额。是指施工过程中使用机械一个台班所需相应人工、动力、燃料、折旧、检修、维护、安装拆除以及牌照税、车船税的定额。

2. 按定额编制程序和用途划分

（1）施工定额。施工定额主要用于施工企业编制施工预算。

（2）预算定额。预算定额主要用于编制施工图预算或招投标阶段编制控制价及报价。

（3）概算定额。概算定额主要用于编制设计概算。

（4）投资估算指标。主要用于项目建议书阶段及可行性研究阶段技术经济比较和预测（估算）工程造价。由概算定额综合扩大和统计资料分析编制而成。

施工定额、预算定额、概算定额、投资估算指标的关系见表8.4。

8.2 水土保持工程概算定额

表 8.4　　　　　　　　　各定额的相互关系

定额分类	施工定额	预算定额	概算定额	投资估算指标
对象	工序	分部分项工程	扩大的分部分项工程	独立的单项工程或完整的工程项目
用途	编制施工预算	编制施工图预算	编制初步设计概算或可行性研究投资估算	编制投资估算
项目划分	最细	细	较粗	粗
定额水平	平均先进	平均	平均	平均
定额性质	生产性定额	计价性定额	计价性定额	计价性定额

3. 按费用性质划分

(1) 基本直接费定额。指直接用于施工生产的人工、材料、成品、半成品、机械消耗的定额。

(2) 间接费定额。指施工企业施工组织和管理所需费用定额。

(3) 其他基本建设费用定额。指不属于建筑安装工作量的独立费用定额，如勘测设计费定额等。

4. 按管理体制和执行范围划分

(1) 全国统一定额。指工程建设中，各行业、部门普遍使用，需要全国统一执行的定额，一般由国家建设行政主管部门或授权某主管部门组织编制颁发，如送电线路工程预算定额、电气工程预算定额、通信设备安装预算定额、通风及空调工程预算定额等。

(2) 全国行业定额。指工程建设中，部分专业工程在某一个部门或几个部门使用的专业定额。经国家建设行政主管部门批准由一个主管部门或几个主管部门编制颁发，在有关行业中执行，如水利水电建筑工程预算定额、公路工程预算定额、铁路工程预算定额等。

(3) 地方定额。指省、自治区、直辖市根据地方工程特点编制的地方通用定额和地方专业定额，在本地区执行。如贵州省水利厅、贵州省发展改革委员会于 1999 年、2012 年、2022 年先后发布的概预算定额就属于地方定额。

(4) 企业定额。指建筑、安装企业在其生产经营过程中用自己积累的资料，结合本企业的具体情况自行编制的定额，供本企业内部管理和企业投标报价使用。

8.2.1.3 工程定额的作用及编制方法

不同工程定额的作用不同，其编制方法也不完全相同。定额编制的方法较多，一般常用的方法有技术测定法、统计分析法、调查研究法、计算分析法和比较类推法。

1. 施工定额

施工定额是直接应用于工程施工管理的定额，是编制施工预算、实行施工企业内部经济核算的依据，它是以施工过程为研究对象，根据本施工企业生产力水平和管理水平制定的内部定额。

施工定额是建筑安装工人或班组在正常施工条件下，完成单位合格产品的人工、机械和材料消耗的数量标准，它是国家、地区、行业或施工企业以技术要求为根据制定的，是基本建设中最重要的定额之一，它既体现国家对建筑安装施工企业管理水平和经营成果的要求，也体现国家和施工企业对操作工人的具体目标要求。

(1) 施工定额的编制原则。施工定额能否得到广泛的使用，主要取决于定额的质量和水平及项目的划分是否简明适用。因此，在编制工程定额的过程中应该贯彻以下原则：

1) 平均先进原则。施工定额的水平应是平均先进水平，因为只有平均先进水平的定额，才能促进企业生产力水平的提高。平均先进水平是指在正常施工条件下，多数班组或生产者经过努力才能达到的水平。一般来说，该水平应低于先进水平而略高于平均水平。它使先进生产者感到有一定的压力，能鼓励他们进一步提高技术水平；使大多数处于中间水平的生产者感到可望而可及，能增强达到定额的信心；使少数落后者通过努力学习技术和端正劳动态度，尽快缩短差距，达到定额水平。所以，平均先进水平是一种鼓励先进、激励中间、鞭策落后的定额水平。

定额水平有一定的时限性，随着生产力水平的发展，定额水平必须做相应的修订使其保持平均先进的性质。但是，定额水平作为生产力发展水平的标准，又必须具备相对稳定性。定额水平如果频繁调整，会挫伤生产者的劳动积极性，因此不能朝令夕改。

2) 基本准确原则。定额是相对的"准"，绝对的"不准"。定额不可能完全与实际相符，而只能要求基本准确。定额是对千差万别的各个实践的概括，抽象出一般的数量标准。

3) 简明适用原则。定额的简明适用是就施工定额的内容和形式而言的。它要求施工定额内容丰富充实，具有多方面的适用性，同时又要简单明了，容易为工人所掌握，便于查阅，便于计算，便于携带，便于执行。

4) 专群结合与以专为主原则。编制施工定额是一项专业性、技术经济性、政策性很强的工作。因此，在编制定额的过程中必须深入调查研究，广泛征求意见，在取得群众的配合和支持下，通过专业人员进行技术测定、分析整理，才能使编制出来的施工定额具有科学性、代表性、权威性和群众性。

(2) 施工定额的作用。施工定额主要有以下作用。

1) 供施工企业编制施工预算。

2) 施工定额是安排施工作业进度计划、编制施工组织设计的依据。

3) 是施工企业内部经济核算的依据。

4) 是实行定额包干，签发施工任务单的依据。

5) 是计件工资和超额奖励计算的依据。

6) 是限额领料和节约材料奖励的依据。

7) 是编制预算定额的依据。

(3) 施工定额的内容。

1) 劳动定额。劳动定额按其表现形式不同分为时间定额和产量定额。

时间定额是指某些专业技术等级的工人班组或个人，在合理的劳动组织与一定的生产技术条件下，为生产单位合格产品所必须消耗的工作时间。定额时间包括准备时间与结束时间、基本生产时间、辅助生产时间、不可避免的中断时间及工人必需的休息时间。时间

8.2 水土保持工程概算定额

定额以工时为单位,其计算方法见式(8.1):

$$每单位产品时间定额(工时) = \frac{1}{每工时产量} \tag{8.1}$$

产量定额是指在一定的劳动组织与生产技术条件下某种专业技术等级的工人班组或个人,在单位工时中所应完成的合格产品数量。其计算方法见式(8.2):

$$每工时产量 = \frac{1}{每单位产品时间定额(工时)} \tag{8.2}$$

产量定额的计量单位视具体产品的性质分别选用 t、m^3、m^2、m、根、块等表示。时间定额与产量定额互为倒数。

2) 材料消耗定额。该定额包括生产合格产品的消耗量与损耗量两部分。其中,消耗量是产品本身所必须占有的材料数量,材料损耗量包括操作损耗和场内运输损耗。建筑工程材料可分为直接性消耗材料和周转性消耗材料两类。直接性消耗材料是指直接构成工程实体的材料,如砂石料、钢筋、水泥等材料的消耗量,包括材料的净用量及施工过程中不可避免的合理损耗量。周转性消耗材料是指在工程施工过程中,能多次使用、反复周转并不断补充的工具性材料、配件和用具等,如脚手架、模板等。计算方法见式(8.3):

$$材料消耗量 = 净耗量 + 损耗量 \tag{8.3}$$

式中,损耗量是指合理损耗量,亦即在合理使用材料情况下的不可避免损耗量,其多少常用损耗率来表示。计算方法见式(8.4):

$$损耗率 = \frac{损耗量}{净耗量} \times 100\% \tag{8.4}$$

因此,材料消耗量也可按式(8.5)计算:

$$材料消耗量 = 净耗量 \times (1 + 损耗率) \tag{8.5}$$

材料消耗定额是加强企业管理和经济核算的重要工具,是确定材料需要量和储备量的依据,是施工企业对施工班组实施限额领料的依据,是减少材料积压、浪费,促进合理使用材料的重要手段。

3) 机械台时定额。机械台时定额是施工机械生产率的反映,单位一般用"台时"表示。可分为机械时间定额和机械台时产量定额,两者互为倒数。

机械时间定额,是指在正常的施工条件和劳动组织条件下,使用某种规格型号的机械,完成单位合格产品所必须消耗的台时数量。

机械台时产量定额,是指在正常的施工条件和劳动组织条件下,某种机械在一个台时内生产合格产品的数量。

2. 预算定额

预算定额是以工程基本构造要素,即分项工程和结构构件为研究对象,规定完成单位合格产品,需要消耗的人工、材料、机械台班(时)的数量标准,是计算建筑安装工程产品价格的基础。

预算定额是以建筑物或构筑物各个分部分项工程为对象编制的定额。从编制程序上,预算定额是以施工定额为基础综合扩大编制的，同时它也是编制概算定额的基础。随着经济的发展，在一些地区出现了综合预算定额的形式，它实际上是预算定额的一种，只是在编制方法上更加扩大、综合、简化。

(1) 预算定额的作用。

1) 预算定额是编制建筑安装工程施工图预算和确定工程造价的依据。

2) 预算定额是对设计的结构方案进行技术经济比较，对新结构、新材料进行技术经济分析的依据。

3) 预算定额是编制施工组织设计时，确定劳动力、材料和施工机械需用量的依据。

4) 预算定额是工程竣工结算的依据。

5) 预算定额是施工企业贯彻经济核算、进行经济活动分析的依据。

6) 预算定额是编制概算定额的基础。

7) 预算定额是编制招标控制价和报价的参考。

(2) 预算定额与施工定额的关系。

1) 预算定额的编制必须以施工定额的水平为基础。预算定额不是简单套用施工定额的水平，还考虑了更多的可变因素，如工序搭接的停歇时间；常用工具如施工机械的维修、保养、加油、加水等所发生的不可避免的停工损失；工程检查所需的时间；在施工中不可避免的细小的工序和零星用工所需的时间；机械在与手工操作的工作配合中不可避免的停歇时间；在工作班内机械变换位置所引起的难以避免的停歇时间和配套机械相互影响的损失时间；不可避免的中断、必要的休息、交接班以及班内工作干扰等。所以，确定预算定额水平时，要相对降低一些。根据我国的实践经验，一般预算定额应低于施工定额水平的5%~7%。

2) 预算定额是施工定额的人工、机械消耗量综合扩大后的数量标准。以混凝土工程为例，施工定额混凝土工程按配运骨料、水泥运输、施工缝处理、清仓、混凝土拌和、混凝土运输、浇筑、养护等工序分别设列子目。而预算定额是将完成100m³混凝土浇筑所需的各工序综合在一起，按其部位、结构类型分别设列子目。

3. 概算定额

概算定额是在预算定额的基础上，确定完成合格的单位扩大分项工程或单位扩大结构构件所需消耗的人工、材料和机械台班（时）的数量标准，所以概算定额也称作扩大结构定额。

(1) 概算定额的作用。

1) 概算定额适用于新建、扩建的水利水电工程，是编制初步设计概算的依据。

2) 概算定额是编制机械和材料需用计划的依据。

3) 概算定额是设计方案进行经济比较的依据。

4) 概算定额是编制估算指标的基础。

(2) 概算定额与预算定额的关系。概算定额是经过适当综合扩大编制而成的。概算定额与预算定额之间允许有5%以内的幅度差。在水利工程中，从预算定额过渡到概算定额，一般采用1.03~1.05的扩大系数。

4. 投资估算指标

投资估算指标相比概算定额更具扩大性、综合性，考虑投资估算工作深度和精度，可在概算定额基础上乘以扩大系数计算。

5. 定额编制的方法

定额编制的方法较多，一般有以下几种：

（1）技术测定法。技术测定法是深入施工现场，采用计时观察和材料消耗测定的方法，对各个工序进行实测、查定、取得数据，然后对这些资料进行科学的整理分析，拟定成的定额。

这种方法有较充分的科学依据，说服力较强，但是工作量较大，它适用于产品品种少、经济价值大的定额项目。

（2）统计分析法。统计分析法是根据施工实际中的人工、材料、机械台班（时）消耗和产品完成数量的统计资料，经科学地分析、整理，剔去其中不合理的部分后，拟定成的定额。

（3）调查研究法。调查研究法是和参加施工实践的老工人、班组长、技术人员座谈讨论，利用他们在施工实践中积累的经验和资料，加以分析整理而成的定额。

（4）计算分析法。计算分析法大多用于材料消耗定额和一些机械（如开挖、运输机械）作业定额的编制。其步骤为拟定施工条件、选择典型施工图、计算工程量、拟定定额参数，最终计算定额数量。

对于新技术、新工艺劳动定额的编制主要采用技术测定法，该方法也是定额编制的基础。

（5）比较类推法。比较类推法是根据同类项目或相似项目的定额进行对比分析类推而制定定额的方法。此法用于比较的典型定额与相关定额之间呈比例关系时才适用。方法简单，工作量小。

8.2.2 《水土保持工程概算定额》简介

《水土保持工程概算定额》（以下简称"定额"），是编制水土保持工程设计概算的依据。定额是水土保持工程专业计价标准。适用于生产建设项目的水土保持工程和水土保持生态环境工程，不包括虽具有水土保持功能，但应由生产建设项目主体工程设计计量的项目。

定额共十章，按水土保持工程特点分为土方工程、石方工程、砌石工程、混凝土工程、砂石料工程、基础处理工程、机械固沙工程、林草工程、梯田工程、谷坊、水窖、蓄水池工程以及附录一施工机械台时费定额，附录二土石方松实系数、一般工程土类分级表、岩石分级表、水力冲挖机组土类分级表、松散岩石的建筑材料分类和野外鉴定、冲击钻钻孔工程地层分类特征、混凝土及砂浆配合比及材料用量。

定额是编制水土保持初步设计概算文件的依据，也可作为编制可行性研究报告投资估算的依据。

定额须与水利部水总〔2003〕67号文发布的《水土保持工程概（估）算编制规定》配套使用。

8.3 水土保持工程概（估）算编制

8.3.1 基本规定与要求

8.3.1.1 基本规定

水利部水总〔2003〕67号文发布的《水土保持工程概（估）算编制规定》和《水土保持工程概算定额》是现行的水土保持工程投资的编制依据，《水土保持工程概（估）算编制规定》包括生产建设项目水土保持工程概（估）算编制规定和水土保持生态建设工程概（估）算编制规定两部分，这两套概（估）算编制规定与《水土保持工程概算定额》配合使用，分别编制不同设计阶段、不同设计要求、符合各自特点的水土保持工程概（估）算。

生产建设项目水土保持工程概（估）算编制规定适用于中央投资、中央补助、地方投资或其他投资的矿业开采、工矿企业建设、交通运输、水工程建设、电力建设、皇帝开垦、林木采伐及城镇建设等一切可能引起水土流失的开发建设项目水土保持工程。水土保持生态建设工程概（估）算编制规定适用于中央投资、中央补助、地方投资或其他投资的水土保持生态建设综合治理工程。生产建设项目水土保持工程和水土保持生态建设工程有各自的特点，两者在投资政策、资金来源、项目划分、费用构成，尤其是在计算标准上存在较大差异，用一个标准来计算水土保持工程投资，会导致工程投资无法落实，不符合国家对开发建设项目和生态建设项目水土保持工程的投资政策，也不利于有效控制和管理水土保持工程投资。因此，采用两个标准能够满足各自编制投资概（估）算的需要。

8.3.1.2 基本要求

1. 编制原则

水土保持工程投资概（估）算的价格水平年、基础单价（材料价格、风水电价格、砂石料价格及混凝土价格）等应与主体工程一致。主体工程已有的工程单价直接采用主体工程单价。主体工程如没有基础单价、工程单价，应采用水利部生产建设项目《水土保持工程概（估）算编制规定》《水土保持工程概算定额》进行编制。

建设期的水土保持投资从基建费中计列，运行期的水土保持投资从生产费用中计列，在水土保持方案中一般只计列建设期投资。

已开工项目补报水土保持方案的，对已实施的水土保持措施投资按实际完成计列。

2. 编制依据

(1) 国家和行业主管部门以及省、自治区、直辖市颁发的有关法令、制度和规定。

(2)《生产建设项目水土保持工程概（估）算编制规定》。

(3) 水土保持工程概算定额和有关部门颁发的定额。

(4) 水土保持工程设计文件及图纸。

(5) 有关合同、协议及资金筹措方案。

(6) 其他有关资料。

8.3.2 设计概算编制

8.3.2.1 概算投资组成

水土保持工程投资概（估）算由工程措施费、植物措施费、监测措施费、施工临时工程费、独立费用、预备费、水土保持补偿费和建设期利息组成，具体划分如图8.2所示。

水土保持投资概（估）算 { 工程措施费；植物措施费；监测措施费；施工临时工程费；独立费用；预备费；水土保持补偿费；建设期利息 }

图8.2 水土保持工程投资概（估）算组成

8.3.2.2 概算文件组成内容

1. 编制说明

（1）水土保持工程概况。主要包括水土保持工程建设地点、布置形式，工程、植物、监测和临时措施工程量，以及主要材料用量、施工总工期、施工总工时等。

（2）水土保持工程投资主要指标。说明概算编制的价格水平年和水土保持工程总投资，以及各部分投资及其占总投资的比例等。

（3）概算编制原则和依据。包括所采用的规程、规范、规定、定额标准等文件名称及文号；人工预算单价，主要材料，施工用电、水、风，砂石料，苗木，草，种子等预算价格的计算依据；主要设备价格的编制依据；水土保持工程概算定额、施工机械台时费定额和其他有关指标采用的依据；水土保持工程费用计算标准及依据等。

（4）设计概算编制方法。

（5）水土保持工程概算编制中存在的其他应说明的问题。

2. 概算表

（1）概算表。包括总概算表、工程措施概算表、植物措施概算表、监测措施概算表、施工临时工程概算表、独立费用概算表、分年度投资表。

（2）概算附表。包括工程单价汇总表、主要材料预算价格汇总表、次要材料预算价格汇总表、施工机械台时费汇总表、主要工程量汇总表、主要材料用量汇总表、主要工时数量汇总表。

（3）水土保持工程概算附件。包括人工预算单价计算表、主要材料运杂费计算表、主要材料预算价格计算表、施工用电价格计算书、施工用水价格计算书、施工机械台时费计算书、砂石料单价计算书、混凝土材料单价计算表、工程单价分析表、独立费用计算书。

8.3.2.3 项目划分

1. 概述

生产建设项目水土保持工程涉及面广，类型各异，内容复杂，为适应水土保持工程管理工作的需要，满足水土保持工程设计和建设过程中各项工作要求，必须有一个可供各方面共同遵循的统一的项目划分格式。生产建设项目水土保持工程专项投资项目划分为工程措施、植物措施、监测措施、施工临时工程和独立费用共五部分，各部分按工程内容分设一级、二级、三级项目。在一级项目之前，应按水土流失防治分区列示防治区域。

2. 项目划分

项目划分分为工程措施、植物措施、监测措施、施工临时工程和独立费用5个部分。

（1）工程措施。指为减轻或避免因开发建设造成植被破坏和水土流失而兴建的永久性

第8章 生产建设项目水土保持工程概（估）算

水土保持工程。包括拦渣工程、斜坡防护工程、土地整治工程、防洪排导工程、土地整治工程、降水蓄渗工程、机械固沙工程、设备及安装工程等。

(2) 植物措施。指为防治水土流失而采取的植物防护工程、植被恢复工程及绿化美化工程及抚育工程等。

(3) 监测措施。指项目建设期间为观测水土流失的发生、发展、危害及水土保持效益而修建的土建设施、配置的设备仪表，以及建设期间的运行观测等。

(4) 施工临时工程。包括临时防护工程和其他临时工程。临时防护工程指为防止施工期水土流失而采取的各项临时防护措施。其他临时工程指施工期的临时仓库、生活用房、架设输电线路、施工道路等。

(5) 独立费用。由建设管理费、方案编制费、科研勘测设计费、工程建设监理费、竣工验收技术评估费、招标业务费、经济技术咨询费、工程保险费等组成。

3. 项目划分表格

工程措施项目划分见表8.5，植物措施项目划分见表8.6，监测措施项目划分见表8.7，施工临时工程项目划分见表8.8，独立费用项目划分见表8.9。

表8.5 工程措施项目划分表

序号	一级项目	二级项目	三级项目	技术经济指标
一	×××防治区域			
(一)	拦渣工程			
1		拦渣坝		
			土方开挖	元/m³
			石方开挖	元/m³
			土石方回填	元/m³
			砌石	元/m³
			混凝土	元/m³
			钢筋	元/t
			固结灌浆孔	元/m
			帷幕灌浆孔	元/m
			固结灌浆	元/m
			帷幕灌浆	元/m
			排水孔	元/m
2		挡渣墙		
			土方开挖	元/m³
			石方开挖	元/m³
			土石方回填	元/m³
			砌石	元/m³
			混凝土	元/m³
			钢筋	元/t

8.3 水土保持工程概（估）算编制

续表

序号	一级项目	二级项目	三级项目	技术经济指标
3		拦渣堤（堰）		
			土方开挖	元/m³
			石方开挖	元/m³
			土石方回填	元/m³
			砌石	元/m³
			混凝土	元/m³
			钢筋	元/t
（二）	斜坡防护工程			
1		挡墙工程		
			土方开挖	元/m³
			石方开挖	元/m³
			土石方回填	元/m³
			砌石	元/m³
			混凝土	元/m³
			钢筋	元/t
2		削坡开级		
			土方开挖	元/m³
			石方开挖	元/m³
3		工程护坡		
			土方开挖	元/m³
			石方开挖	元/m³
			土石方回填	元/m³
			砌石	元/m³
			灰浆抹面	元/m²
			混凝土	元/m³
			植被混凝土	元/m³
			格宾护垫	元/m²
			生态土工袋	元/m²
			生态笼砖	元/m²
			钢筋	元/t
			喷混凝土	元/m³
			锚杆	元/根
4		坡面固定		
			土方开挖	元/m³
			石方开挖	元/m³

续表

序号	一级项目	二级项目	三级项目	技术经济指标
			喷混凝土	元/m³
			锚杆	元/根
5		滑坡防治工程		
			抗滑桩	元/m³
			喷混凝土	元/m³
			锚杆	元/根
(三)	防洪排导工程			
1		拦洪坝		
			土方开挖	元/m³
			石方开挖	元/m³
			混凝土	元/m³
			砌石	元/m³
			土料填筑	元/m³
			砂砾料填筑	元/m³
			固结灌浆孔	元/m
			帷幕灌浆孔	元/m
			固结灌浆	元/m
			帷幕灌浆	元/m
			排水孔	元/m
2		排洪渠		
			土方开挖	元/m³
			石方开挖	元/m³
3		排洪涵洞		
			土方开挖	元/m³
			石方开挖	元/m³
			砌石	元/m³
			混凝土	元/m³
			钢筋	元/t
4		防洪堤		
			土方开挖	元/m³
			石方开挖	元/m³
			土石方回填	元/m³
			混凝土	元/m³
			钢筋	元/t
			砌石	元/m³

8.3 水土保持工程概(估)算编制

续表

序号	一级项目	二级项目	三级项目	技术经济指标
5		护岸护滩		
			土方开挖	元/m³
			石方开挖	元/m³
			土石方填筑	元/m³
			混凝土	元/m³
			钢筋	元/t
			抛石	元/m³
			砌石	元/m³
6		截(排)水工程		
			土方开挖	元/m³
			石方开挖	元/m³
			混凝土	元/m³
			浆砌石	元/m³
			土方填筑	元/m³
			砂砾料填筑	元/m³
7		泥石流防治工程		
(1)		格栅坝(拦沙坝)		
			土方开挖	元/m³
			石方开挖	元/m³
			土石方回填	元/m³
			混凝土	元/m³
			钢筋	元/t
			钢材	元/t
			砌石	元/m³
(2)		桩林		
			钢管桩	元/t
			型钢桩	元/t
			钢筋混凝土桩	元/m³
(四)	土地整治工程			
1		土地平整		
			土方回填	元/m³
			整平	元/m²
2		表土剥离和回覆		
			土方开挖	元/m³
			石方开挖	元/m³

续表

序号	一级项目	二级项目	三级项目	技术经济指标
			土石方回填	元/m³
3		土地改良		
			施肥	元/kg
			土壤改良	元/m²
(五)	降水蓄渗工程			
1		截（汇）流沟		
			土方开挖	元/m³
			石方开挖	元/m³
			土石方回填	元/m³
			砌石	元/m³
			混凝土	元/m³
2		沉砂池		
			土方开挖	元/m³
			石方开挖	元/m³
			砌石	元/m³
			砌砖	元/m³
3		蓄水池		
			土方开挖	元/m³
			石方开挖	元/m³
			土石方回填	元/m³
			砌石	元/m³
			砂浆抹面	元/m²
			混凝土	元/m³
(六)	机械固沙工程			
1		压盖		
			黏土压盖	元/m²
			泥墁压盖	元/m²
			卵石压盖	元/m²
			砾石压盖	元/m²
2		沙障		
			防沙土墙	元/m³
			黏土埂	元/m
			高立式柴草沙障	元/m
			低立式柴草沙障	元/m
			立杆串草把沙障	元/m

8.3 水土保持工程概（估）算编制

续表

序号	一级项目	二级项目	三级项目	技术经济指标
			立埋草把沙障	元/m
			立杆编制条沙障	元/m
			防沙栅栏	元/m
（七）	设备及安装工程			
1		排灌设备		元/台
2		管道		元/m
3		安装费		

表 8.6　　　　　　　　　　　　植物措施项目划分表

序号	一级项目	二级项目	三级项目	技术经济指标
一	×××防治区域			
（一）	植物防护工程			
1		种草（籽）		
			整地	元/m²
			种植	元/m²
2		植草		
			草（皮）	元/m²
			栽植（籽）	元/m²
3		种树（籽）		
			整地	元/m²
			种植	元/m²
4		植树		
			栽植	元/株
			换土	元/m³
			支撑	元/株
			绑扎草绳	元/m
			铁丝网	元/m
			假植	元/株
（二）	植被恢复工程			
1		种草（籽）		
			整地	元/m²
			种植	元/m²
2		植草		
			草（皮）	元/m²
			栽植（籽）	元/m²

续表

序号	一级项目	二级项目	三级项目	技术经济指标
3		种树（籽）		
			整地	元/m²
			种植	元/m²
4		植树		
			栽植	元/株
			换土	元/m³
			支撑	元/株
			绑扎草绳	元/m
			铁丝网	元/m
			假植	元/株
（三）	绿化美化工程			
1		植草		
			整地	元/m²
			草（皮）	元/m²
			栽植（籽）	元/m²
2		植树		
			整地	元/m²
			换土	元/m³
			支撑	元/株
			绑扎草绳	元/m
			铁丝网	元/m
			假植	元/株
			栽植树（苗）	元/株
（四）	抚育工程			
1		幼林抚育		元/hm²
2		成林抚育		元/hm²

表 8.7　　监测措施项目划分表

序号	一级项目	二级项目	三级项目	技术经济指标
一	土建设施			
1		观测场地		
			场地整治	元/m²
			围栏	元/m
2		观测设施		
			土石方开挖	元/m³

8.3 水土保持工程概（估）算编制

续表

序号	一级项目	二级项目	三级项目	技术经济指标
			土石方填筑	元/m³
			砌砖	元/m³
			砂浆抹面	元/m²
			浆砌石	元/m³
			混凝土浇筑	元/m³
3		附属设施		
			观测用房	元/m²
			道路	元/m
二	设备及安装			
		监测设备、仪表		
		安装费		
三	建设期观测运行费			

表8.8　　　　　　　　　施工临时工程项目划分表

序号	一级项目	二级项目	三级项目	技术经济指标
一	临时防护工程			
1		临时拦挡工程		
			土石方填筑	元/m³
			砌石	元/m³
			袋装土拦挡	元/m³
2		苫盖防护		
			土工布	元/m²
			塑料布	元/m²
			抑尘网	元/m²
3		临时排水		
			土方开挖	元/m³
			石方开挖	元/m³
			土工膜防渗	元/m²
			砂浆抹面	元/m²
4		临时沉沙池		
			土方开挖	元/m³
			石方开挖	元/m³
			土工膜防渗	元/m²
			砌砖	元/m³
			砂浆抹面	元/m²
二	其他临时工程			

第8章 生产建设项目水土保持工程概（估）算

表8.9 独立费用项目划分表

序号	一 级 项 目	二 级 项 目
一	建设管理费	
二	方案编制费	
三	科研勘测设计费	
1		工程科学研究试验费
2		工程勘测设计费
四	工程建设监理费	
五	竣工验收技术评估费	
六	招标业务费	
七	经济技术咨询费	
八	工程保险费	

8.3.2.4 费用构成

生产建设项目水土保持工程建设费用由工程费、独立费用、预备费、水土保持补偿费和建设期利息构成。工程费用由建筑安装工程费、设备费组成。

1. 建筑安装工程费

建筑安装工程费由直接工程费、间接费、企业利润和税金组成。

（1）直接工程费。直接工程费由直接费、其他直接费、现场经费组成。直接费包括人工费、材料费及施工机械使用费。其他直接费包括冬雨季施工增加费、夜间施工增加费、特殊地区施工增加费和其他。现场经费包括临时设施费和现场管理费。

（2）间接费。间接费由企业管理费、财务费用、其他费用组成。

（3）企业利润。

（4）税金。

2. 设备费

设备费由设备原价、运杂费、运输保险费、采购及保管费组成。

3. 独立费用

独立费用由建设管理费、方案编制费、科研勘测设计费、工程建设监理费、竣工验收技术评估费、招标业务费、经济技术咨询费、工程保险费等组成。

4. 预备费

预备费指为了弥补设计阶段由于设计深度不够或不可预见因素所发生的设计变化、工程量变化、地质条件变化、政策变化及价格变化等情况而预留的费用储备。包括基本预备费和价差预备费两部分。基本预备费指在批准的设计范围内设计变更以及为预防一般自然灾害和其他不确定因素可能造成的损失而预留的工程建设资金。价差预备费指工程建设期间内由于价格变化等引起工程投资增加而预留的费用。

5. 建设期利息

建设期利息指为筹措建设资金在建设期内发生的债务性资金利息。

6. 水土保持补偿费

水土保持补偿费是指在工程建设过程中由于损坏水土保持设施、地貌植被,造成原有水土保持功能不能恢复而依法缴纳的补偿费用。

8.3.2.5 基础单价编制

在编制水土保持设计概算时,需要根据材料来源、施工技术、工程所在地区有关规定及工程具体特点等编制人工预算单价,材料预算单价,施工用电、水、风预算价格,施工机械使用费,砂石料单价及混凝土料单价,作为计算措施单价的基本依据。这些预算价格统称为基础单价,是水土保持设计概算编制的基础工作。

一般基础单价的编制主要有两种方法:一是参考主体工程,二是按生产建设项目水土保持工程概(估)算编制规定计算。参考主体工程基础单价主要有主要材料价格,施工用水、电、风等价格,砂石料及混凝土价格。本节内容以生产建设项目水土保持工程概(估)算编制规定及《水土保持工程概算定额》(水总〔2003〕67号)为计算依据进行阐述。

1. 人工预算单价

(1) 人工预算单价组成。人工预算单价是指从事工程施工的生产工人开支的各项费用,包括基本工资、辅助工资、工资附加费,是计算措施单价和施工机械台班(时)费的基础单价。

基本工资由岗位工资、年功工资以及年应工作天数内非作业天数的工资构成。岗位工资是指按照职工所在岗位各项劳动要素测定结果确定的工资;年功工资是指按照职工工作年限确定的工资,随工作年限增加而逐年累加;年应工作天数内非作业天数的工资是指生产工人在法定假期、婚丧假期间、依法参加社会活动期间,以及因气候影响期间停工的工资。

辅助工资指在基本工资之外,支付给职工的工资性收入,包括根据国家有关规定属于工资性质的各种津贴,如地区津贴、施工津贴、夜餐津贴、节日加班津贴等。

工资附加费是指按照国家规定计算的职工福利基金、工会经费、养老保险费、医疗保险费、工伤保险费、职工失业保险基金和住房公积金等。

(2) 人工预算单价计算方法。下文以工程措施人工单价为例介绍。

1) 基本工资。

基本工资(元/工日)=基本工资标准(元/月)×地区工资系数×12月÷年有效工作日

2) 辅助工资。

地区津贴(元/工日)=津贴标准(元/月)×12月÷年有效工作日

施工津贴(元/工日)=津贴标准(元/天)×365天×95%÷年有效工作日

夜餐津贴(元/工日)=(中班津贴标准+夜班津贴标准)÷2×20%

节日加班津贴(元/工日)=基本工资(元/工日)×3×10天÷年有效工作日×35%

3) 工资附加费。

职工福利基金(元/工日)=[基本工资(元/工日)+辅助工资(元/工日)]×费率标准(%)

工会经费(元/工日)=[基本工资(元/工日)+辅助工资(元/工日)]×费率标准(%)

养老保险费(元/工日)＝[基本工资(元/工日)＋辅助工资(元/工日)]×费率标准(%)
医疗保险费(元/工日)＝[基本工资(元/工日)＋辅助工资(元/工日)]×费率标准(%)
工伤保险费(元/工日)＝[基本工资(元/工日)＋辅助工资(元/工日)]×费率标准(%)
职工失业保险基金(元/工日)＝[基本工资(元/工日)＋辅助工资(元/工日)]×费率标准(%)

住房公积金(元/工日)＝[基本工资(元/工日)＋辅助工资(元/工日)]×费率标准(%)

4) 人工工日预算单价。

人工工日预算单价(元/工日)＝基本工资＋辅助工资＋工资附加费

5) 人工工时预算单价。

人工工时预算单价(元/工时)＝人工工日预算单价(元/工日)÷日工作时间(工时/工日)

注：人年有效工作日 250 天，日工作时间 8 小时。

(3) 人工预算单价计算标准。

1) 基本工资。根据国家有关规定和各行业目前工资水平，并参考企业最低工资标准综合确定。

2) 辅助工资标准。地区津贴按各省、自治区、直辖市的规定计算，施工津贴按 3.5 元/工日计算，夜餐津贴按 2.5 元/夜（中）班计算。

3) 工资附加费标准。职工福利基金按 12% 计算，工会经费按 1% 计算，养老保险、医疗保险、工伤保险、失业保险、住房公积金按国家、省、自治区、直辖市的规定计算。

2. 材料预算单价

水土保持设施所使用的材料包括消耗性材料、构成实体的装置性材料和施工中可重复使用的周转性材料，是人工加工或施工的劳动对象。材料费是构成投资的主要组成部分，一般由原材料、辅助材料、构配件、零件、半成品等费用构成。在编制过程中，必须坚持适时适地的原则，进行深入细致的调查研究工作，按设计概算编制期工程所在地的价格水平编制计算。

(1) 主要材料预算价格。用量多、对工程投资影响大的材料称为主要材料，如钢材、木材、水泥、砂石料、油料等，主要参考主体工程，若主体工程无，则需编制材料预算价格。

主要材料预算价格一般包括材料原价、包装费、运杂费、采购及保管费、运输保险费 5 项。

计算公式：

材料预算价格＝(材料原价＋包装费＋运杂费)×(1＋采购及保管费率)＋运输保险费

材料原价指材料指定交货地点的价格。按工程所在地区就近大的材料公司、材料交易中心的市场价或选定的生产厂家的出厂价计算。

包装费按工程所在地区的实际资料及有关规定计算。

运杂费指材料从供货地至工地分仓库或材料堆放场所发生的全部费用，包括运输费、装卸费、调车费和其他杂费。铁路运输按铁道部现行《铁路货物运价规则》及有关规定计算其运杂费；公路及水路运输，按工程所在省（自治区、直辖市）交通部门现行规定计算。

采购及保管费指材料在采购、供应和保管过程中发生的各项费用。主要包括材料的采购、供应和保管部门工作人员的基本工资、辅助工资、工资附加费、教育经费、办公费、差旅交通费及工具用具使用费；仓库、转运站等设施的检修费、固定资产折旧费、技术安全措施费和材料检验费；材料在运输、保管过程中发生的损耗等。采购及保管费按材料运到工地仓库价格（不包括运输保险费）的2%计算。

运输保险费指材料在运输途中的保险费用。按工程所在省（自治区、直辖市）或中国人民保险公司有关规定计算。

（2）其他材料预算价格。主要指可执行工程所在地区就近城市建设工程造价管理部门颁发的工业民用建筑安装工程材料预算价格。

（3）材料限价。工程措施、监测措施及施工临时措施限价材料为外购砂、碎石（砾石）、块石、料石、外购商品混凝土，其中外购砂、碎石（砾石）、块石、料石限价为70元/m^3，外购商品混凝土限价为200元/m^3。植物措施限价材料为苗木、草、种子，分别为15元/株、10元/m^2、60元/kg。

当计算的预算价格超过限价时，应按限价计入工程单价参加取费，超过部分以价差形式列入单价计算表并计取税金。

3. 电、水、风预算价格

（1）施工用电价格。施工用电价格由基本电价、电能损耗摊销费和供电设施维修摊销费组成，按国家或工程所在省（自治区、直辖市）规定的电网销售电价，以及有关规定计算，也可参考生产建设项目主体工程施工用电价格计算。计算公式：

电网供电价格＝基本电价×1.06（1.06系数包括供电损耗、设施维护与摊销类费用）

柴油发电机供电价格＝[柴油发电机组(台)时总费用÷柴油发电机额定容量之和]×1.4(1.4系数包括供电损耗、设施维护与摊销类费用)

（2）施工用水价格。施工用水价格由基本水价、供水损耗和供水设施维修摊销费组成，根据施工组织设计所配置的供水系统设备组（台）时总费用和总有效供水量计算，也可参考生产建设项目主体工程施工用水价格计算。公式为：

施工用水价格＝[水泵组(台)时总费用÷水泵额定容量之和]×1.45(1.45系数包括供水损耗、设施维护与摊销类费用)

（3）施工用风价格。施工用风价格＝[空压机组(台)时总费用÷空压机额定容量之和]×1.3(1.3系数包括供风损耗、设施维护与摊销类费用)

4. 施工机械使用费

施工机械使用费指消耗在工程项目上的机械折旧、维修和动力燃料费用等，包括基本折旧费、修理费及替换设备费、安装拆卸费、机上人工费和动力燃料费等。具体指以下5方面：

（1）基本折旧费指施工机械在规定使用年限内回收原值的台时折旧摊销费用。

（2）修理费及替换设备费指机械使用过程中，为了使机械保持正常功能而进行修理所需摊销费用、日常保养所需的润滑油料费、擦拭用品费、机械保管费，以及替换设备、随机使用的工具附具等所需的台时摊销费用。

(3) 安装拆卸费指机械进出工地的安装、拆卸、试运转和场内转移及辅助设施的摊销费用。

(4) 机上人工费指施工机械使用时所配备的人员的人工费用。

(5) 动力燃料费指施工机械正常运转时所耗用的风、水、电、油、煤等费用。

施工机械台时费由一类费用和二类费用组成。一类费用用金额表示，其大小主要取决于机械的价格和年工作制度，按特定年物价水平确定，由折旧费、修理及替换设备费、安装拆卸费组成。二类费用在施工机械台时费定额中以实物量形式表示，是指机械所需人工费和机械所消耗的燃料费、动力费。

施工机械使用费采用《水土保持工程概算定额》附录中的施工机械台时费定额计算。对于定额缺项的施工机械，可参考有关行业的施工机械台时费定额。计算公式：

机械台时费＝折旧费＋修理及替换设备费＋安拆费＋人工费＋汽油费＋柴油费＋电费＋风费＋水费

人工费＝人工工时×人工单价

汽油(柴油、电、风、水)费＝汽油(柴油、电、风、水)量×汽油(柴油、电、风、水)单价

5. 砂石料单价

砂石料是工程措施中混凝土、反滤层等结构物的主要建筑材料，是砂砾料、砂、碎石等的统称。

砂石料一般可分为天然砂石料和人工砂石料两种。天然砂石料有河砂、山砂、海砂，以及河卵石、山卵石等，由岩石风化和水流冲刷而形成；人工砂石料是用爆破等方式开采岩石后，经机械设备的破碎、筛洗、碾磨加工而成的碎石和人工砂（又称"机制砂"）。大、中型工程由于砂石料的用量较大，一般由施工单位自行采备，形成机械化砂石料加工工厂进行生产。小型工程一般就近在市场上采购。砂石单价的高低对工程投资有较大的影响，所以在编制其单价时，必须深入现场调查，认真收集地质勘探、试验、设计资料，掌握其生产条件、生产流程，正确选用定额进行计算，保证砂石料单价的可靠性。具体如下：

(1) 自采砂石料单价应根据料源情况、开采条件和工艺流程计算。

(2) 外购砂料石单价计算方法同主要材料。

6. 混凝土材料单价

根据设计确定的不同工程部位的混凝土标号、级配和龄期，分别计算出每立方米混凝土材料单价（包括水泥、掺合料、砂石料、外加剂和水），计入相应的混凝土工程单价内。其混凝土配合比的各项材料用量，应根据工程试验提供的资料计算，若无试验资料时，可参照《水土保持工程概算定额》附录中的混凝土材料配合比表计算。

7. 植物措施材料预算价格

植物措施材料预算价格是指材料由供货地点到达工地分仓库或相当于施工分仓库的堆料场的价格。苗木、草、种子的预算价格以苗圃或当地市场价格加运杂费和采购及保管费计算。

苗木、草、种子的采购及保管费率按到工地价格的 0.5%～1% 计算。

8.3.2.6 工程、植物措施单价编制

在基础单价均已确定的基础上，可计算工程、植物措施及安装工程单价。

1. 措施单价费用构成

措施单价由直接工程费、间接费、企业利润和税金组成。

（1）直接工程费。直接工程费指工程施工过程中直接消耗在工程项目上的活劳动和物化劳动，由直接费、其他直接费、现场经费组成。

1）直接费包括人工费、材料费、机械使用费。

2）其他直接费包括冬雨季施工增加费、夜间施工增加费、特殊地区施工增加费和其他。冬雨季施工增加费指在冬雨季施工期间为了保证工程质量和安全所需增加的费用。包括增加施工工序，增加防雨、保温、排水等设施，增耗的动力、燃料、材料，以及人工、机械效率降低而增加的费用。夜间施工增加费是指施工场地和公用施工道路的照明费用。特殊地区施工增加费是指在高海拔和原始森林等特殊地区施工而增加的费用。其他包括施工工具使用费、检验试验费、工程定位复测、工程点交、竣工场地清理、工程项目及设备仪表移交生产前的维护观察费等。

3）现场经费包括临时设施费和现场管理费。临时设施费指施工企业为进行工程施工所必需的但又未被归入施工临时工程的临时设施的建设、维修、拆除、摊销等费用。

现场管理费包括以下内容：

a. 现场管理人员的基本工资、辅助工资、工资附加费。

b. 办公费。指现场办公用的文具、纸张、账表、印刷、邮电、书报、会议、水、电、烧水和集体取暖用煤等费用。

c. 差旅交通费。指现场职工因公出差期间的差旅费、住勤补助费、市内交通费和误餐补助费，职工探亲路费，劳动力招募费，聘工离退休及退职一次性路费，工伤人员就医路费，职工上下班交通费，工地转移费，以及现场管理使用的交通工具的油料、燃料、养路费及牌照费。

d. 固定资产使用费。指现场管理使用的属于固定资产的设备、仪器等的折旧、大修理、维修费或租赁费等。

e. 工具用具使用费。指现场管理使用的不属于固定资产的工具、器具、家具、交通工具和检验、试验、测绘、消防用具等的购置、维修和摊销费。

f. 保险费。指施工管理中的财产、车辆保险费，以及危险作业等特殊工种的安全保险费等。

g. 其他费用。

（2）间接费。间接费是指施工企业为工程施工而进行组织与经营管理所发生的各项费用。它构成产品成本，但又不便直接计量。由企业管理费、财务费用和其他费用组成。

1）企业管理费。指施工企业为组织施工生产经营活动所发生的费用。包括以下内容：管理人员的基本工资、辅助工资、工资附加费和劳动保护费。

a. 差旅交通费。指施工企业职工因公出差、工作调动的差旅费、住勤补助费、市内交通费及误餐补助费，职工探亲路费，劳动力招募费，离退休职工一次性路费及交通工具油料、燃料、牌照、养路费等。

b. 办公费。指企业办公用文具、纸张、账表、印刷、邮电、书报、会议、水电、燃煤（气）等费用。

c. 劳动保护费。指按国家有关部门规定标准发放的劳动保护用品的购置费、修理费、徒工服装补助费、保健费、防暑降温费、高空作业津贴、技术安全措施费，以及洗澡用水、饮用水的燃料费等。

d. 固定资产折旧、修理费。指企业属于固定资产的房屋、设备仪器等折旧及维修等费用。

e. 工具用具使用费。指企业管理使用不属于固定资产的工具、用具、家具、交通工具、检验、试验、消防等的摊销及维修费用。

f. 职工教育经费。指企业为职工学习先进技术和提高文化水平按职工工资总额计提的费用。

g. 保险费。指企业财产保险、管理用车辆等保险费用。

h. 税金。指企业按规定缴纳的房产税、车船使用税、印花税等。

i. 其他。包括技术转让费、设计收费标准中未包括的应由施工企业承担的部分施工辅助工程设计费、投标保价费、工程图纸资料费及工程摄影费、技术开发费、业务招待费、绿化费、公证费、法律顾问费、审计费、咨询费等。

2）财务费用。指企业为筹集资金而发生的各项费用，包括企业经营期间发生的短期贷款利息净支出，企业筹集资金发生的其他财务费用，以及投标和承包工程发生的保函手续费等。

3）其他费用。指企业定额测定费及施工企业进退场补贴费。

（3）企业利润。指按规定应计入工程措施及植物措施费用中的利润。

（4）税金。指应计入建筑安装工程费用内的增值税销项税额。

2. 工程措施单价编制

工程措施单价＝直接工程费＋间接费＋企业利润＋材料补差＋税金

（1）直接工程费＝直接费＋其他直接费＋现场经费。

1）直接费＝人工费＋材料费＋机械使用费。

人工费＝定额劳动量（工时）×人工预算单价（元/工时）

材料费＝定额材料用量×材料预算单价

机械使用费＝定额机械使用量（台时）×施工机械台时费（元/台时）

2）其他直接费＝直接费×其他直接费率。

3）现场经费＝直接费×现场经费费率。

（2）间接费＝直接工程费×间接费费率。

（3）企业利润＝（直接工程费＋间接费）×企业利润率。

（4）材料补差＝（材料预算价－限价）×材料消耗量。

（5）税金＝（直接工程费＋间接费＋企业利润＋材料补差）×税率。

3. 植物措施单价编制

植物措施单价＝直接工程费＋间接费＋企业利润＋材料补差＋税金

（1）直接工程费＝直接费＋其他直接费＋现场经费。

1）直接费＝人工费＋材料费＋机械使用费。

8.3 水土保持工程概（估）算编制

人工费＝定额劳动量（工时）×人工预算单价（元/工时）
材料费＝定额材料用量（不含苗木、草及种子费）×材料预算单价
机械使用费＝定额机械使用量（台时）×施工机械台时费（元/台时）

2) 其他直接费＝直接费×其他直接费率。
3) 现场经费＝直接费×现场经费费率。

(2) 间接费＝直接工程费×间接费费率。
(3) 企业利润＝（直接工程费＋间接费）×企业利润率。
(4) 材料补差＝（材料预算价－限价）×材料消耗量。
(5) 税金＝（直接工程费＋间接费＋企业利润＋材料补差）×税率。

4. 单价各项费用计算标准

(1) 其他直接费。

1) 冬（雨）季施工增加费：根据不同地区，按直接费的百分率计算。

西南、中南、华东区：0.5%～0.8%。

华北区：0.8%～1.5%。

西北、东北区：1.5%～2.5%。

西藏自治区：2%～4%。

西南、中南、华东区中，按规定不计冬季施工增加费的地区取小值，计算冬雨季施工增加费的地区可取大值；华北地区的内蒙古等较严寒地区可取大值，其他地区取中值或小值；西北、东北区的陕西、甘肃等取小值，其他地区可取中值或大值。

植物措施、机械固沙、土地整治工程取下限。

2) 夜间施工增加费：除植物措施、机械固沙、土地整治工程不计此项费用，其他措施可按直接费的0.5%计算。

3) 特殊地区施工增加费：按工程所在地区规定的标准计算，地方没有规定的不得计算此项费用。

4) 其他费用：按直接费的0.5%～1.0%计算。植物措施、机械固沙、土地整治工程取下限。

(2) 现场经费。现场经费费率见表8.10。

表8.10 现场经费费率表

序号	工程类别	计算基础	现场经费费率		
			合计	临时设施费	现场管理费
一	工程措施				
1	土石方工程	直接费	3～5	1	2～4
2	混凝土工程	直接费	6	3	3
3	基础处理工程	直接费	6	2	4
4	机械固沙工程	直接费	3	1	2
5	其他工程	直接费	5	2	3
二	植物措施	直接费	4	1	3

注 土地整治工程取下限。

(3) 间接费。间接费费率见表8.11。

表8.11　　　　　　　　　　　　间接费费率表

序号	工程类别	计算基础	间接费费率
一	工程措施		
1	土石方工程	直接工程费	3.3~5.5
2	混凝土工程	直接工程费	4.3
3	基础处理工程	直接工程费	6.5
4	机械固沙工程	直接工程费	3
5	其他工程	直接工程费	4.4
二	植物措施	直接工程费	3.3

注　土地整治工程取下限。

(4) 企业利润。工程措施按直接工程费和间接费之和的7%计算。植物措施按直接工程费和间接费之和的5%计算。

(5) 税金。按9%计算，如税率变化执行国家有关规定。

8.3.2.7　工程、植物措施单价分析举例

(1) 工程措施单价分析举例。

案例8.1：工程措施单价分析——编制推土机平整场地单价

工程位于贵州省某城镇。从《水土保持工程概算定额》"土方工程"中查到"推土机平整场地"，此时需要确定工程区土壤所属类别，如该工程土壤属于Ⅱ类土，对应找到定额编号 [01146]。定额数据如下：人工0.7工时，零星材料费率17%，74kW推土机0.49台时。

根据编规取费标准，其他直接费费率取2%，其中冬（雨）季施工增加费取0.5%、夜间施工增加费取0.5%、其他费取1.0%；现场经费取5%；间接费取5.5%；该工程属于工程措施，企业利润取7%；税金取9%。

人工单价同主体工程一致，取10元/工时。推土机74kW台时费按表8.1计算成果为119.67元。经计算，推土机平整场地100m³自然方的单价为101.11元。具体单价计算见表8.12。

表8.12　　　　　　　　　　　推土机平整场地单价分析表

定额编号：01146　　　　　　　　　　　　　　　　　　　　　　　　　　定额单位：100

施工方法：推松、运送、卸除、拖平、空回

编号	名称及规格	单位	数量	单价/元	合价/元
一	直接工程费				82.17
1	直接费				76.80
(1)	人工费				7.00
	人工	工时	0.70	10.00	7.00
(2)	材料费				11.16

8.3 水土保持工程概(估)算编制

续表

编号	名称及规格	单位	数量	单价/元	合价/元
	零星材料费	%	17.00	65.64	11.16
(3)	机械使用费				58.64
	推土机 74kW	台时	0.49	119.67	58.64
2	其他直接费	%	76.80	2.00	1.54
3	现场经费	%	76.80	5.00	3.84
二	间接费	%	82.17	5.50	4.52
三	企业利润	%	86.69	7.00	6.07
四	税金	%	92.76	9.00	8.35
	合计				101.11

(2) 植物措施单价分析举例。

案例 8.2：植物措施单价分析——编制栽植带土球苏铁单价

工程位于贵州省某城镇。栽植带土球（土球直径 20cm）苏铁，预算价格为 90.88 元/株。从《水土保持工程概算定额》"林草工程"中查到"栽植带土球灌木"找到定额表。对应找到土球直径 20cm 的定额，编号为 [08108]。定额指标如下：人工 24 工时、灌木（带土球）102 株，水 $2m^3$。

根据取值标准，其他直接费费率取 1%，其中冬（雨）季施工增加费取 0.5%，不计取夜间施工增加费、其他费 0.5%；现场经费取 4%；间接费取 3.3%；该工程属于植物措施，企业利润取 5%；税金取 9%。

人工单价同主体工程一致，取 10 元/工时。水单价取 3.59 元/m^3。经计算，编制栽植带土球苏铁 100 株的单价为 11337.34 元。具体单价分析见表 8.13。

表 8.13　　　　　　　　　栽植带土球苏铁单价分析表

定额编号：08108　　　　　　　　　　　　　　　　　　　　　定额单位：100 株
施工方法：挖坑、栽植、浇水、覆土保墒、整形、清理

编号	名称及规格	单位	数量	单价/元	合价/元
一	直接工程费				259.54
1	直接费				247.18
(1)	人工费				240.00
	人工	工时	24.00	10.00	240.00
(2)	材料费				7.18
	带土球苏铁	株	102.00	90.88	
	水	m^3	2.00	3.59	7.18
(3)	机械使用费				
2	其他直接费	%	247.18	1.00	2.47
3	现场经费	%	247.18	4.00	9.89
二	间接费	%	259.54	3.30	8.56

续表

编号	名称及规格	单位	数量	单价/元	合价/元
三	企业利润	%	268.10	5.00	13.41
四	税金	%	281.51	9.00	25.34
	合计				306.84

8.3.2.8 各部分设计概算编制

1. 工程措施

工程措施按设计工程量或设备清单乘以工程（设备）单价进行编制。安装费按设备费的百分率计算。一级项目和二级项目按本规定执行，三级项目可根据水土保持方案或初步设计工作深度要求和工程实际情况进行调整。

2. 植物措施

植物措施按设计工程量乘以工程单价进行编制。

3. 监测措施

（1）土建设施及设备按设计工程量或设备清单乘以工程（设备）单价进行编制。

（2）安装费按设备费的百分率计算。

（3）建设期观测运行费，包括系统运行材料费、维护检修费和常规观测费，可在具体监测范围，监测内容、方法及监测时段的基础上分项计算，或以主体土建投资合计为基数，按表 8.14 内插计算。

表 8.14　　　　　　　　　建设期观测运行费标准

主体工程土建投资/亿元	0.1	0.5	1	2	3	4	5	6	7	8
建设期观测运行费/万元	14	20	30	35	42	48	55	63	68	73
主体工程土建投资/亿元	9	10	11	12	13	14	15	16	17	18
建设期观测运行费/万元	79	85	90	98	106	113	119	126	133	140
主体工程土建投资/亿元	19	20	25	30	40	50	65	80	100	
建设期观测运行费/万元	147	153	185	210	260	300	357	400	450	

注　1. 监测期大于 4 年的项目，建设期观测运行费在表列标准基础上乘 1.1 的系数。
　　2. 主体工程土建投资介于两数之间的，建设期观测运行费按照内插法计列。
　　3. 主体工程土建投资超出 100 亿元的，建设期观测运行费按 0.045% 计列。
　　4. 线性工程介于 50~200km 的，建设期观测运行费在表列标准基础上乘 1.05 的系数；当线性工程长度大于 200km 时，建设期观测运行费在表列标准基础上乘 1.1 的系数。

4. 临时措施

（1）临时防护工程。指施工期为防止水土流失采取的临时防护措施，按设计工程量乘单价编制。

（2）其他临时工程。按第一部分工程措施、第二部分植物措施、第三部分监测措施投资合计的 1.0%~2.0% 计列。

5. 独立费用

独立费用包括建设管理费、方案编制费、科研勘测设计费、工程建设监理费、竣工验收技术评估费、招标业务费、经济技术咨询费等七项组成。

8.3 水土保持工程概(估)算编制

(1) 建设管理费。建设管理费指建设单位从工程项目筹建到竣工期间所发生的各种管理性费用。按一至四部分（工程措施费、植物措施费、监测措施费、临时措施费）投资合计的 1.0%～2.0% 计列。

(2) 方案编制费。指按照有关规程、规范编制水土保持方案报告书所发生的费用。以主体工程土建投资合计为基数，按表 8.15 内插计算。或根据工程实际情况计列。

表 8.15　　　　　　　　　方 案 编 制 费 标 准

主体工程土建投资/亿元	0.1	0.5	1	2	3	4	5	6	7	8
方案编制费/万元	15	21	35	40	45	48	50	57	65	75
主体工程土建投资/亿元	9	10	11	12	13	14	15	16	17	18
方案编制费/万元	82	90	97	105	110	115	120	126	132	137
主体工程土建投资/亿元	19	20	25	30	40	50	65	80	100	
方案编制费/万元	141	145	165	205	248	290	338	360	400	

注　1. 地貌类型调整系数：平原地区 0.9，丘陵风沙区 1.0，山区 1.2。
　　2. 线状工程调整系数：不大于 50km，乘以 1.0；50～150km，乘以 1.1；150～300km，乘以 1.2；300km 以上乘以 1.25。
　　3. 主体工程土建投资介于两数之间的，方案编制费按照内插法计列；主体工程土建投资超出 100 亿元的，方案编制费按 0.04% 计列。
　　4. 土建投资低于静态总投资 20% 的工程，以工程静态总投资作为取费基数，按表 8.13 计取方案编制费并乘以 0.8 系数，不再考虑其他调整系数。

(3) 科研勘测设计费。指为建设本工程所发生的科研、勘测设计等费用，包括工程科学研究试验费和勘测设计费。

1) 工程科学研究试验费。指在工程建设过程中，为解决工程的技术问题，而进行必要的科学研究试验所需的费用。一般情况不列此项费用，大型、特殊水土保持工程可列此项费用，按一至四部分投资合计的 0.2%～0.5% 计列。

2) 工程勘测设计费。指工程项目建议书阶段、可行性研究阶段、初步设计阶段、招标设计和施工图设计阶段发生的勘测费、设计费和为设计服务的科研试验费用。勘测设计费参考《工程勘察设计收费管理规定》计算或根据工程实际情况计列。

(4) 工程建设监理费。指在项目建设过程中聘请监理单位，对工程的质量、进度、投资、安全进行控制，实行项目的合同管理和信息管理，协调有关各方的关系所发生的全部费用。参考《建设工程监理与相关服务收费管理规定》及其他相关规定计算或根据工程实际情况计列。

(5) 竣工验收技术评估费。指建设单位根据有关规定，委托水行政主管部门认定的咨询评估单位编制《水土保持设施竣工验收技术评估报告》所发生的费用。以主体工程土建投资合计为计算基数，按表 8.16 内插计算。

(6) 招标业务费。指建设单位组织招标业务所发生的费用。根据工程实际情况计列。

(7) 经济技术咨询费。指建设单位根据有关规定，委托具备资质的机构或聘请专家对水土保持工程、设计的技术、经济等专题进行咨询所发生的费用。以主体工程土建投资合计为计算基数，按表 8.17 内插计算。

第8章 生产建设项目水土保持工程概（估）算

表 8.16　竣工验收技术评估费标准

主体工程土建投资/亿元	0.1	0.5	1	2	3	4	5	6	7	8
竣工验收技术评估费/万元	10	20	32	35	44	50	56	60	63	68
主体工程土建投资/亿元	9	10	11	12	13	14	15	16	17	18
竣工验收技术评估费/万元	76	81	88	95	101	107	113	120	126	132
主体工程土建投资/亿元	19	20	25	30	40	50	65	80	100	
竣工验收技术评估费/万元	139	144	173	202	224	250	310	336	380	

注　1. 主体工程土建投资介于两数之间的，按照内插法计列。
　　2. 主体工程土建投资超出 100 亿元的，竣工验收技术评估费按 0.038% 计列。

表 8.17　经济技术咨询费标准

主体工程土建投资/亿元	0.1	0.5	1	2	3	4	5	6	7	8
经济技术咨询费/万元	0.5	1	1.5	2	2.5	2.9	3.2	3.5	3.8	4
主体工程土建投资/亿元	9	10	11	12	13	14	15	16	17	18
经济技术咨询费/万元	4.8	5.2	5.6	6	6.5	7	7.5	7.8	8.3	8.5
主体工程土建投资/亿元	19	20	25	30	40	50	65	80	100	
经济技术咨询费/万元	9	9.5	12	14.5	18	21	26	28	30	

注　1. 主体工程土建投资介于两数之间的，经济技术咨询费按照内插法计算。
　　2. 主体工程土建投资超出 100 亿元的，经济技术咨询费按 0.003% 计列。

（8）工程保险费。指工程建设期间，为使工程能在遭受水灾、火灾等自然灾害和意外事故造成损失后得到经济补偿，对建筑、设备及安装工程进行投保所发生的保险费用。按一至四部分投资合计的 0.35%～0.45% 计算。

6. 预备费

（1）基本预备费。按一至五部分投资合计的 5% 计取。

（2）价差预备费。根据施工年限不分设计阶段，以分年度的静态投资为基数，按国家规定的物价指数计算。计算公式为

$$E = \sum_{n=1}^{N} F_n [(1+P)^n - 1]$$

式中　E——价差预备费；
　　　N——合理建设工期；
　　　n——施工年度；
　　　F_n——建设期间第 n 年的分年度投资；
　　　P——年物价指数。

7. 水土保持补偿费

水土保持补偿费属行政事业型收费项目，按照各省（直辖市、自治区）补偿标准合理计列。

8. 建设期利息

建设期利息指在建设期内发生的为工程项目筹措资金的融资费用及债务资金利息，按国家金融政策规定计算。

8.3 水土保持工程概（估）算编制

9. 水土保持静态总投资与总投资

（1）静态总投资。包括工程一至五部分投资、基本预备费及水土保持补偿费之和构成静态总投资，按顺序列在水土保持补偿费之后。

（2）总投资。包括工程静态总投资、价差预备费、建设期利息之和构成水土保持总投资。

8.3.2.9 概算表格

1. 总概算表

总概算表由工程措施费、植物措施费、监测措施费、施工临时工程费、独立费用五部分及预备费、水土保持补偿费、建设期利息共八项汇总计算而成，具体见表8.18。

表8.18 总 概 算 表

序号	工程或费用名称	建安工程费	设备费	植物措施费	独立费用	合计
	第一部分 工程措施费					
一	×××防治区					
（一）	×××工程（一级项目）					
	……					
	第二部分 植物措施费					
一	×××防治区					
（一）	×××工程（一级项目）					
	……					
	第三部分 监测措施费					
（一）	土建设施（一级项目）					
	……					
	第四部分 施工临时工程费					
一	×××防治区					
（一）	×××工程（一级项目）					
	……					
	第五部分 独立费用					
	……					
Ⅰ	第一至五部分合计					
Ⅱ	基本预备费					
Ⅲ	价差预备费					
Ⅳ	水土保持补偿费					
Ⅴ	建设期利息					
	静态总投资（Ⅰ+Ⅱ+Ⅳ）					
	总投资（Ⅰ+Ⅱ+Ⅲ+Ⅳ+Ⅴ）					

注 本表中监测措施费中建设期观测运行费列入建安工程费。

2. 概算表

概算表适用于工程措施、植物措施、监测措施、施工临时工程和独立费用概算,均按项目划分列至三级项目,具体见表 8.19。

表 8.19　　　　　　　　　　　概　算　表

序号	工程或费用名称	单位	数量	单价/元	合计/元
	第一部分　工程措施				
一	×××防治区				
(一)	×××工程(一级项目)				
	……				
	第二部分　植物措施				
一	×××防治区				
(一)	×××工程(一级项目)				
	……				

3. 分年度投资表

根据施工组织设计确定的施工进度安排,将工程措施、植物措施、监测措施、施工临时工程、独立费用合理分摊到各施工年度,并以此计算预备费即为分年度的投资,具体见表 8.20。

表 8.20　　　　　　　　　　　分 年 度 投 资 表　　　　　　　　　　　单位:万元

项目	合计	建设工期/年					
		1	2	3	4	5	6
一、工程措施							
(一)×××防治区							
×××工程(一级项目)							
二、植物措施							
(一)×××防治区							
×××工程(一级项目)							
三、监测措施							
(一)土建工程							
×××工程(一级项目)							
四、施工临时工程							
(一)×××防治区							
×××工程(一级项目)							
五、独立费用							
×××费用(一级项目)							

8.3 水土保持工程概（估）算编制

续表

项 目	合计	建设工期/年					
		1	2	3	4	5	6
一至五部分合计							
基本预备费							
价差预备费							
水土保持补偿费							
建设期利息							
静态总投资							
总投资							

4. 概算附表

（1）工程单价汇总表，见表 8.21。

表 8.21　　　　　　　工程单价汇总表　　　　　　　单位：元

序号	工程名称	单位	单价	其中						
				人工费	材料费	机械使用费	其他直接费	间接费	利润	价差	税金

（2）主要材料预算价格表，见表 8.22。

表 8.22　　　　　　　主要材料预算价格汇总表

序号	名称及规格	单位	预算价格	其中			
				原价	运杂费	采购及保管费	运输保险费

（3）施工机械台时费汇总表，见表 8.23。

表 8.23　　　　　　　施工机械台时费汇总表　　　　　　　单位：元

序号	名称及规格	台时费	其中				
			折旧费	修理及替换设备费	安拆费	人工费	动力燃料费

（4）主要工程量汇总表，见表 8.24。

表 8.24　　　　　　　主要工程量汇总表

序号	项目	土石方开挖/m³	土石方填筑/m³	混凝土/m³	砌石/m³	土地平整/m²	林草面积/m²

注　表中统计的工程类别可根据工程实际情况调整。

第8章 生产建设项目水土保持工程概（估）算

（5）主要材料量汇总表，见表8.25。

表8.25 主要材料用量汇总表

序号	工程项目	水泥 /t	块石 /m³	柴油 /kg	苗木 /株	草（草皮） /m²	（树、草）籽 /kg

注 表中统计的工程类别可根据工程实际情况调整。

（6）工时汇总表，见表8.26。

表8.26 工时汇总表

序号	工程项目	工时数量	备注

5. 概算附件表格

（1）人工预算单价计算表，见表8.27。

表8.27 人工预算单价计算表

艰苦边远地区类别		基本工资	
序号	项 目	计 算 式	单价/元
1	基本工资		
2	辅助工资		
(1)	艰苦边远地区津贴		
(2)	施工津贴		
(3)	夜餐津贴		
(4)	节日加班津贴		
3	工资附加费		
(1)	职工福利基金		
(2)	工会经费		
(3)	养老保险费		
(4)	医疗保险费		
(5)	工伤保险费		
(6)	职工失业保险基金		
(7)	住房公积金		
	人工工日预算单价		
	人工工时预算单价		

（2）主要材料运杂费用计算表，见表8.28。

8.3 水土保持工程概（估）算编制

表 8.28　　　　　　　　　　　主要材料运杂费用计算表

序号	运杂费用项目	运输起止地点	运输距离/km	计算公式	合计/元
	铁路运杂费				
	公路运杂费				
	水路运杂费				
	合　计				

（3）主要材料预算价格计算表，见表 8.29。

表 8.29　　　　　　　　　　　主要材料预算价格计算表

编号	名称及规格	单位	单位毛重/t	每吨运费/元	价格/元				
					原价	运杂费	采购及保管费	运输保险费	预算价格

（4）混凝土材料单价计算表，见表 8.30。

表 8.30　　　　　　　　　　　混凝土材料单价计算表

编号	名称及规格	单位	预算量	调整系数	单价/元	合价/元

注　1."名称及规格"栏要求标明混凝土标号及级配、水泥强度等级等。
　　2."调整系数"为卵石换碎石、粗砂换中细砂及其他调整配合比材料用量系数。

（5）工程单价分析表，见表 8.31。

表 8.31　　　　　　　　　　　工 程 单 价 分 析 表

定额编号			定额单位		

施工方法：

编号	名称及规格	单位	数量	单价/元	合计/元
一	直接工程费				
（一）	直接费				
1	人工费				
	……				
2	材料费				
	……				
3	机械费				
	……				
（二）	其他直接费				
（三）	现场经费				
二	间接费				
三	利润				
四	价差				
五	税金				
	合计				

第8章 生产建设项目水土保持工程概（估）算

（6）独立费用计算书。

8.3.3 投资估算编制

投资估算是设计文件的重要组成部分。投资估算与概算在组成内容、项目划分和费用构成上基本相同，但设计深度有所不同，因此在编制投资估算时，在组成内容、项目划分和费用构成上可适当简化合并或调整。

投资估算的编制方法及计算标准如下：

（1）基础单价的编制与概算相同。

（2）工程单价的编制与概算相同，但考虑设计深度不同，应乘以10%的扩大系数。

（3）各部分投资编制方法及标准与概算一致。

（4）可行研究阶段投资估算基本预备费费率取10%，项目建议书阶段基本预备费费率取12%。

（5）价差预备费计算和费率选取与概算编制相同。

（6）建设期利息计算和费率选取与概算编制相同。

（7）投资估算表格参照概算表格编制。

本 章 思 考 题

1. 什么是定额？定额的表现形式有哪些？
2. 水土保持工程建设费用的构成有哪些？
3. 简述基础单价的编制方法。
4. 简述独立费用的计算方法。
5. 预备费如何计算？
6. 总概算表包括哪些内容？

第9章 生产建设项目水土保持管理

一般来说，项目建设单位是建设项目水土流失防治第一责任人，应根据项目特点设立水土保持管理机构、落实管理人员、制定管理制度、监理水土保持资料档案等要求。明确建设各阶段水土保持工作任务及落实各项任务的方式、途径。根据水土保持相关法律法规及技术规范安排水土保持方案后续设计（初步设计、施工图设计等）、水土保持监测、水土保持工程监理、水土保持施工、水土保持变更、水土保持设施验收等工作。

9.1 组 织 管 理

生产建设项目的水土保持方案由建设单位组织实施。项目建设时为保证水土保持措施顺利实施，建设单位应按照《中华人民共和国水土保持法》《水土保持法实施条例》等法律法规的要求，成立专门的水土保持管理机构负责水土保持管理工作，即负责组织、协调和监督水土保持方案的实施。按照《工程建设管理办法》的要求，制定水土保持工作的规章制度。同时将水土保持工作纳入主体工程建设管理中，将其作为项目管理的重要内容之一，实现制度化和常态化。实行工程招标制，建立监理制度，委托第三方机构开展水土保持监测、监理工作，对水土保持工程施工进行科学指导，发现并解决问题。

项目建设过程中，建立建设单位负责、监理单位控制、监测单位监督、参建单位保证与政府监督相结合的水土保持质量管理体系，并设置专职人员负责水土保持日常监督与管理工作。配合各级水行政主管部门的监督检查，按照"三同时"原则，做到水土保持方案实施全过程管理的规范化和标准化。

项目试运行过程中，要把水土保持工作作为日常工作重要考核内容之一，管理和维护已经实施的水土保持措施，发现问题及时联系施工单位进行处理，按时归档水土保持方案实施的相关资料，与水行政主管部门沟通，为工程水土保持设施自主验收创造条件。

检查项目建设区水土流失及其防治情况、对周边的影响，若对周边造成直接影响时应及时处理并提出要求。

弃渣前编制弃渣场安全应急预案；弃渣场运行期间，开展弃渣场的安全监测，预防事故发生。

9.2 后 续 设 计

9.2.1 招标设计与施工图设计

水土保持方案在取得批复以后，项目建设实施过程中，建设单位应当依据批准的水土保持方案与主体工程同步开展水土保持招标设计和施工图设计，并报经有关部门审核，作为水土保持措施实施、验收的依据。

后续水土保持措施设计可在批准的水土保持方案的措施总体体系基础上有所调整，但不得低于原技术标准和防护要求。

9.2.2 方案变更

水土保持方案经批准后，在后续设计或施工过程中可能会发生变更。

（1）生产建设单位应当补充或者修改水土保持方案，报原审批部门审批：工程扰动新涉及水土流失重点预防区或者重点治理区的；水土流失防治责任范围或者开挖填筑土石方总量增加30%以上的；线型工程山区、丘陵区部分线路横向位移超过300m的长度累计达到该部分线路长度30%以上的；表土剥离量或者植物措施总面积减少30%以上的；水土保持重要单位工程措施发生变化，可能导致水土保持功能显著降低或者丧失的。

（2）在水土保持方案确定的弃渣场以外新设弃渣场的，或者因弃渣量增加导致弃渣场等级提高的，生产建设单位应当开展弃渣减量化、资源化论证，并在弃渣前编制水土保持方案补充报告，报原审批部门审批。

（3）水土保持方案自批准之日起达到一定年限生产建设项目方开工建设的，其水土保持方案应当报原审批部门重新审核。

（4）因工程扰动范围减少，相应表土剥离和植物措施数量减少的，不需要补充或者修改水土保持方案。

（5）发生其他变更的，由建设单位组织、按照项目建设管理要求完成变更手续，并制备、存档相应的材料、文件。

9.3 水 土 保 持 监 测

水土保持监测是水土保持的重要组成部分，能及时反映工程水土保持信息，为水土保持工作的实施监督管理提供依据，从而采取有力的管理措施，实施有效的监督管理。编制水土保持方案报告书的项目，应当开展水土保持监测工作。监测成果应当公开。对水土流失的监测要求有以下几点：

（1）建设单位应委托具有水土保持监测能力的机构来开展本项目的水土保持工作，在合同中规定监测资料的报告制度。

（2）监测单位应按经批准的水土保持方案中的监测要求编制监测计划并实施监测。

（3）监测成果需定期向建设单位编报，并由建设单位向当地水行政主管部门报告。

（4）水土保持设施竣工验收时监测单位应编制并提交监测报告（季报、年报、总结报告等）。

9.4 水 土 保 持 监 理

主体工程开展监理工作的项目，应当按照水土保持监理标准和规范开展水土保持工程施工监理。

水土保持监理成果是生产建设项目水土保持设施自主验收的基础。水土保持监理单位在接受委托后，应主要与当地水行政主管部门联系备案。在工程水土保持专项措施实施过程中，形成以水土保持监理工程师为依托的合同管理模式，以期达到降低造价、保证进度、提高水土保持工程施工质量的目的。

在施工过程中，建立工程材料检验和复验制度，建立工序质量检查和技术复核制定。对施工组织实施情况，监理工程师以监理日记、月报和年报的形式进行记录，说明施工进度、施工质量、资金使用以及存在的问题、处理意见、有价值的经验等，全面控制水土保持工程的实施。

在监理过程中，现场水土保持监理人员按照国家和地方政府相关水土保持法律法规，受业主委托监督、检查工程及影响区域的各项水土保持工作；以巡视方式定期对各施工区域的各项水土保持措施的落实情况、存在的水土保持问题和解决情况进行检查，并填写监理日记和巡视记录，对巡视过程中发现的水土保持问题，应以通知单的形式要求施工单位在限期内处理，并在处理过程中进行检查，完工后进行验收；每季度主持一次有建设单位、设计单位、施工单位参加的水土保持协调会，对前一季度水土保持工作进行回顾总结，对水土保持状况进行评价，并提出存在的问题及相应的整改要求，在业主授权范围内发布有关指令，签认所监理的水土保持工程项目有关支付凭证。

日常工作中及时整理、归档有关水土保持资料，定期向建设单位报告现场水土保持工作情况，按要求编报水土保持监理季度、年度报告。水土保持竣工验收时提交工程水土保持监理总结报告，以及工程质量评定的原始资料和影像资料。

9.5 水土保持施工

9.5.1 施工要求

工程施工前，主体工程施工招标文件和施工合同中应明确水土保持要求，并将水土保持工作内容和任务纳入施工合同。

水土保持工程施工过程中，建设单位须对施工单位提出具体的水土保持施工要求，并要求施工单位对其施工责任范围内的水土流失负责。

施工期间，施工单位应严格按照工程设计图纸和施工技术要求施工，并满足施工进度的要求。

施工过程中，采取各种有效措施防止在其占用的土地上发生不必要的水土流失，严格控制和管理车辆机械的运行范围，防止扩大对地表的扰动。

施工期间，应对防洪设施进行经常性检查维护，保证其防洪效果和通畅，防止淤积。

植物措施实施时应注意施工过程的质量，及时测定每道工序，不合要求的及时整改，同时加强乔、灌、草栽植后的幼林抚育工作，做好养护，确保其成活率和保存率，以求尽快发挥植物措施的保土保水功能。

施工单位须制定详细的水土保持方案实施进度计划，加强水土保持工程的计划管理，以确保各项水土保持设施与主体工程同时设计、同时施工和同时竣工验收投产使用的"三同时"制度的落实。

加强对工程建设的监督管理，成立专业的技术监督队伍，预防人为活动造成新的水土流失，并及时对开发建设活动造成的水土流失进行治理。确保水土保持工程质量。

9.5.2 招标要求

建设单位在主体工程招标文件中，按水土保持工程技术要求，将水土保持工程各项内容纳入招标文件的正式条款中。采取公平、公开、公正的原则进行招标确定施工单位。

对参与项目投标的施工单位，进行严格的资质审查，确保施工队伍的技术素质。要求施工单位在投标文件中，对水土保持措施的落实实施做出承诺。

施工单位中标后与业主签订的施工合同中要明确承包商的水土流失防治责任，制定实施、检查、验收的具体方法和要求；在主体工程施工中，须按照水土保持方案提出的要求实施水土保持措施，严格遵循水土保持设计的治理措施、技术标准、进度安排等要求，保质保量地完成水土保持各项措施，以保证水土保持工程效益的充分发挥。

9.6 水土保持设施验收

项目土建工程完工后，应当及时开展水土保持设施的验收工作。

建设单位应依据批复的水土保持方案报告书、设计文件的内容和工程量，对水土保持设施完成情况进行检查，编制水土保持设施验收报告。在完成水土保持设施自主验收后，报原审批机关进行备案。水土保持工程应当与主体工程同时施工、同时验收、同时投入使用；水土保持工程未经验收或者验收不合格的，主体工程不得竣工验收，生产建设项目不得投产使用。

水土保持设施验收合格并交付使用后，建设单位应当加强水土保持设施的管理和维护，确保水土保持设施安全、有效运行。

本章思考题

1. 如何做到水土保持方案的规范化和标准化管理？
2. 什么是后续设计？
3. 什么情况下要进行水土保持方案变更？
4. 水土保持设施验收的内容包括哪些？
5. 水土保持监理报告应包含哪些内容？

第10章 生产建设项目水土保持制图

10.1 基 本 要 求

水土保持方案报告书的图件包括基础图件、综合图件、工程措施图件、植被恢复措施图件、临时防护措施图件、水土保持监测图件等。

水土保持图件应准确表达规划和设计意图，图面布置紧凑、协调和清晰，突出主题，线条主次分明，字体端正清楚，图例与注记规范。

直接引用主体设计图纸或其他正式出版物图的，应直接采用原图、原图应有出版单位或设计单位名称、图名、图号、出图日期、签署人员等。

以主体设计图纸或其他正式出版物图纸为底图制作的水土保持图件，应注明底图来源（出版单位或设计单位）及原图名、图号、出图日期等。

以地形图为底图的平面图，图纸说明的内容应包括地图测量时间、资料来源、坐标系、高程系、测量比例尺。依据《水利水电工程制图标准 水土保持图》（SL 73.6—2015），充分利用3S制图技术。

10.2 基 础 图 件

水土保持基础图件主要包括项目地理位置图、水系图、项目总体布置图、土壤侵蚀强度分布图、土地利用现状图、表土资源分布图、水土保持敏感目标分布图。

水土保持基础图件应结合收集资料和现场实际调查情况绘制，并应保证图面协调、清晰。

项目地理位置图应以国家正式审定、出版的地图为底图，选取必要的地理要素绘制。应标示项目所在位置，清晰表达项目与周边行政区域及流域的相对位置关系、省（市、县、流域）的分界线、主要对外交通情况。应标出涉及的水土流失重点预防区、重点治理区和生态脆弱区及其与本项目的关系。

水系图应以行业主管部门公布的水系图为基础绘制，清晰表达项目涉及流域内的主要水系分布情况，标示项目所在位置、水流方向，并以文字标明干流及主要支流名称。

项目总体布置图，应包含项目征占地范围、各项目组成平面布置、竖向布置、挖填边坡平面设计等内容。可直接引用主体工程设计的设计图。

土壤侵蚀强度分布图应清晰表达水土流失防治责任范围内的水土流失类型及强度分布情况。制作时应以工程施工总平面布置图为底图，结合水行政主管部门公布的土壤侵蚀现状情况绘制，亦可根据现场调查的土壤侵蚀情况。

土地利用现状图应清晰表达水土流失防治责任范围内的土地利用类型情况，制作应以工程施工总平面布置图为底图，并以收集的自然资源部门土地利用调查数据为基础绘制，必要时可采用遥感解译数据或现场调查结果。

表土资源分布图应以水土流失防治责任范围图为底图进行绘制，反映的主要内容包括表土资源分布范围、土地利用现状、不同区域表土厚度、表土储量、取样点，可辅以文字进行说明，必要时调查剖面可单独绘制。

水土保持敏感目标分布图应反映水土流失防治责任范围与水土流失重点预防区和重点治理区、饮用水源保护区、水功能一级区的保护区和保留区、自然保护区、世界文化和自然遗产地、风景名胜区、地质公园、森林公园及以重要湿地的位置关系。

10.3 综合图件

水土保持综合图件主要包括水土流失防治责任范围图、水土流失防治分区图、水土保持措施总体布局图、各防治分区水土保持措施布置图和水土保持措施进度图。

水土流失防治责任范围图、水土流失防治分区图、水土保持措施总体布局图、各防治分区水土保持措施布置图应以项目总体布置图为底图进行绘制，图件制作应包含各主要地物、建筑物，标注必要的高程、河流名称，绘制河流流向和必要的图例等内容。

水土流失防治责任范围图、水土流失防治分区图应用不同线型或颜色的线条绘制出每个防治分区的边界线，图件中应用文字注明各防治区的名称和面积，必要时可采用表格形式。

比例尺较小时，水土保持措施总体布局可采用文字、图形、颜色等示意说明；比例尺较大时，应以分区为单元反映植物及生态修复措施、工程措施应以图例符号注记，辅以必要的水土流失防治措施说明。

各防治分区水土保持措施布置图绘制时，应以项目总体布置图为底图进行绘制，反映周边地形、道路、环境敏感点、主体工程的相对位置，应包含工程量表及说明；应通过平面布置图、剖面图反映拦渣工程、防洪排导工程、边坡防护工程、降水蓄渗工程、防风固沙工程、土地整治工程、植被恢复工程、临时防护工程的布置、型式、位置和范围，并以图例符号注记；应结合各防治分区的水土流失特点分别绘制。

弃渣场区水土保持措施布置图应反映弃渣场的位置、范围、堆渣高程、堆渣高度、坡比、平台设置，并以文字形式反映弃渣场容量、弃渣量、弃渣来源及碾压要求，水土保持措施应以图例符号、数字、文字、不同线型或颜色的线条标识。弃渣场应开展"一场一图"措施布设（或设计），平面图、影像图、地形图等应能反映下游至少 1km 范围内的地形地物信息。

料场区水土保持措施布置图应反映料场的开采范围、开采坡比、平台设置，水土保持措施应以图例符号、数字、文字、不同线型或颜色的线条标识。

表土堆存场区水土保持措施布置图应反映表土堆存场的位置、范围、堆土高程、堆土高度、坡比、平台设置，并以文字反映表土堆存场容量、表土堆存量、表土来源，水土保持措施应以图例符号、数字、文字、不同线型或颜色的线条标识。

交通道路区水土保持措施布置图,当比例尺较小时,采用数字、文字、不同线型或颜色的线条标识不同部位的水土保持措施;比例尺较大时,水土保持措施设计图以交通道路平面布置图为底图分段绘制水土保持措施。分段水土保持措施设计图应反映道路的桩号、开挖线、坡脚线,水土保持措施应以图例符号、数字、文字、不同线型或颜色的线条标识。

施工生产生活区水土保持措施布置图应反映施工生产生活区的范围、场平高程、开挖线、坡脚线、示坡线、坡比,永久营地还应反映永久建筑物轮廓,水土保持措施应以图例符号、数字、文字、不同线型或颜色的线条标识。

水土保持措施进度图应反映主体工程及各分区水土保持措施类型、主要工程量的施工进度计划,宜以双横道图形式绘制。

10.4 其他图件

工程措施图件分为拦渣工程、防洪排导工程、边坡防护工程、土地整治工程、防风固沙工程、降水蓄渗工程设计图。工程措施图件应包括平面布置图、剖面图,必要时应绘制细部设计图。

植被恢复措施图件主要分为植物措施设计图、生态护坡措施设计图和植物保护及移栽设计图。植物措施设计图、植物保护及移栽设计图应包括平面布置图和大样图,生态护坡措施设计图应包括平面布置图和剖面图,必要时可增加细部设计图;应以文字形式反映的主要内容包括树草种名称、树草种规格、整地方式、抚育方式、种植密度、单位面积工程量。

临时防护措施图件主要分为临时拦挡、护坡、排水、沉沙、绿化、苦盖措施设计图。临时防护措施图件应包括平面布置图和剖面图,必要时可增加细部设计图。

水土保持监测图件主要分为水土保持监测点位布局图、水土保持监测设施设计图和水土保持监测站点设计图。水土保持监测设施设计图和水土保持监测站点设计图应包括平面布置图、剖面图,必要时增加细部设计图。

本章思考题

1. 水土保持基础图件有哪些?
2. 表土资源分布图如何绘制?
3. 水土保持措施布置图应包含哪些内容?
4. 弃渣场区水土保持措施布置图要应映哪些内容?
5. 表土堆存场区水土保持措施布置图应反映哪些内容?

附　录

附录1　生产建设项目水土保持监测实施方案提纲
（资料性附录）

1　建设项目及项目区概况

1.1　项目概况
1.2　项目区概况
1.3　水土流失防治布局
　　包括水土流失防治责任范围、水土保持措施布局、水土流失重点区域和重点阶段、水土流失防治目标和实施进度安排等内容。
1.4　监测准备期现场调查评价

2　水土保持监测布局

2.1　监测目标和任务
2.2　监测范围和分区
2.3　监测重点和布局
2.4　监测时段和工作进度

3　监测内容和方法

3.1　施工准备期
　　监测防治责任范围内的地形地貌、地面组成物质、水文气象、土壤植被、土地利用现状、水土流失状况等基本信息，掌握项目建设前生态环境本底状况。
3.2　工程建设期
　　包括扰动土地情况、取土（石、料）弃土（石、渣）情况、水土流失情况、水土流失隐患与危害、水土保持措施等内容监测。
3.3　试运行期
　　主要包括水土保持措施运行状况及防护效果监测，项目六项指标达标情况评价等内容。

4 预期成果及形式

4.1 监测记录表
包括原始监测数据记录表和突发性水土流失危害事件调查记录表等。

4.2 水土保持监测报告
包括监测季度报告表、监测年度报告、监测总结报告和水土流失危害事件监测报告等。

4.3 遥感影像资料

4.4 附件
包括图件、影像资料以及监测相关文件资料等。

5 监测工作组织与质量保证

5.1 监测项目部及人员组成

5.2 监测质量控制体系
包括监测项目管理制度、现场监测人员工作制度、监测项目进度控制、成果质量控制及档案管理等内容。

附录2 生产建设项目水土保持监测季度报告表
（资料性附录）

监测时段：___年 月 日至 年 月 日

项目名称			
建设单位联系人及电话		监测项目负责人 （签字） 年 月 日	生产建设单位 （盖章） 年 月 日
填表人及电话			
主体工程进度			

指　　标		设计总量	本季度新增	累计
扰动土地面积（hm²）	合计			
	主体工程区			
	弃土（石、渣）场区			
	……			
取土（石、料）场数量（个）				
弃土（石、渣）场数量（个）				
取土（石、料）情况（万m³）	合计			
	取土（石、料）场1			
	取土（石、料）场2			
	…			
	其他取土			
弃土（石、渣）情况（万m³）	合计			
	弃土（石、渣）场1			
	弃土（石、渣）场2			
	…			
	其他弃土（石、渣）			
	拦渣率（%）			

附录2 生产建设项目水土保持监测季度报告表

续表

指　　标			设计总量	本季度新增	累计
水土保持工程进度	工程措施	合计（处，万 m³）			
		拦渣坝（处，万 m³）			
		挡渣墙（处，万 m³）			
		……			
	植物措施	合计（处，hm²）			
		植树（处，hm²）			
		种草（处，hm²）			
		……			
	临时措施	……			
		……			
土壤流失量（万 m³）			土壤流失量		
			取土（石、料）弃土（石渣）潜在土壤流失量		
水土流失危害事件					
监测工作开展情况					
存在问题与建议					

填表说明：
1. 主体工程进度：说明主体工程建设阶段及主要完成的工程量。
2. 设计总量：水土保持方案设计总量。
3. 扰动土地面积：各监测分区分别填写，总数填入合计。各监测分区扰动面积累计量由扰动土地监测记录表获得。
4. 取土（石、料）场数量（个）：本季度新增数量按实际新增数量填写。累计＝上季度累计＋本季度。
5. 弃土（石、渣）场数量（个）：本季度新增数量按实际新增数量填写。累计＝上季度累计＋本季度。
6. 取土（石、料）量（万 m³）：本季度累计取土（石、料）量根据取土（石、料）场记录表获得。合计为各取土（石、料）场之和。
7. 弃土（石、渣）量（万 m³）：本季度累计弃渣量根据弃土（石、渣）场记录表获得。合计为各弃土（石、渣）场之和。
8. 工程措施：各工程措施（处）和各工程措施工程量在同一表格中分别填写。数量和工程量由工程措施监测记录表获得。
9. 植物措施：各植物措施（处）和各植物措施面积在同一表格中分别填写。数量和工程量由植物措施监测记录表获得。
10. 临时措施：根据实际实施情况，由临时措施记录表获得，各项临时措施分别填写。
11. 土壤流失量：指实际发生的土壤流失量，根据实际发生情况对相应数据进行合计后计入土壤流失量。
12. 取土（石、料）弃土（石、渣）潜在土壤流失量：指本季度监测项目建设区内未实施防护措施，或者未按水土保持方案实施且未履行变更手续的取土（石、料）弃土（石、渣）数量。
13. 水土流失危害事件：有水土流失危害事件发生则填写具体内容，没有则填"无"。
14. 监测工作开展情况：说明本季度监测工作主要内容、开展情况及取得的结果。

附录3 水土保持监测三色评价

生产建设项目水土保持监测三色评价指标及赋分表

项目名称				
监测时段和防治责任范围	_____年度_____季度，_____公顷			
三色评价结论（勾选）	绿色□　　黄色□　　红色□			
评价指标		分值	得分	赋分说明
扰动土地情况	扰动范围控制	15		
	表土剥离保护	5		
	弃土（石、渣）堆放	15		
水土流失防治成效	水土流失状况	15		
	工程措施	20		
	植物措施	15		
	临时措施	10		
	水土流失危害	5		
合计		100		

附录4 生产建设项目水土保持监测总结报告提纲
（资料性附录）

1 建设项目及水土保持工作概况

1.1 项目概况
工程建设目的、意义、规模，工程建设进度等。

1.2 水土流失防治工作概况
项目年度水土流失防治工作及水土保持措施的实施情况等。

1.3 监测工作实施情况
监测工作年度开展情况、技术人员配备、驻地情况、监测频次、监测设施设备、监测点布设情况，阶段成果及报送情况等。

2 重点部位水土流失动态监测结果

2.1 防治责任范围监测结果

2.1.1 水土保持防治责任范围
防治责任范围监测方法，防治责任范围的设计情况、年度监测结果、变化情况及原因。

2.1.2 扰动土地监测结果
扰动土地情况监测方法，年度扰动土地变化情况。

2.2 取土（石、料）监测结果

2.2.1 设计取土（石、料）情况

2.2.2 取土（石、料）量场监测结果
取土（石、料）场的位置、占地面积、取土（石、料）量等。

2.2.3 取土（石、料）量监测结果
取土（石、料）场的设计情况及年度监测结果。监测结果须说明截至年末的累计情况和年度新增及变化情况。

2.3 弃土（石、渣）监测结果

2.3.1 设计弃土（石、渣）场情况

2.3.2 弃土（石、渣）场监测结果
弃土（石、渣）场的位置、占地面积、弃土（石、渣）量等。

2.3.3 弃土（石、渣）量监测结果
弃土（石、渣）场设计情况及年度监测结果。监测结果须说明截至年末的累计情况和年度新增及变化情况。

3 水土流失防治措施监测结果

3.1 工程措施监测结果

工程措施监测方法。工程措施的设计情况、年度实施情况、监测结果。监测结果须说明截至年末的累计情况和年度新增及变化情况。

3.2 植物措施监测结果

植物措施监测方法。植物措施的设计情况、年度实施情况、监测结果。监测结果须说明截至年末的累计情况和年度新增及变化情况。

3.3 临时防治措施监测结果

临时措施监测方法。临时措施的设计情况、年度实施情况、监测结果。监测结果须说明截至年末的累计情况和年度新增及变化情况。

3.4 水土保持措施防治效果

评价水土保持措施防治效果，应有量化指标说明。

4 土壤流失情况动态监测

4.1 土壤流失面积监测

年度土壤流失面积监测情况。

4.2 土壤流失量监测结果

根据季度监测结果，对年度的土壤流失量进行汇总，说明年度土壤流失量发生的部位、时间及数量。

4.3 取土（石、料）弃土（石、渣）潜在土壤流失量监测结果

根据季度监测结果，对年度取土（石、料）弃土（石、渣）潜在土壤流失量进行汇总分析，详细说明年度取土（石、料）弃土（石、渣）潜在土壤流失量发生的位置、时间及数量。

5 存在问题与建议

5.1 问题

对年度项目存在的问题进行汇总，并分析主要原因，对存在水土流失危害隐患的要重点描述。

5.2 建议

针对存在问题，提出相关建议。

6 下一年工作计划

说明下一年度工作安排和重点监测内容。

附录5　生产建设项目水土保持监测总结报告提纲
（资料性附录）

<u>　　　　　　　　　　</u>项目

水土保持监测总结报告

建设单位：（盖章）<u>　　　　　　　　　</u>

监测单位：（盖章）<u>　　　　　　　　　</u>

年　　月

_____水土保持监测总结报告

责 任 页
（单位名称）

批　准：　　　　　　　　　　　　（职务/职称）

核　定：　　　　　　　　　　　　（职务/职称）

审　查：　　　　　　　　　　　　（职务/职称）

校　核：　　　　　　　　　　　　（职务/职称）

项目负责人：　　　　　　　　　　（职务/职称）

编　写：　　　　　　　　　　证书号

参加人员：

　　　　　　　　　　　　　　证书号

　　　　　　　　　　　　　　证书号

　　　　　　　　　　　　　　证书号

附录5 生产建设项目水土保持监测总结报告提纲

生产建设项目水土保持监测特性表

主体工程主要技术指标					
项目名称					
建设规模				建设单位	
^				建设地点	
^				所在流域	
^				工程总投资	
^				工程总工期	
水土保持监测指标					
监测单位		贵州省水土保持技术咨询研究中心		联系人及电话	
自然地理类型		低山地貌		防治标准		一级
监测内容	监测指标	监测方法(设施)		监测指标	
^	1.水土流失状况监测			2.防治责任范围监测	
^	3.水土保持措施情况监测			4.防治措施效果监测	
^	5.水土流失危害监测			水土流失背景值	$t/(km^2·a)$
方案设计防治责任范围				土壤容许流失量	$t/(km^2·a)$
水土保持投资				水土流失目标值	$t/(km^2·a)$
防治措施	工程措施：植物措施：临时措施：				
监测结论	防治效果	分类指标	目标值(%)	达到值(%)	实际监测数量			
^	^	水土流失治理度			防治措施面积	hm^2	永久建筑物及硬化面积	hm^2	扰动地表面积	hm^2
^	^	土壤流失控制比			防治责任范围面积	hm^2	水土流失总面积	hm^2	
^	^	渣土防护率			工程措施面积	hm^2	容许土壤流失量	$t/(km^2·a)$	
^	^	表土保护率			植物措施面积	hm^2	治理后土壤侵蚀模数	$t/(km^2·a)$	
^	^	林草植被恢复率			可恢复林草植被面积	hm^2	林草类植被面积	hm^2	
^	^	林草覆盖率			实际拦挡弃土(石、渣)量	万 m^3	总弃土(石、渣)量	万 m^3	
^	水土保持治理达标评价					
^	总体结论					
^	主要建议					

1 建设项目及水土保持工作概况

1.1 项目概况
项目地理位置、建设性质、工程规模、项目组成、投资、占地面积、土石方量等。项目区气象、水文、土壤、植被、容许土壤流失量、侵蚀类型、国家（省级）防治区划等情况。项目概况篇幅不宜超过总结报告总篇幅的3％。

1.2 水土流失防治工作情况
建设单位在项目建设过程中防治人为水土流失情况。包括建设单位水土保持管理、"三同时"落实、水保方案编报、水土保持监测成果报送、主体工程设计及施工过程中变更、备案等情况。

1.3 监测工作实施情况
监测工作实施情况，包括接受委托时间、监测实施方案编制、监测项目部组成、技术人员配备、监测点布设、监测设施设备、监测技术方法、监测阶段成果、水土保持监测意见及落实情况、重大水土流失危害事件处理等情况。

2 监测内容与方法

根据水土保持监测实际情况，说明监测内容及采用的监测方法，为数据来源提供支撑。监测内容包括原地貌土地利用、植被覆盖度、扰动土地、防治责任范围、取土（石、料）弃土（石、渣）、水土保持措施、土壤流失量等情况。监测方法主要说明遥感监测、实地测量、地面观测、资料分析等方法的使用及采集数据情况。

3 重点部位水土流失动态监测

3.1 防治责任范围监测
（1）水土保持防治责任范围。

分别说明水土保持方案确定的防治责任范围和监测的防治责任范围，并对比说明变化情况及原因。

（2）建设期扰动土地面积。

根据工程建设进度，按照监测分区，分阶段说明防治责任范围、扰动土地面积情况。

3.2 取土（石、料）监测结果
（1）设计取土（石、料）情况。

（2）取土（石、料）场位置及占地面积监测结果。

（3）取土（石、料）量监测结果。

3.3 弃土（石、渣）监测结果
（1）设计弃土（石、渣）情况。

（2）弃土（石、渣）场位置及占地面积监测结果。

（3）弃土（石、渣）量监测结果取土（石、料）弃土（石、渣）场的位置和占地面积、方量，按监测分区叙述，将监测结果和水土保持方案的对比分析，按照增减情况逐项说明差异原因。根据实际情况，说明其他重点监测情况。

4 水土流失防治措施监测结果

4.1 工程措施监测结果
工程措施监测方法。说明工程措施的设计情况、实施情况、监测结果等。

4.2 植物措施监测结果
植物措施监测方法。说明植物措施的设计情况、实施情况、监测结果等。

4.3 临时防治措施监测结果
临时措施监测方法。详细说明临时措施的设计情况、各阶段实施及保存情况等。

4.4 水土保持措施防治效果
按监测分区汇总工程、植物、临时措施等实施情况，评价水土保持措施防治效果，应多采用量化指标说明。

5 土壤流失情况监测

5.1 水土流失面积
根据各阶段水土流失面积监测结果，汇总分析施工准备期、施工期、试运行期水土流失面积。重点说明施工过程中在降雨、风力等作用下产生水土流失主要时段的水土流失面积变化情况。

5.2 土壤流失量
根据项目类型，重点说明土壤流失量实际发生的部位、时间和数量，并说明对周边产生的影响等。

5.3 取土（石、料）弃土（石、渣）潜在土壤流失量
根据实际监测情况，统计监测的取土（石、料）弃土（石、渣）潜在土壤流失量，重点说明部位、时间和数量、对周边事物产生的影响，以及发现潜在土壤流失量后建设单位落实防护措施情况和处理结果。

5.4 水土流失危害
根据实际情况，说明水土流失危害发生的时间、地点、面积、对周边事物造成的影响以及处理情况等。

6 水土流失防治效果监测结果

6.1 扰动土地整治率
分析说明扰动土地整治情况。计算扰动土地整治率时，先按监测分区计算各监测分区的扰动土地整治率，后按加权平均的方法计算项目建设区扰动土地整治率。

6.2 水土流失总治理度
汇总分析项目建设区水土流失面积及治理情况。计算水土流失总治理度时，先按监测分区计算各监测分区的水土流失治理度，后按加权平均的方法计算项目建设区水土流失总治理度。

6.3 拦渣率与弃渣利用情况
说明弃渣拦挡及利用情况，包括临时堆渣的防护情况等，计算拦渣率。

6.4 土壤流失控制比

根据土壤流失量监测结果，分别计算施工准备期、施工期、试运行期（植被恢复期）土壤流失控制比。

6.5 林草植被恢复率

汇总林草植被恢复情况，计算林草植被恢复率。计算时，先按监测分区计算各监测分区的林草植被恢复率，后按加权平均的方法计算项目建设区林草植被恢复率。

6.6 林草覆盖率

根据项目建设区林草覆盖情况，计算林草覆盖率。计算时，先按监测分区计算各监测分区的林草覆盖率，后按加权平均的方法计算项目建设区林草覆盖率。扰动土地整治率、水土流失总治理度、拦渣率、林草植被恢复率、林草覆盖率六项指标计算，应满足《生产建设项目水土流失防治标准》（GB 50434—2018）要求。

7 结 论

7.1 水土流失动态变化

根据《生产建设项目水土流失防治标准》（GB/T 50434—2018），对水保方案设计及实际达到的指标进行分析评价。

7.2 水土保持措施评价

从水土保持措施的布局、数量、适宜性、防治效果及运行情况等方面，对水土保持措施进行评价。

7.3 存在问题及建议

总结相关问题，并根据问题提出针对性的建议。

7.4 综合结论

根据六项指标达标情况，说明项目达到的防治标准和水土保持设施运行情况等。

参 考 文 献

[1] 朱首军,黄炎和. 开发建设项目水土保持. 北京:科学出版社,2013:152-227.
[2] 中华人民共和国水利部. 水土保持工程概算定额. 郑州:黄河水利出版社,2003.
[3] 中华人民共和国水利部. 开发建设项目水土保持工程概(估)算编制规定. 郑州:黄河水利出版社,2003.
[4] 全国造价工程师职业资格考试培训教材编审委员会. 建设工程计价. 北京:中国计划出版社,2023.
[5] 建筑给水排水设计标准:GB 50015—2019. 北京:中国计划出版社,2019.
[6] 给水排水工程管道结构设计规范:GB 50332—2002. 北京:中国建筑工业出版社,2003.
[7] 建筑与小区雨水控制及利用工程技术规范:GB 50400—2016. 北京:中国建筑工业出版社,2017.
[8] 水土保持综合治理 技术规范 小型蓄排引水工程:GB/T 16453.4—2009. 北京:中国标准出版社,2009.
[9] 雨水集蓄利用工程技术规范:GB/T 50596—2011. 北京:中国计划出版社,2011.
[10] 水利水电工程制图标准 水土保持图:SL 73.6—2015. 北京:中国水利水电出版社,2016.
[11] 中国水土保持学会水土保持规划设计专业委员会,水利部水利水电规划设计总院. 水土保持设计手册 生产建设项目卷. 北京:中国水利水电出版社,2018.
[12] 赵方莹. 水土保持植物. 北京:中国林业出版社,2007.
[13] 杨俊平. 景观生态绿化工程设计与管理. 北京:人民交通出版社,1999.
[14] 黎华寿,蔡庆. 水土保持工程植物运用图解. 北京:化学工业出版社,2007.
[15] 中华人民共和国水利部办公厅. 水利部办公厅关于印发《生产建设项目水土保持监测规程(试行)》的通知:办水保〔2015〕139号,2015.
[16] 中华人民共和国水利部办公厅. 水利部办公厅关于进一步加强生产建设项目水土保持监测工作的通知:办水保〔2020〕161号,2020.
[17] 贵州省质量技术监督局. 贵州省生产建设项目水土保持监测技术规范:DB52/T 1086. 贵阳,2016.
[18] 赵永军,等. 开发建设项目水土保持方案编制技术. 北京:中国大地出版社,2007.
[19] 生产建设项目土壤流失量测算导则:SL 773—2018. 北京:中国水利水电出版社,2018.
[20] 贺康宁,等. 开发建设项目水土保持. 北京:中国林业出版社,2009.
[21] 朱首军,黄炎和. 开发建设项目水土保持. 北京:科学出版社,2013.
[22] 沈军,苟露,钟鸣. 关于水资源开发利用建设项目节水评价有关问题探讨. 内蒙古水利,2020,(1):59-60.
[23] 陈国武. 矿区开发建设项目水土流失预测研究. 地下水,2021,43(2):189-191.
[24] 杨易,张雄. 类比法和模型法在预测房地产开发建设项目水土流失量中的比较初探——以成都平原15个房地产建设项目为例. 四川水利,2022,43(3):135-138.
[25] 班操. 煤矿开采对水资源及生态环境的影响分析. 煤炭与化工,2023,46(4):45-47,55.
[26] 刘燕平. 煤矿水污染现状及其治理工艺的优化. 山西化工,2023,43(2):192-193,202.
[27] 靳雪艳,张永红. 生产建设项目土壤流失测算导则在水土保持方案中应用初探. 内蒙古水利,

2020，（7）：29-32.
- [28] 王鹏，蒋丹丹. 关于《生产建设项目土壤流失量测算导则》应用的思考——以大唐溧水电厂工程为例. 中国水土保持，2022（2）：43-46.
- [29] 生产建设项目水土保持技术标准：GB 50433—2018. 北京：中国计划出版社，2018.
- [30] 水土保持工程设计规范：GB 51018—2014. 北京：中国计划出版社，2014.
- [31] 水利水电工程水土保持技术规范：SL 575—2012. 北京：中国水利水电出版社，2012.
- [32] 生产建设项目水土流失防治标准：GB 50434—2018. 北京：中国计划出版社，2018.
- [33] 水工挡土墙设计规范：SL 379—2007. 北京：中国水利水电出版社，2007.
- [34] 水土保持工程调查与勘测标准：GB 51297—2018. 北京：中国计划出版社，2018.
- [35] 堤防工程设计规范：GB 50286—2013. 北京：中国计划出版社，2013.
- [36] 水利水电工程边坡设计规范：SL 386—2007. 北京：中国水利水电出版社，2007.
- [37] 灌溉与排水工程设计标准：GB 50288—2018. 北京：中国计划出版社，2018.
- [38] 溢洪道设计规范：SL 253—2018. 北京：中国水利水电出版社，2018.
- [39] 水工隧洞设计规范：SL 279—2016. 北京：中国水利水电出版社，2016.
- [40] 公路排水设计规范：JTG/T D33—2012. 北京：人民交通出版社，2012.
- [41] 贵州省水利电力厅. 贵州省暴雨洪水计算实用手册（修订本）. 1988.